应用型高等院校校企合作创新示范教材

办公软件高级应用

主　编　阙清贤　黄　诠

副主编　刘永逸　李芝成

中国水利水电出版社
www.waterpub.com.cn
·北京·

内 容 提 要

本书以“注重实践，强调技能”为主线，主要内容包括数据结构、软件工程、数据库原理、Word 2010 高级应用、Excel 2010 高级应用、PowerPoint 2010 高级应用。每章先系统介绍相应办公应用软件的基本操作方法，再给出具体案例，并通过详细操作步骤帮助读者掌握办公应用软件的高级操作技能，提高软件的使用效率。

本书可作为高等院校计算机公共课教材，也可作为各类培训机构的培训用书。

图书在版编目（CIP）数据

办公软件高级应用 / 阙清贤，黄诠主编. -- 北京 : 中国水利水电出版社，2019.2（2022.1 重印）
应用型高等院校校企合作创新示范教材
ISBN 978-7-5170-7441-0

Ⅰ. ①办… Ⅱ. ①阙… ②黄… Ⅲ. ①办公自动化－应用软件－高等学校－教材 Ⅳ. ①TP317.1

中国版本图书馆CIP数据核字(2019)第031189号

策划编辑：周益丹　责任编辑：张玉玲　加工编辑：吕 慧　封面设计：李 佳

书　　名	应用型高等院校校企合作创新示范教材 办公软件高级应用 BANGONG RUANJIAN GAOJI YINGYONG
作　　者	主　编　阙清贤　黄　诠 副主编　刘永逸　李芝成
出版发行	中国水利水电出版社 （北京市海淀区玉渊潭南路 1 号 D 座　100038） 网址：www.waterpub.com.cn E-mail：mchannel@263.net（万水） sales@waterpub.com.cn 电话：（010）68367658（营销中心）、82562819（万水）
经　　售	全国各地新华书店和相关出版物销售网点
排　　版	北京万水电子信息有限公司
印　　刷	三河市德贤弘印务有限公司
规　　格	184mm×260mm　16 开本　14.5 印张　354 千字
版　　次	2019 年 2 月第 1 版　2022 年 1 月第 3 次印刷
印　　数	7001—9000 册
定　　价	37.00 元

凡购买我社图书，如有缺页、倒页、脱页的，本社营销中心负责调换

前　言

随着计算机技术的发展，计算机办公软件的应用已经深入到我们的日常学习、生活和工作当中。对大多数用户来说，办公软件都能熟练使用，但是对办公软件的一些高级操作，特别是提高办公处理效率的操作却知之甚少。鉴于此，本书以“注重实践，强调技能”为主线，采用案例与项目驱动的方式，让读者在实践操作中掌握办公软件（Word、Excel、PowerPoint）的实用技术和高级编排技巧。

全书分 4 章：第 1 章软件技术基础，内容包括：数据结构、软件工程、数据库技术，这部分内容在全国计算机等级考试二级中被列为公共基础知识；第 2 章 Word 电子文档制作，内容包括：文档的基本格式设置、比赛报名通知制作（表格制作）、学术海报制作（图文混排）、邀请函制作（邮件合并）和毕业论文排版（长文档编排）；第 3 章 Excel 电子表格应用，内容包括：Excel 的基本操作、Excel 公式及函数的使用、Excel 数据分析与处理、Excel 图表和数据透视表的应用；第 4 章 PowerPoint 演示文稿制作，内容包括：PowerPoint 2010 基本操作、PowerPoint 演示文稿的制作、PowerPoint 演示文稿的母版设计与应用、PowerPoint 演示文稿的美化及演示文稿制作过程中的一些基本原则。

本书由湖南人文科技学院的阙清贤、黄诠任主编，负责全书规划和统稿工作，刘永逸编写第 1 章，李芝成编写第 2 章，黄诠编写第 3 章，阙清贤编写第 4 章，罗如为博士为本课程的实践操作开发了一套局域网环境下的在线训练与测试软件。

由于时间仓促，书中难免存在疏漏之处，恳请广大读者批评指正。

编　者

2018 年 11 月

目　录

第 1 章　软件技术基础

软件是计算机系统的重要组成部分，本章主要介绍常用的软件技术，包括数据结构、软件工程、数据库技术的基本知识。通过对它们的学习，初步了解常用软件技术及软件开发的基本过程。

1.1　数据结构

- 了解数据结构及其基本操作：数据结构基本概念、线性表、栈和队列、链表、树与二叉树。
- 了解基本排序和查找算法：顺序查找与二分查找、交换类排序法（冒泡排序法和快速排序法）、插入类排序法（简单插入排序法和希尔排序法）、选择类排序法（简单选择排序法和堆排序法）。

程序设计知识中，对“什么是程序”的一个经典描述是：程序=数据结构+算法，其意是：数据结构和算法是学习程序设计的基础。那么，什么是数据结构？它有哪些具体内容？下面让我们一起来学习。

1.1.1　数据结构的相关知识

1. 数据结构的基本概念

数据（Data），是描述客观事物的数值、字符以及能输入到机器且能被处理的各种符号的集合。简而言之，数据就是计算机化的信息。如今，数据已由纯粹的数值概念发展到图像、字符、声音等各种符号。

数据元素（Data Element），是组成数据的基本单位，是数据集合的个体。一个数据元素可以由一个或多个数据项组成，数据项（Data Item）是有独立含义的最小单位，此时的数据元素通常称为记录（Record）。

数据对象（Data Object），是性质相同的数据元素的集合，是数据的一个子集。例如，整数数据对象的集合是 N={0,±1,±2,⋯}，英文大写字母字符数据对象的集合是 C={A,B,C,⋯,Z}。

数据类型（Data Type），是和数据结构密切相关的一个概念，在高级程序语言编写的程序中，每个变量、常量或表达式都有一个它所属的确定的数据类型。类型明显或隐含地规定了在程序执行期间变量或表达式所有可能的取值范围以及在这些值上允许进行的操作。

数据结构（Data Structure），就是对数据的描述，即数据的组织形式，指相互之间存在一种或多种特定关系的数据元素的集合。作为计算机的一门学科，数据结构主要研究以下三方面的内容：

（1）数据的逻辑结构，即数据集合中各数据元素之间所固有的逻辑关系，它可以用一个数据元素的集合和定义在此集合中的若干关系来表示。

（2）数据的存储结构，即对数据元素进行处理时各数据元素在计算机中的存储关系（或存放形式），也称为数据的物理结构。

（3）数据的运算，即各种数据结构中数据之间的运算。

当今计算机最主要的应用领域是信息处理，从某种意义上讲，信息处理就是数据处理。而研究数据结构的主要目的就是提高数据处理的效率，主要包括两个方面：一是提高数据处理的速度；二是节省在数据处理过程中所占用的计算机存储空间。

2. 数据结构的图形表示

表示数据结构的图形有两个元素：

（1）方框：其中标有元素值的方框表示数据元素，称为数据结点。

（2）箭头线：表示数据元素之间前后件关系的有向线段。

用箭头连接两个数据结点时，由前件结点指向后件结点。

3. 线性结构和非线性结构

一个非空的数据结构，若满足以下两个条件，则称为线性结构：

（1）只有一个数据结点没有前件。

（2）每一个数据结点最多有一个前件，且最多有一个后件。

不是线性结构的非空数据结构统称为非线性结构。

线性结构也称为线性表，常见的线性表有：栈、队列、链表。最典型的非线性结构是根树结构。

数据结构都定义有一些操作，如插入、删除等。一个数据结构在删除了所有结点后，其结点集成为空集，这时我们称其为空数据结构。当空数据结构中插入数据结点后，就成为非空数据结构。

1.1.2 线性表的相关知识

1. 线性表的概念

线性表是最简单、最常用的一种数据结构。线性表的逻辑结构是 n 个数据元素的有限序列（$a_1,a_2,\cdots,a_n$）。用顺序存储结构存储的线性表称为顺序表，用链式存储结构存储的线性表称为链表。线性表的特点是：在数据元素的非空有限集中，存在唯一的一个被称为“第一个”的元素；存在唯一的一个被称为“最后一个”的数据元素；除第一个之外，集合中的每个数据元素均只有一个前件；除最后一个之外，集合中的每个数据元素均只有一个后件。

2. 顺序表的存储结构及运算

（1）顺序表的存储结构。

顺序表的存储结构，指的是用一组地址连续的存储单元一次存储线性表的数据元素。

假设顺序表的每个元素需占用 l 个存储单元，并以所占的第一个单元的存储地址作为数据元素的存储位置，则顺序表中的第 $i+1$ 个数据元素的存储位置 $LOC(a_{i+1})$ 和第 i 个数据元素的

存储位置 $LOC(a_i)$ 之间满足下列关系： $LOC(a_{i+1}) = LOC(a_i) + l$ 。

一般来说，线性表的第 i 个数据元素 a_i 的存储位置为： $LOC(a_i) = LOC(a_1) + (i-1) \times l$ 。

式中 $LOC(a_1)$ 为第一个数据元素 a_1 的存储位置，通常称为线性表的起始位置或基地址。由此，只要确定顺序表的起始位置，顺序表中的任一数据元素都可随机存取，所以顺序表支持随机存取。

（2）顺序表的基本运算。

顺序表的常用运算分为 4 类，每类包含若干种运算，本书仅讨论插入和删除运算。

1）线性表的插入运算是指在表的第 i 个位置上，插入一个新结点 b，使长度为 n 的线性表 $(a_1, \cdots, a_{i-1}, a_i, a_{i+1}, \cdots, a_n)$ 变成长度为 n+1 的线性表 $(a_1, \cdots, a_{i-1}, b, a_i, \cdots, a_n)$ 。

2）线性表的删除运算：是指在表的第 i 个位置上，删除一个结点 a_i ，使长度为 n 的线性表 $(a_1, \cdots, a_{i-1}, a_i, a_{i+1}, \cdots, a_n)$ 变成长度为 n−1 的线性表 $(a_1, \cdots, a_{i-1}, a_{i+1}, \cdots, a_n)$ 。

在顺序表中插入或删除一个数据元素，平均约移动表中一半的元素。若表长为 n，则上述两种运算的算法复杂度均为 O(n)。

3. 线性链表

（1）线性链表的基本概念。

线性链表是通过一组任意的存储单元来存储线性表中的数据元素的，那么怎样表示出数据元素之间的线性关系呢？为建立起数据元素之间的线性关系，对每个数据元素 a_i ，除了存放数据元素自身的信息 a_i 之外，还需要和 a_i 一起存放其后件 a_{i+1} 所在存储单元的地址，这两部分信息组成一个“结点”，结点的结构如图 1-1 所示，每个元素都如此。存放数据元素信息的存储单元称为数据域，存放其后件地址的存储单元称为指针域。因此 n 个元素的线性表通过每个结点的指针域拉成了一个“链”，故称之为链表。因为每个结点中只有一个指向后件的指针，所以称其为线性链表。

链表作为线性表的一种存储结构，我们关心的是其结点间的逻辑结构，而对每个结点的实际地址并不关心，所以通常的单链表用如图 1-2 所示的形式表示。我们在单链表的第一个结点之前附设一个结点，称之为头结点，它指向表中第一个结点。头结点的数据域可以不存储任何信息，也可以存储如线性表的长度等的附加信息。头结点的指针域存储指向第一个结点的指针（即第一个元素结点的存储位置）。

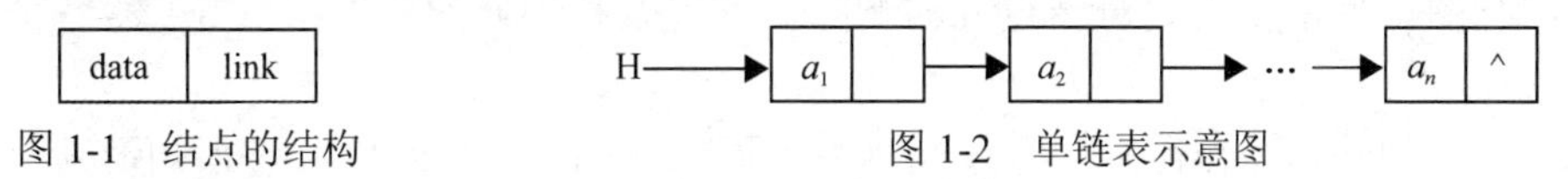

图 1-1　结点的结构　　　　图 1-2　单链表示意图

在单链表中，取得第 i 个数据元素必须从头指针出发寻找，因此，单链表是非随机存取的存储结构。

（2）线性链表的基本运算。

1）建立线性链表的方法，有以下两种：

- 在链表的头部插入结点建立单链表：线性链表与顺序表不同，它是一种动态管理的存储结构，链表中的每个结点占用的存储空间不是预先分配的，而是运行时系统根据需求自动生成的，因此建立单链表从空表开始，每读入一个数据元素就申请一个结点，然后插在链表的头部，因为是在链表的头部插入，所以读入数据的顺序和线性表中的逻辑顺序是相反的。

- 在链表的尾部插入结点建立单链表：头部插入建立单链表简单，但读入的数据元素的顺序与生成的链表中元素的顺序是相反的，若希望次序一致，则用尾部插入的方法。因为每次将新结点插入到链表的尾部，所以需要加入一个指针 r 来始终指向链表中的尾结点，以便能够将新结点插入到链表的尾部。

头结点的加入完全是为了运算的方便，它的数据域无定义，指针域中存放的是第一个数据结点的地址，空表时为空。

2）插入运算，包括后插结点和前插结点。

- 后插结点：设 p 指向单链表中的某结点，s 指向待插入的值为 x 的新结点，将 s 指向的结点插入到 p 指向的结点的后面，插入示意图如图 1-3 所示。
- 前插结点：设 p 指向链表中的某结点，s 指向待插入的值为 x 的新结点，将 s 插入到 p 的前面，插入示意图如图 1-4 所示。前插与后插不同的是：首先要找到 p 的前件结点 q，然后再完成在 q 之后插入 s。

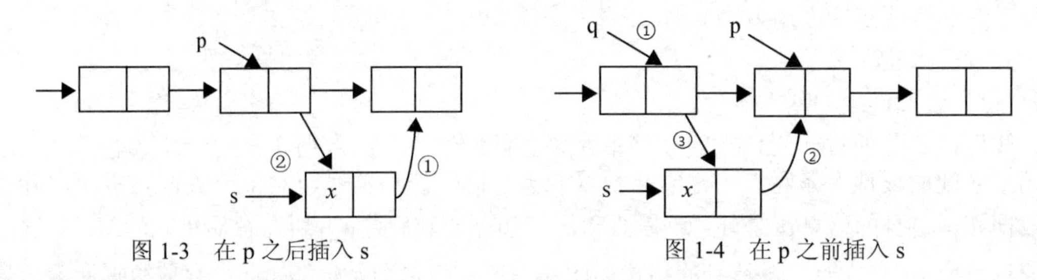

图 1-3　在 p 之后插入 s　　　　图 1-4　在 p 之前插入 s

3）删除运算。

假设 p 指向单链表中的某结点，删除 p。操作示意图如图 1-5 所示。

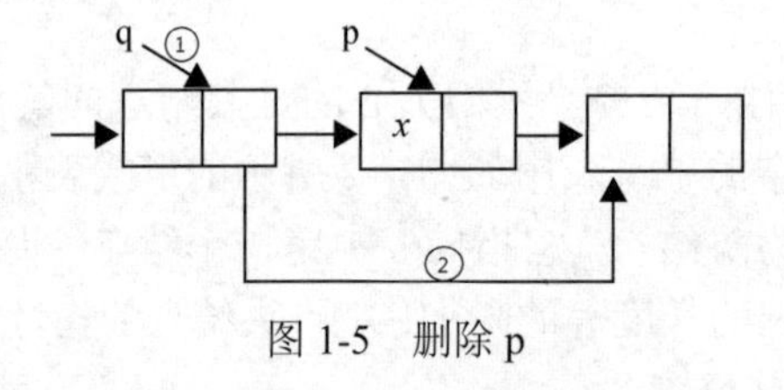

图 1-5　删除 p

由示意图可见，要实现对结点 p 的删除，首先要找到 p 的前件结点 q，然后完成指针的操作。

通过上面的基本操作得知，在线性链表上插入、删除一个结点，必须知道其前件结点。但线性链表不具有按序号随机访问的特点，只能从头指针开始一个个地顺序进行。

4. 循环链表

循环链表的特点是表中最后一个结点的指针域指向头结点，整个链表形成一个环。因此，从表中任一结点出发均可找到表中的其他结点。

1.1.3　栈和队列的相关知识

栈和队列是在软件设计中常用的两种数据结构，它们的逻辑结构和线性表相同，特点是，栈按“后进先出”的规则进行操作，队列按“先进先出”的规则进行操作，故称其为运算受限制的线性表。

1. 栈的概念

栈是限制在一端进行插入和删除的线性表。在栈中，一端是开口的，称为栈顶，允许插入和删除；另一端是封闭的，称为栈底。当栈中没有元素时称为空栈。在进行插入和删除操作时，栈顶元素总是最后插入的，也是最先被删除的；栈底元素总是最先插入的，也是最后被删除的。所以，栈又被称为是“先进后出”（First In Last Out，FILO）或“后进先出”（Last In First Out，LIFO）的线性表。

由于栈是运算受限的线性表，因此线性表的存储结构对栈也是适用的，只是操作不同而已。利用顺序存储方式实现的栈称为顺序栈，用链式存储结构实现的栈称为链栈。通常链栈用线性链表表示，因此其结点结构与线性链表的结构相同。

2. 栈的顺序存储及基本运算

在日常生活中，有很多后进先出的例子。在程序设计中，常常需要栈这样的数据结构，才得以按与保存数据相反的顺序来使用这些数据。栈的基本运算有3种：压栈、弹栈和读栈顶，压栈也称入栈，弹栈也称出栈或退栈。

在栈的顺序存储空间 S(1:m)中，S(bottom)通常为栈底元素，S(top)为栈顶元素。top=0 表示栈空，top=bottom 表示栈满。

（1）压栈运算。就是在栈的顶部插入一个新的元素。操作方式：先将栈顶指针加 1，再将新元素插入到栈顶指针指向的位置。

（2）弹栈运算。就是将栈顶元素取出并赋给一个指定的变量。操作方式：先将栈顶元素赋给一个指定的变量，再将栈顶指针减1。

（3）读栈顶运算。就是将栈顶元素赋给一个指定的变量。操作方式：只将栈顶元素赋给一个指定的变量，栈顶指针不改变。

3. 队列的基本概念

前面所讲的栈是一种后进先出的线性表，而在实际问题中还经常使用一种“先进先出”（First In First Out，FIFO）或“后进后出”（Last In Last Out，LILO）的线性表，即插入在表一端进行，而删除在表的另一端进行。我们将这种线性表称为队列，把允许插入的一端叫队尾（rear），把允许删除的一端叫队头（front）。如图 1-6 所示是一个有 5 个元素的队列。入队的顺序依次为 a_1、a_2、a_3、a_4、a_5，出队时的顺序将依然是 a_1、a_2、a_3、a_4、a_5。

出队 ← a_1　a_2　a_3　a_4　a_5 ← 入队

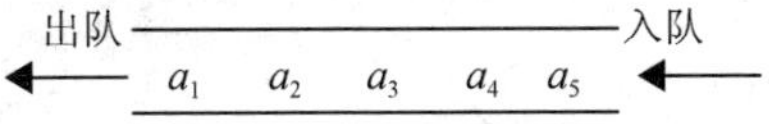

图 1-6　队列示意图

显然，队列也是一种运算受限制的线性表，所以又叫先进先出表。

4. 队列的基本运算

在日常生活中队列的例子很多，如排队买东西，排头的买完后走掉，新来的排在队尾。在队列上进行的主要基本运算（操作）如下：

（1）入队。对已存在的队列，插入一个元素到队尾，队发生变化。

（2）出队。删除队首元素并返回其值，队发生变化。

5. 队列的存储结构与运算实现

与线性表、栈类似，队列也有顺序存储和链式存储两种存储方法。

（1）顺序存储的队列称为顺序队列。因为队列的队头和队尾都是活动的，因此，除了队列的数据区外还有队头（front）和队尾（rear）两个指针。设队头指针指向队头元素前面的一个位置，队尾指针指向队尾元素（这样的设置是为了某些运算的方便，并不是唯一的方法）。置空队则为队头指针等于队尾指针等于-1。入队操作时，队尾指针加 1，指向新位置后元素入队。出队操作时，队头指针加 1，表明队头元素出队。队中元素的个数 *m*=rear-front，假设分配给队列的存储空间最多只能存储 MAXSIZE 个元素，则队满时 *m*=MAXSIZE，队空时 *m*=0。

（2）循环队列。所谓循环队列，就是将队列存储空间的最后一个位置绕到第一个位置，形成逻辑上的环状空间，供队列循环使用。在循环队列中，用队尾指针 rear 指向队列中的队尾元素，用排头指针 front 指向排头元素的前一个位置。循环队列的主要操作是：入队运算和退队运算。每进行一次入队运算，队尾指针就进一；每进行一次退队运算，排头指针就进一。当 rear 或 front 等于队列的长度加 1 时，就把 rear 或 front 值置为 1。所以在循环队列中，队头指针可以大于队尾指针，也可以小于队尾指针。

（3）链式存储的队称为链队，在此不作详细介绍。

1.1.4 树与二叉树的相关知识

1. 树的基本概念

树是一种简单的非线性结构。在树结构中，数据元素之间具有明显的层次结构。树的图形表示如图 1-7（a）所示。用一条直线连接的上下两个结点中，上结点称为前件，下结点称为后件，且前件称为后件的父结点，后件称为前件的子结点。在一棵非空的树中，唯一的没有前件的结点称为根结点（树根），所有没有后件的结点都称为叶子结点（树叶），除了根结点外，所有结点都只有唯一的前件。图 1-7 中，（b）、（c）、（d）所示的结构都不是树结构。

在树中，一个结点所拥有的后件结点数称为该结点的度。所有叶子结点的度都为 0。

树中的结点可以分层：根结点为第 1 层，根结点的后件构成第 2 层，第 2 层结点的后件构成第 3 层，依此类推。树的最大层数称为树的深度（高度）。如图 1-7（a）所示的树，深度是 4。

在树中，从某个结点开始及往下连接的所有结点组成一棵子树。例如，如图 1-7（a）中，结点 B、D、E、F、H、I 组成一棵子树，结点 B 是此子树的根结点。

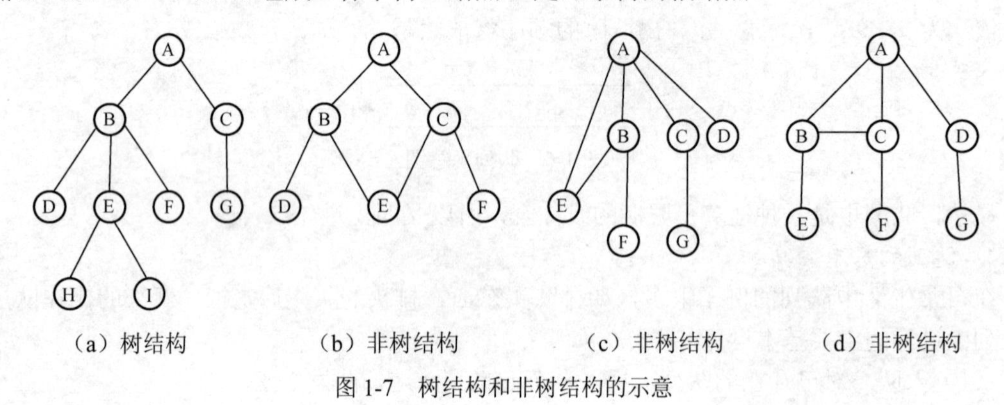

（a）树结构　　（b）非树结构　　（c）非树结构　　（d）非树结构

图 1-7　树结构和非树结构的示意

2. 二叉树的概念

一棵树，若每个结点的度都是 0、1 或 2，并且结点的子结点有左子结点和右子结点之分，则此树称为二叉树。二叉树中一个结点，以其左子结点为根结点的子树，称为其左子树，以其右子结点为根结点的子树，称为其右子树。二叉树的左子树和右子树就是其根结点的左子树和右子树。

二叉树是有序的，即若将其左、右子树颠倒，就成为另一棵不同的二叉树。即使只有一棵子树，也要区分其是左子树还是右子树，因此二叉树具有 5 种基本形态，如图 1-8 所示。其中，（a）表示是空树，（b）只有根结点，（c）只有左子树，（d）只有右子树，（e）既有左子树又有右子树。

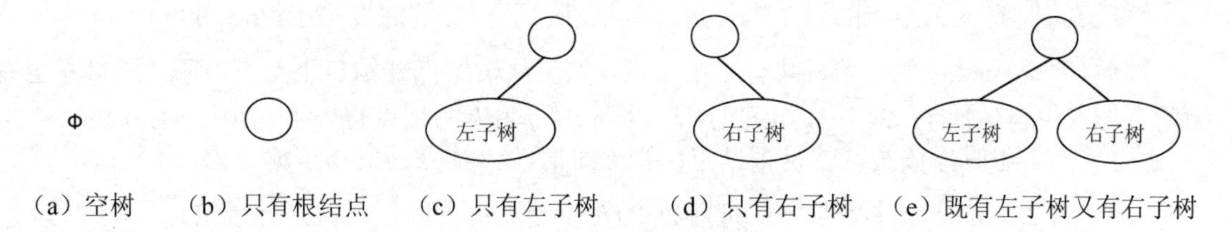

图 1-8　二叉树的 5 种基本形态

3. 满二叉树和完全二叉树

（1）满二叉树。一棵深度为 k（>1）的二叉树，若其从 1 到 k-1 层的所有结点都有两个子结点，则称其为满二叉树。满二叉树的所有叶子结点都在最后一层。图 1-9 中，（a）就是一棵满二叉树，（b）则不是满二叉树。

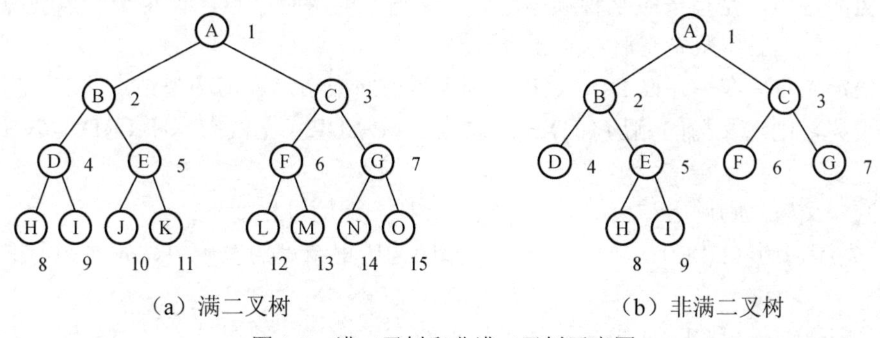

图 1-9　满二叉树和非满二叉树示意图

（2）完全二叉树。将满二叉树最后一层的叶子结点，从右往左去掉 0 个或多个所得到的二叉树，称为完全二叉树。图 1-10（a）所示一棵完全二叉树，图 1-10（b）和图 1-9（b）都不是完全二叉树。完全二叉树的特点是叶子结点只能出现在最下层和次下层，且最下层的叶子结点集中在树的左部。显然，满二叉树必定是完全二叉树，而完全二叉树未必是满二叉树。

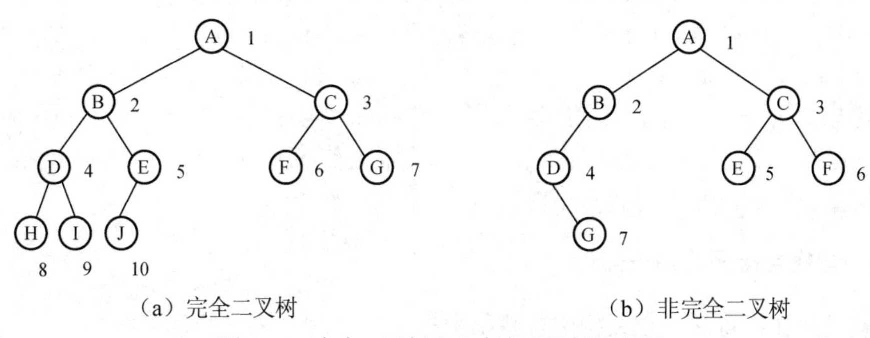

图 1-10　完全二叉树和非完全二叉树示意图

4. 二叉树的几个主要性质

性质 1：一棵非空二叉树的第 i 层上最多有 2^{i-1} 个结点（$i \geqslant 1$）。

性质 2：一棵深度为 k 的二叉树中，最多具有 2^k-1 个结点。

性质 3：一棵非空二叉树，设叶子结点数为 n_0，度为 2 的结点数为 n_2，则有 $n_0=n_2+1$。

性质 4：具有 n 个结点的二叉树的深度大于或等于 $\lfloor \log_2 n \rfloor +1$（注：符号 $\lfloor x \rfloor$ 表示数值 x 的整数部分）。

性质 5：具有 n 个结点的完全二叉树（包括满二叉树）的深度等于 $\lfloor \log_2 n \rfloor +1$。

性质 6：设一棵完全二叉树共有 n 个结点。如果从根结点开始自上至下，每一层自左至右为所有结点用自然数 1，2，…，n 进行编号，对编号为 k 的结点有以下几个结论：

（1）当 $k=1$ 时，该结点就是根结点；当 $k>1$ 时，该结点的父结点编号为 $\lfloor k/2 \rfloor$。

（2）当 $2k \leqslant n$ 时，该结点必有编号 $2k$ 的左子结点；否则，它就是叶子结点。

（3）当 $2k+1 \leqslant n$ 时，该结点必有编号 $2k+1$ 的右子结点；否则，它没有右子结点。

读者可以自行计算一棵深度为 k 的满二叉树和完全二叉树的各层结点数和结点总数，并考察如图 1-10（a）所示的完全二叉树中编号分别为 4、5、6、7 的结点 D、E、F、G 的子结点的编号情况。

5. 二叉树的遍历

二叉树的遍历，是指按照某种顺序访问二叉树中的所有结点，使每个结点被访问一次且仅被访问一次。一般按照先左后右的顺序访问。

如果限定先左后右，并设 D、L、R 分别表示访问根结点、遍历根结点的左子树、遍历根结点的右子树，则二叉树的遍历有 DLR（根左右）、LDR（左根右）和 LRD（左右根）三种方式。

若为空二叉树，则遍历结束。对于非空二叉树，遍历过程如下：

（1）先序遍历（DLR）：访问根结点、先序遍历根结点的左子树、先序遍历根结点的右子树。

（2）中序遍历（LDR）：中序遍历根结点的左子树、访问根结点、中序遍历根结点的右子树。

（3）后序遍历（LRD）：后序遍历根结点的左子树、后序遍历根结点的右子树、访问根结点。

对于图 1-10（b）所示的二叉树，按以上三种方式遍历所得结点序列分别为：

（1）先序：A B D G C E F（为帮助理解，可写成：A (B (D□G)□) (C E F)）。

（2）中序：D G B A E C F（为帮助理解，可写成：((□D G) B□) A (E C F)）。

（3）后序：G D B E F C A（为帮助理解，可写成：((□G D)□B) (E F C) A）。

读者可以思考一下：若给出中序和前序（或后序）两种遍历结果，如何画出对应的二叉树，再得出后序（或前序）遍历结果（提示：首先根据前序或后序遍历结果确定根结点，然后在中序遍历结果中划出左子树和右子树的结点）。

1.1.5 查找与排序的相关知识

查找就是指在给定的数据结构中查找某个指定的元素。

排序就是将一个无序的数据序列整理成一个有序的数据序列。这里所谓的有序，是指元素按值非递减方式排列，即从小到大排列，但允许相邻元素的值相等。

1. 顺序查找

顺序查找又称线性查找，是最基本的查找方法。该查找方法是从线性表的第一个元素开始，逐个将线性表中的元素值与指定的元素值进行比较，若找到相等的元素，则查找成功，并给出数据元素在表中的位置；若找遍整个表，仍未找到与指定的元素值相同的元素，则查找失败，给出失败信息。

顺序查找一个有 n 个元素的线性表，需要比较的平均次数是 $\lceil n/2 \rceil$（注：符号 $\lceil x \rceil$ 大于或等于数值 x 的最小整数）。

顺序查找，缺点是当 n 很大时，平均查找长度较大，效率低；优点是对表中数据元素的存储没有要求。另外，对于无序的线性表或线性链表，只能进行顺序查找。

2. 二分查找

二分查找，又叫折半查找，是一种较为高效的查找方法。待查找的数据结构必须是顺序存储的有序线性表。

在一个有序线性表中，用二分法查找元素 X 的过程如下：

（1）取位于线性表中间的元素与 X 的值进行比较。

（2）若相等，则查找成功，结束查找。

（3）若 X 的值较小，则在中间元素的左边半区用二分法继续查找。

（4）若 X 的值较大，则在中间元素的右边半区用二分法继续查找。

（5）不断重复上述查找过程，直到查找成功，或所查找的区域没有数据元素 X 时，查找失败。

二分查找一个有 n 个元素的有序线性表，需要比较的次数不超过 $\lceil \log_2 n \rceil$。

例如，在有 13 个元素的有序线性表（7，14，18，21，23，29，31，35，38，42，46，49，52）中，查找元素 14，依次查找比较的元素分别是 31、18、14，经过 3 次比较后结束，查找成功；若查找元素 22，则依次查找比较的元素分别是 31、18、23、21，经过 4 次比较后结束，查找失败。

3. 交换类排序

交换类排序法主要是通过元素的两两比较和交换进行排序的方法。

（1）冒泡排序法。对尚未排序的各元素从头到尾依次比较相邻的两个元素是否逆序（与欲排顺序相反），若逆序就交换这两个元素，经过第一轮比较排序后便可把最大（或最小）的元素排好，然后再用同样的方法把剩下的元素逐个进行比较，就得到了你所要的顺序。此法对 n 个元素的排序，最坏的情况，需要 $n(n-1)/2$ 次比较。

（2）快速排序法。是冒泡排序法的改进。在快速排序中，任取一个记录，以它为基准用交换的方法将所有的记录分成两部分，关键码值比它小的在一部分，关键码值比它大的在另一部分，再分别对两个部分实施上述过程，一直重复到排序完成。此法对 n 个元素的排序，在最坏情况下，比较次数是 $n(n-1)/2$。

4. 插入类排序

插入类排序，是将无序序列中的各个元素依次插入到一个有序的线性表中，插入后表仍然保持有序。

（1）简单插入排序法。在线性表中，只包含第 1 个元素的子表，作为初始有序表。从线性表的第 2 个元素开始，将剩余元素逐个插入到前面的有序子表中。此法对 n 个元素的排序，最坏的情况，需要 $n(n-1)/2$ 次比较。

（2）希尔排序法（缩小增量法）。是将整个无序列分割成若干小的子序列分别进行插入排序的方法。此法对 n 个元素的排序，最坏的情况，需要 $O(n^{1.5})$ 次比较。

5. 选择类排序

（1）简单选择排序法。首先找出值最小的元素，然后把这个元素与表中第一个位置上的元素对调。这样，就使值最小的元素取得了它应占据的位置。接着，再在剩下的元素中找值最小的元素，并把它与第二个位置上的元素对调，使值第二小的元素取得它应占据的位置。依此类推，一直到所有的元素都处在它应占据的位置上，便得到了按值非递减次序排序的有序表。此法对 n 个元素的排序，在最坏情况下，比较次数是 $n(n-1)/2$。

（2）堆排序法。就是通过堆这种数据结构来实现排序。此法对 n 个元素的排序，最坏的情况，需要 $O(n\log n)$ 次比较。

一、选择题

1. 下列数据结构中，属于非线性结构的是（　　）。
   A）循环队列　　B）带链队列　　C）二叉树　　D）带链栈
2. 支持子程序调用的数据结构是（　　）。
   A）栈　　B）树　　C）队列　　D）二叉树
3. 下列叙述中正确的是（　　）。
   A）栈是先进先出的线性表
   B）队列是先进后出的线性表
   C）循环队列是非线性结构
   D）有序线性表既可以采用顺序存储结构，也可以采用链式存储结构
4. 下列叙述中正确的是（　　）。
   A）数据的逻辑结构与存储结构必定是一一对应的
   B）由于计算机存储空间是向量式的存储结构，因此数据的存储结构一定是线性结构
   C）程序设计语言中的数据一般是顺序存储结构，因此利用数组只能处理线性结构
   D）以上三种说法都不对
5. 数据结构中，与所使用的计算机无关的是数据的（　　）。
   A）存储结构　　B）物理结构　　C）逻辑结构　　D）线性结构
6. 数据结构主要研究的是数据的逻辑结构、数据的运算和（　　）。
   A）数据的方法　　B）数据的存储结构
   C）数据的对象　　D）数据的逻辑存储

7．下列数据结构中，能用二分法进行查找的是（　　）。

A）无序线性表　　B）线性链表

C）二叉链表　　D）顺序存储的有序表

8．下列叙述中正确的是（　　）。

A）在栈中，栈中元素随栈底指针与栈顶指针的变化而动态变化

B）在栈中，栈顶指针不变，栈中元素随栈底指针的变化而动态变化

C）在栈中，栈底指针不变，栈中元素随栈顶指针的变化而动态变化

D）上述三种说法都不对

9．下列关于栈的叙述正确的是（　　）。

A）栈按“先进先出”组织数据　　B）栈按“先进后出”组织数据

C）只能在栈底插入数据　　D）不能删除数据

10．下列关于线性表的叙述中，不正确的是（　　）。

A）线性表可以是空表

B）线性表是一种线性结构

C）线性表的所有结点有且只有一个前件和后件

D）线性表是由 n 个元素组成的一个有限序列

11．如果进栈序列为 ABCD，则可能的出栈序列是（　　）。

A）CADB　　B）BDCA　　C）CDAB　　D）任意顺序

12．一个栈的初始状态为空。现将元素 1、2、3、4、5、A、B、C、D、E 依次入栈，然后再依次出栈，则元素出栈的顺序是（　　）。

A）12345ABCDE　　B）EDCBA54321

C）ABCDE12345　　D）54321EDCBA

13．对于循环队列，下列叙述中正确的是（　　）。

A）队头指针是固定不变的

B）队头指针一定大于队尾指针

C）队头指针一定小于队尾指针

D）队头指针可以大于队尾指针，也可以小于队尾指针

14．下列叙述中正确的是（　　）。

A）线性表的链式存储结构与顺序存储结构所需要的存储空间是相同的

B）线性表的链式存储结构所需要的存储空间一般要多于顺序存储结构

C）线性表的链式存储结构所需要的存储空间一般要少于顺序存储结构

D）上述三种说法都不对

15．一棵二叉树中共有 70 个叶子结点和 80 个 1 度结点，则该二叉树中的总结点数为（　　）。

A）219　　B）221　　C）229　　D）231

16．设一棵满二叉树共有 15 个结点，则该满二叉树中的叶子结点数为（　　）。

A）7　　B）8　　C）9　　D）10

17．在一棵二叉树上，第 5 层的结点数最多是（　　）。

A）8　　B）9　　C）15　　D）16

18．已知一棵二叉树的后序遍历序列是 CDABE，中序遍历序列是 CADEB，则前序遍历序列是（　　）。

A）ABCDE　　B）ECABD　　C）EACDB　　D）CDEAB

二、思考题

1．什么是数据结构？什么是数据的逻辑结构和存储结构？

2．什么是线性表？如何在线性表中进行插入和删除操作？

3．什么是栈和队列？栈和队列的主要区别是什么？

4．什么是链表和线性链表？线性链表的基本运算如何进行？

5．什么是二叉树？二叉树如何遍历？

6．什么是满二叉树和完全二叉树？高度为 n 的二叉树和完全二叉树的结点数分别是多少？

7．什么是顺序查找和二分查找？对有 n 个元素的有序线性表进行顺序查找和二分查找的最多比较次数分别是多少？

8．对 n 个元素的排序，在最坏的情况下，冒泡排序法、快速排序法、简单插入排序法、希尔排序法、简单选择排序法、堆排序法需要比较的次数分别是多少？

1.2　软件工程基础

- 了解软件工程的基本概念：软件的定义、特点和分类，软件工程和原则。
- 了解软件过程的基本概念：软件工程的过程、软件生命周期、软件过程模型。
- 了解软件需求分析：可行性研究、结构化分析方法及常用工具（数据流图、数据字典、判定表与判定树）、软件需求规格说明书。
- 了解软件设计方法：软件设计的基本原理、结构化设计方法、面向对象程序设计方法，详细设计常用工具。
- 了解软件测试：软件测试的目的与准则、软件测试方法与实施、程序调试。
- 了解软件维护概念。

随着计算机应用的日益普及和深入，社会对不同功能的软件产品的需求量急剧增加，软件产品的规模越来越庞大，复杂程度也不断扩大。但软件开发技术没有重大突破，软件的生产不断面临着“软件危机”，主要体现在软件生产率低、成本高、质量低等，为了解决“软件危机”问题，软件开发工程化的概念和方法被应用于软件产品的生产。下面让我们一起来学习软件工程的相关知识。

1.2.1　软件工程的基本概念

1．软件的定义、特点和分类

（1）软件的定义。计算机软件是在计算机系统中与硬件相互依存的另一部分，它是程序、数据及其相关文档的完整集合。其中，程序是软件开发人员根据用户需求开发的、用程序设计语言描述的、适合计算机执行的指令序列；数据是使程序能正常操纵信息的数据结构；文档是与程序开发、维护和使用有关的图文资料。

简单地说，软件=程序+数据+文档。可见，软件由机器可执行的程序和数据及机器不可执行的有关文档两部分组成。

（2）软件的特点。软件是逻辑产品，具有在使用过程中不会出现磨损和老化，但要进行维护，软件的开发、运行对计算机系统具有依赖性，复杂性和成本高，涉及诸多社会因素等特点。

（3）软件的分类。根据应用目标的不同，软件可分为系统软件、应用软件（和支撑软件）。系统软件是计算机管理自身资源，提高计算机使用效率并为计算机用户提供各种服务的软件，如 Windows、UNIX、Linux。应用软件是为解决特定领域的应用而开发的软件，如 Word、Photoshop、学校教务管理系统。支撑软件是协助用户开发软件的工具性软件，如故障检查与诊断程序。

2. 软件工程

为了摆脱软件危机，北大西洋公约组织在 1968 年举办了首次软件工程学术会议，第一次提出“软件工程”概念来界定软件开发所需的相关知识，并建议“软件开发应该是类似工程的活动”。软件工程自 1968 年正式提出至今，学术界和产业界共同努力进行了大量的技术实践，积累了大量研究成果，软件工程正逐渐发展成为一门专业学科。

软件工程是指采用工程的概念、原理、技术和方法指导软件的开发与维护，从而达到提高软件质量、降低成本的目的。

软件工程包括三个要素：方法、工具和过程。

（1）软件工程方法。是完成软件工程项目的技术手段，它包括项目计划、需求分析、系统结构设计、详细设计、编码实现、测试和维护等方法。软件工程方法分为结构化方法和面向对象方法两类。

（2）软件工程工具。是为软件的开发、管理和文档生成提供自动或半自动的软件支撑环境，如计算机辅助软件工程 CASE 等。

（3）软件工程过程。是将软件工程的方法和工具综合起来，支持软件开发的各个环节的控制、管理。

软件工程的目标是在给定成本和进度的前提下，开发出满足用户需求的软件产品，并且这些软件产品具有适用性、有效性、可修改性、可靠性、可理解性、可维护性、可重用性、可移植性、可追踪性、可互操作性等特点。追求这些目标有助于提高软件产品的质量和开发效率，减少维护的困难。

3. 软件工程的原则

美国 TRW 公司的 B.W.Boechm 在 1983 年总结了 TRW 公司历时 12 年控制软件的经验，提出了软件工程的 7 条基本原则，作为保证软件产品质量和开发效率的最小集合。具体包括：

（1）按软件生命周期分阶段制定计划并认真实施。

（2）逐阶段进行评审确认。

（3）实行严格的产品控制。

（4）采用现代的程序设计技术设计与开发软件。

（5）明确责任。

（6）开发小组的人员应该少而精。
（7）不断改进软件开发工程。

1.2.2 软件工程过程

1. 软件工程过程

软件工程过程是将用户需求转化为软件所需的软件工程活动的总集。这个过程一般包括以下几方面的内容：可行性分析、需求分析、设计、编码与实现、测试、运行与维护，还可能包括短长期的修复和升级以满足用户增长的需求。

软件工程过程遵循 PDCA 抽象活动，包含四种基本活动：

（1）P（Plan）软件规格说明：规定软件的功能及其运行约束。
（2）D（do）软件开发：产生满足规格说明的软件。
（3）C（Check）软件确认：确认软件能够完成用户提出的要求。
（4）A（Action）软件演进：为满足用户需求的变更，软件必须在使用过程中演进。

2. 软件生命周期

同其他事物一样，软件有一个孕育、诞生、成长、成熟和衰亡的生存过程。软件生命周期又称为软件生存周期或系统开发生命周期，是软件的产生直到报废的生命周期，周期内有问题定义、可行性分析、总体描述、系统设计、编码、调试、测试、验收与运行、维护升级到废弃等阶段。

软件生命周期的主要阶段包括：软件定义、软件开发、软件维护。

3. 软件过程模型

模型是对现实世界的简化，是系统的一个语义闭合的抽象，它是稳定的和普遍适用的。软件过程模型是从一个特定角度提出的对软件过程的简化描述，是对软件开发实际过程的抽象，它包括构成软件过程的各种活动、软件工件和参与角色等。对一个软件的开发无论其规模大小，都需要选择一个合适的软件过程模型，这种选择基于项目和应用的性质、采用的方法、需要的控制，以及要交付的产品的特点。

软件开发生命周期模型主要有瀑布模型、增量模型、原型模型、螺旋模型、喷泉模型。

1.2.3 软件需求分析

1. 可行性分析

可行性分析是系统在正式立项之前必须进行的一项工作，它的目的不是为了分析软件开发过程中的问题，也不是为了解决软件开发过程中可能存在的问题，而是确定软件系统是否有价值做、是否能够以尽可能小的代价在尽可能短的时间内解决问题。

具体而言，在可行性分析阶段，要确定软件的开发目标与总的要求，所以在进行可行性分析的时候，一般需要考虑技术是否可行、经济效益是否可行、用户操作是否可行、法律与社会是否可行等。

2. 需求分析

在可行性分析的基础上，通过对问题及环境的理解、分析，将用户需求精确化、完全化，最终形成需求规格说明书，描述系统信息、功能和行为。

软件需求是指用户对目标软件系统在功能、性能、可靠性、安全性、开发费用、开发周期以及可使用的资源等方面的期望，其中功能要求是最基本的。需求分析通常分为问题分析、需求描述、需求评审三个主要阶段。

软件需求分析方法主要有结构化分析方法和面向对象分析方法。

3. 结构化分析方法

结构化分析方法主要包括面向数据流的结构化分析方法、面向数据结构的 Jackson 方法和面向数据结构的结构化数据系统开发方法。

结构化分析方法的实质是着眼于数据流，自顶向下，对系统的功能进行逐层分解，建立系统的处理流程，以数据流图 DFD 和数据字典 DD 为主要工具，建立系统的逻辑模型。

4. 结构化分析的常用工具

（1）数据流图。数据流图（Data Flow Diagram，DFD）是用于描述目标系统逻辑模型的图形工具，表示数据在系统内的变化，它直接支持系统功能建模。

数据流图中有以下几种主要元素：

→：数据流。数据流是数据在系统内传播的路径，因此由一组成分固定的数据组成。如订票单由旅客姓名、年龄、单位、身份证号、日期、目的地等数据项组成。由于数据流是流动中的数据，所以必须有流向，除了与数据存储之间的数据流不用命名外，数据流应该用名词或名词短语命名。

□：数据源（或终点）。代表系统之外的实体，可以是人、物或其他软件系统。

○：对数据的加工（处理）。加工是对数据进行处理的单元，它接收一定的数据输入，对其进行处理，并产生输出。

〓：数据存储。表示信息的静态存储，可以代表文件、文件的一部分、数据库的元素等。

（2）数据字典。数据字典（Data Dictionary，DD）是结构化分析的核心，是对数据流图中包含的所有元素定义的集合，是对数据的数据项、数据结构、数据流、数据存储、处理逻辑、外部实体等进行定义和描述，其目的是对数据流图中的各个元素作出详细的说明。数据字典的条目有：数据流、数据项、数据存储和加工。

（3）判定树。当数据流图中的加工依赖于多个逻辑时，可以使用判定树来描述。从问题定义的文字描述中分清哪些是判定的条件，哪些是判定的结论，根据描述材料中的连接词找出判定条件之间的从属关系、并列关系、选择关系，根据它们构造判定树。

（4）判定表。与判定树相似，当数据流图中的加工要依赖于多个逻辑条件的取值，即完成该加工的一组动作是由于某一组条件取值的组合而引发的，使用判定表描述比较适宜。

5. 面向对象的分析方法

面向对象的分析方法的关键是识别问题域内的对象，分析它们之间的关系，并建立三类模型，即对象模型、动态模型和功能模型。面向对象主要考虑类或对象、结构与连接、继承和封装、消息通信，只表示面向对象的分析中几项最重要特征。类的对象是对问题域中事物的完整映射，包括事物的数据特征（即属性）和行为特征（即服务）。

6. 软件需求规格说明书

软件需求规格说明书，是需求分析阶段的最后成果，是软件开发中的文档之一。它是为了使用户和软件开发者双方对该软件的初始规定有一个共同的理解，可以作为软件开发工作的基础和依据，也是确认测试验收的依据。它包括概述、数据描述、功能描述、性能描述、参考文献等方面的内容。

需求说明书应该具有正确性、无歧义性、完整性、可验证性、一致性、可理解性、可修改性和可追踪性等特性，其中最重要的是正确性。

1.2.4 软件设计方法

软件设计的任务是开发阶段最重要的步骤，从软件需求规格说明书出发，根据需求分析阶段确定的功能设计软件系统的整体结构、划分功能模块、确定每个模块的实现算法，形成软件的具体设计方案。

从工程管理角度软件设计可分为概要设计和详细设计。

概要设计就是设计软件的结构，包括组成模块、模块的层次结构、模块的调用关系、每个模块的功能等。同时，还要设计该项目的应用系统的总体数据结构和数据库结构，即应用系统要存储什么数据、这些数据是什么样的结构、它们之间有什么关系。概要设计阶段通常得到软件结构图。

详细设计阶段就是为每个模块完成的功能进行具体的描述，要把功能描述转变为精确的、结构化的过程描述。

常用的设计工具分以下 3 类：

（1）图形工具：程序流程图、N-S 图、PAD 图、HIPO 图。

（2）表格工具：判定表。

（3）语言工具：PDL（伪代码）。

1. 软件设计的基本原理

软件设计的基本原理是抽象、模块化、信息隐蔽、模块独立性。

（1）抽象。抽象的层次从概要设计到详细设计逐渐降低。在软件概要设计中模块化分层也是由抽象到具体逐步分析和构造出来的。

（2）模块化。模块是指把一个待开发的软件分解成若干小的简单的部分。模块化是指解决一个复杂问题时自顶而下逐层把软件系统划分成若干模块的过程。

（3）信息隐蔽。在一个模块内包含的信息（过程或数据）对于不需要这些信息的其他模块是不能访问的。

（4）模块独立性。模块独立性可以从两个方面度量：①内聚性：偶然内聚、逻辑内聚、时间内聚、过程内聚、通信内聚、顺序内聚、功能内聚；②耦合性：内容耦合、公共耦合、外部耦合、控制耦合、标记耦合、数据耦合、非直接耦合。

在程序结构中各模块的内聚性越强，则耦合性越弱。优秀软件应具有高内聚、低耦合的特征。

2. 结构化设计方法

结构化设计（Structured Design，SD）方法，是将系统设计成由相对独立、单一功能的模块组成的结构。用 SD 方法设计的程序系统，由于模块之间是相对独立的，所以每个模块可以独立地被理解、编程、测试、排错和修改，这就使复杂的研制工作得以简化。此外，模块的相对独立性也能有效地防止错误在模块之间扩散蔓延，因而提高了系统的可靠性。

SD 方法使用结构图描述，它描述了程序的模块结构，并反映了块间联系和块内联系等特性。

结构图中用方框表示模块，从一个模块指向另一模块的箭头表示前一模块中含有对后一模块的调用；用带注释的箭头表示模块调用过程中来回传递的信息；用带实心圆的箭头表示传递的是控制信息，带空心圆箭头表示传递的是数据。

结构图的基本形式包括顺序形式、选择（分支）形式、重复（循环）形式。

3. 面向对象设计方法

面向对象方法（Object-Oriented Method，OOM）是一种把面向对象的思想应用于软件开发过程中，指导开发活动的系统方法，是建立在“对象”概念基础上的方法学。

对象是由数据和允许的操作组成的封装体，与客观实体有直接对应关系，一个对象类定义了具有相似性质的一组对象。而继承性是对具有层次关系的类的属性和操作进行共享的一种方式。

所谓面向对象就是基于对象概念，以对象为中心，以类和继承为构造机制，来认识、理解、刻画客观世界和设计、构建相应的软件系统。

4. 详细设计常用工具

程序设计语言仅仅使用顺序、选择（分支）和重复（循环）三种基本控制结构就足以表达出各种其他形式结构的程序设计方法。遵循程序结构化的设计原则，按结构化程序设计方法设计出的程序易于理解、使用和维护，还可以提高编程工作的效率，降低软件的开发成本。

（1）流程图。程序流程图又称程序框图，由一些特定意义的图形、流程线及简要的文字说明构成，它能清晰明确地表示程序的运行过程。程序框图的设计是在处理流程图的基础上，通过对输入输出数据和处理过程的详细分析，将计算机的主要运行步骤和内容标识出来。程序框图是进行程序设计的最基本依据，因此它的质量直接关系到程序设计的质量。

（2）N-S 图。N-S 图也被称为盒图或 CHAPIN 图。1973 年，美国学者 I.Nassi 和 B.Shneiderman 提出了一种在流程图中完全去掉流程线，全部算法写在一个矩形框内，在框内还可以包含其他框的流程图形式。即由一些基本的框组成一个大的框，这种流程图又称为 N-S 结构流程图（以两个人的名字的头一个字母组成）。

（3）PAD 图。PAD（Problem Analysis Diagram，问题分析图）图是日本日立公司于 1973 年提出的一种主要用于描述软件详细设计的图形表示工具。与方框图一样，PAD 图也只能描述结构化程序允许使用的几种基本结构。自发明以来，已经得到一定程度的推广。它用二维树形结构的图表示程序的控制流，以 PAD 图为基础，遵循机械的走树（Tree Walk）规则就能方便地编写出程序，用这种图转换为程序代码比较容易。

（4）PDL（伪代码）。PDL（Program Design Language，设计性程序语言）语言是一种设计性语言，是由美国人在 1975 年提出的，用于书写软件设计规约。它是软件设计中广泛使用的语言之一。

用 PDL 书写的文档是不可执行的，主要供开发人员使用。

PDL 描述的总体结构与一般的程序很相似，包括数据说明部分和过程部分，也可以带有注释等成分。但它是一种非形式的语言，对于控制结构的描述是确定的，而控制结构内部的描述语法却是不确定的，它可以根据不同的应用领域和不同的设计层次灵活选用描述方式，也可以用自然语言。

1.2.5 软件测试

将详细设计确定的具体算法用程序设计语言描述出来，生成目标系统对应的源程序，并且应有必要的内部文档和外部文档。为了减少软件发布运行后发现错误或缺陷，需要在软件正式投入使用前进行软件测试。

1. 软件测试的目的和准则

软件测试的目的是在设想程序有错误的前提下，设法发现程序中的错误和缺陷，而不是为了证明程序是正确的。

Grenford J.Myers 曾对软件测试的目的提出过以下观点：

（1）测试是为了发现程序中的错误而执行程序的过程。

（2）好的测试用例极可能发现迄今为止尚未发现的错误。

（3）成功的测试是发现了至今为止尚未发现的错误的测试。

通常不可能做到穷尽测试，因此精心设计测试用例是保证达到测试目的所必须的。设计和使用测试用例的基本准则有：

（1）测试应该尽早进行，最好在需求阶段就开始介入，因为最严重的错误不外乎是系统不能满足用户的需求。

（2）程序员应该避免检查自己的程序，软件测试应该由第三方来负责。

（3）设计测试用例时应考虑到合法的输入和不合法的输入以及各种边界条件，特殊情况下还要制造极端状态和意外状态（如网络异常中断、电源断电等）。

（4）应该充分注意测试中的群集现象。

（5）对错误结果要有一个确认过程。一般由 A 测试出来的错误，一定要由 B 来确认。严重的错误可以召开评审会议进行讨论和分析，对测试结果要进行严格的确认，是否真的存在这个问题以及严重程度等。

（6）制定严格的测试计划。一定要制定测试计划，并且要有指导性。测试时间安排尽量宽松，不要希望在极短的时间内完成一个高水平的测试。

（7）妥善保存测试计划、测试用例、出错统计和最终分析报告，为维护提供方便。

2. 软件测试方法

软件测试有很多种方法，根据软件是否需要被执行，可分为静态测试和动态测试。

（1）静态测试。静态测试是指不实际运行程序，主要通过人工阅读文档和程序来发现错误，这种技术也称为评审。实践证明静态测试是一种很有效的技术，包括需求复查、概要设计（总体设计）复查、详细设计复查、程序代码复查和走查等。

（2）动态测试。动态测试就是通常说的上机测试，这种方法是使程序有控制地运行，并从不同角度观察程序运行的行为，以发现其中的错误。

测试的关键是如何设计测试用例。测试用例是为测试设计的数据，由测试人员输入的数据和预期的输出结果两部分组成。测试方法不同，所使用的测试用例也不同。常用的测试方法有黑盒测试和白盒测试。

1）黑盒测试。黑盒测试是指测试人员将程序看成一个黑盒，而不考虑程序内部的结构和处理过程，其测试用例都是完全根据规格说明书的功能说明来设计的。如果想用黑盒测试发现程序中的所有错误，则必须用输入数据的所有可能值来检查程序是否都能产生正确的结果。

黑盒测试的测试用例设计方法主要有：等价类划分、边界值分析、错误推测法和因果图。

2）白盒测试。白盒测试是指测试人员把程序看成装在一个透明的白盒里面，必须了解程序的内部结构，根据程序的内部逻辑结构来设计测试用例。

白盒测试的主要方法有逻辑覆盖法和基本路径测试法。运用最为广泛的是基本路径测试法。基本路径测试法是在程序控制流图的基础上，通过分析控制构造的环路复杂性，导出基本可执行路径集合，从而设计测试用例的方法。其中逻辑覆盖包括语句覆盖、判定覆盖、条件覆盖、判定/条件覆盖、条件组合覆盖和路径覆盖。

3. 软件测试实施

软件开发过程的分析、设计、编程等阶段都可能产生各种各样的错误，针对每一阶段可能产生的错误，采用特定的测试技术，所以测试过程通常可以分为 4 个步骤：单元测试、集成测试、确认测试和系统测试。

（1）单元测试：是对软件设计的最小单位——模块进行正确性检验测试，目的是根据该模块的功能说明检验模块是否存在错误。单元测试主要可发现详细设计和编程时犯下的错误，如某个变量未赋值、数组的上下界不正确等。

（2）集成测试：是测试和组装软件的过程，目的是根据模块结构图将各个模块连接起来进行，以便发现与接口有关的问题。

集成测试包括的内容有：软件单元的接口测试、全局数据结构测试、边界条件测试和非法输入的测试等。

组装模块时有两种方法：一种叫非增量式测试法，即先分别测试好每个模块，再把所有的模块按要求组装成所需程序；另一种叫增量式测试法，即把下一个要测试的模块和已经测试好的模块结合起来一起测试，测试完后再把下一个被调模块结合进来测试。

（3）确认测试：是验证软件的功能、性能和其他特性是否满足需求规格说明书中确定的各种需求。确认测试分为α测试和β测试两种。

（4）系统测试：是将硬件、软件和操作人员等组合在一起，检验它是否有不符合需求说明书的地方，这一步可以发现设计和分析阶段的错误。

测试中如发现错误，需要回到编程、设计、分析等阶段进行相应的修改，修改后程序需要再次进行测试，即回归测试。

4. 程序的调试

调试（Debug）也称排错，任务是进一步诊断和改正程序中潜在的错误。调试活动主要在开发阶段进行，由两部分组成：确定程序中可疑错误的确切性质、原因和位置；对程序（设计、编码）进行修改，排除这个错误。

程序调试的基本步骤：①错误定位；②修改设计和代码，以排除错误；③进行回归测试，防止引进新的错误。

主要的调试方法有强行排错法、回溯法和原因排除法。

1.2.6 软件维护

软件维护是指在软件运行维护阶段对软件产品进行的修改。软件维护活动所花费的工作占软件整个生命周期工作量的 70%以上，需要不断地对软件进行修改，以改正新发现的错误、适应新的环境和用户新的要求，这些修改需要花费很多精力和时间，而且有时会引入新的错误。

软件维护分为改正性维护、适应性维护、完善性维护和预防性维护 4 种类型。

一、选择题

1. 数据库应用系统中的核心问题是（　　）。
A）数据库设计　　B）数据库系统设计
C）数据库维护　　D）数据库管理员培训

2. 将 E-R 图转换为关系模式时，实体和联系都可以表示为（　　）。
A）属性　　B）键　　C）关系　　D）域

3. 下列叙述中错误的是（　　）。
A）软件测试的目的是发现错误并改正错误
B）对被调试的程序进行“错误定位”是程序调试的必要步骤
C）程序调试通常也称为 Debug
D）软件测试应严格执行测试计划，排除测试的随意性

4. 耦合性和内聚性是对模块独立性度量的两个标准，下列叙述中正确的是（　　）。
A）提高耦合性降低内聚性有利于提高模块的独立性
B）降低耦合性提高内聚性有利于提高模块的独立性
C）耦合性是指一个模块内部各个元素间彼此结合的紧密程度
D）内聚性是指模块间互相连接的紧密程度

5. 结构化程序设计的基本原则不包括（　　）。
A）多元性　　B）自顶向下　　C）模块化　　D）逐步求精

6. 软件设计中模块划分应遵循的准则是（　　）。
A）低内聚低耦合　　B）高内聚低耦合
C）低内聚高耦合　　D）高内聚高耦合

7. 在软件开发中，需求分析阶段产生的主要文档是（　　）。
A）可靠性分析报告　　B）软件需求规格说明书
C）概要设计说明书　　D）集成测试计划

8. 程序流程图中带有箭头的线段表示的是（　　）。
A）图元关系　　B）数据流　　C）控制流　　D）调用关系

9. 下列选项中不属于软件生命周期开发阶段任务的是（　　）。
A）软件测试　　B）概要设计　　C）软件维护　　D）详细设计

10. 下列叙述中不属于设计准则的是（　　）。
A）提高模块独立性
B）使模块的作用域在该模块的控制域中
C）设计成多入口、多出口的模块
D）设计功能可预测的模块

11. 软件需求分析阶段的工作可以分为 4 个方面：需求获取、编写需求规格说明书、需求评审和（　　）。

A）阶段性报告　B）需求分析　C）需求总结　D）都不正确

12．在软件生命周期中，能准确地确定软件系统必须做什么和必须具备哪些功能的阶段是（　　）。

A）需求分析　B）详细设计　C）软件设计　D）概要设计

13．下列工具中不属于结构化分析常用工具的是（　　）。

A）数据流图　B）数据字典　C）判定树　D）N-S 图

14．在结构化方法中，用数据流图（DFD）作为描述工具的软件开发阶段是（　　）。

A）逻辑设计　B）需求分析　C）详细设计　D）物理设计

15．以下（　　）不属于对象的基本特征。

A）继承性　B）封装性　C）分类性　D）多态性

16．在面向对象方法中，不属于“对象”基本特点的是（　　）。

A）一致性　B）分类性　C）多态性　D）标识唯一性

17．软件调试的目的是（　　）。

A）发现错误　B）改正错误　C）改善软件性能　D）验证软件的正确性

18．检查软件产品是否符合需求定义的过程称为（　　）。

A）确认测试　B）需求测试　C）验证测试　D）路径测试

19．内聚性是对模块功能强度的衡量，下列选项中内聚性较弱的是（　　）。

A）顺序内聚　B）偶然内聚　C）时间内聚　D）逻辑内聚

20．结构化程序设计的 3 种结构是（　　）。

A）顺序结构，分支结构，跳转结构

B）顺序结构，选择结构，循环结构

C）分支结构，选择结构，循环结构

D）分支结构，跳转结构，循环结构

21．下列方法中不属于软件调试方法的是（　　）。

A）回溯法　B）强行排错法　C）集成测试法　D）原因排除法

22．下列选项中不属于模块间耦合的是（　　）。

A）内容耦合　B）异构耦合　C）控制耦合　D）数据耦合

23．下列叙述中不属于软件需求规格说明书的作用的是（　　）。

A）便于用户、开发人员进行理解和交流

B）反映出用户问题的结构，可以作为软件开发工作的基础和依据

C）作为确认测试和验收的依据

D）便于开发人员进行需求分析

24．下列不属于软件工程 3 个要素的是（　　）。

A）工具　B）过程　C）方法　D）环境

25．下列方法中属于白盒法设计测试用例的方法的是（　　）。

A）错误推测　B）因果图　C）基本路径测试　D）边界值分析

26．下列关于类、对象、属性和方法的叙述中，错误的是（　　）。

A）类是对一类具有相同属性和方法的对象的描述

B）属性用于描述对象的状态

C）方法用于表示对象的行为

D）基于同一个类产生的两个对象不可以分别设置自己的属性值

27. 软件调试的目的是（　　）。

A）发现错误　　B）改善软件性能

C）改正错误　　D）验证软件的正确性

28. 下面描述中，不属于软件危机表现的是（　　）。

A）软件过程不规范　　B）软件开发生产率低

C）软件质量难以控制　　D）软件成本不断提高

29. 软件生命周期是指（　　）。

A）软件产品从提出、实现、使用、维护到停止使用退役的过程

B）软件的需求分析、设计与实现

C）软件的开发与管理

D）软件的实现和维护

30. 下列叙述中正确的是（　　）。

A）程序执行的效率与数据的存储结构密切相关

B）程序执行的效率只取决于程序的控制结构

C）程序执行的效率只取决于所处理的数据量

D）以上三种说法都不对

31. 算法的空间复杂度是指（　　）。

A）算法程序的长度　　B）算法程序中的指令条数

C）算法程序所占的存储空间　　D）算法执行过程中所需要的存储空间

32. 算法的时间复杂度是指（　　）。

A）设计该算法所需的工作量

B）执行该算法所需要的时间

C）执行该算法时所需要的基本运算次数

D）算法中指令的条数

33. 待排序的关键码序列为（15，20，9，30，67，65，45，90），要按关键码值递增的顺序排序，采取简单选择排序法，第一趟排序后关键码 15 被放到第（　　）个位置。

A）2　　B）3　　C）4　　D）5

34. 对长度为 n 的线性表排序，在最坏情况下，比较次数不是 n(n-1)/2 的排序方法是（　　）。

A）快速排序　　B）冒泡排序　　C）插入排序　　D）堆排序

35. 对序线性表（23，29，34，55，60，70，78）用二分法查找值为 60 的元素时，需要的比较次数为（　　）。

A）1　　B）2　　C）3　　D）4

36. 设有关键码序列（66，13，51，76，81，26，57，69，23），要按关键码值递增的次序排序，若采用快速排序法，并以第一个元素为划分的基准，那么第一趟划分后的结果为（　　）。

A）23，13，51，57，66，26，81，69，76

B）13，23，26，51，57，66，81，76，69

C）23，13，51，57，26，66，81，69，76

D）23，13，51，57，81，26，66，69，76

二、思考题

1．什么是软件？软件危机的主要表现有哪些？

2．什么是软件工程？它有哪 3 个要素？其目标、原则和工具都有哪些？

3．什么是软件工程过程？它有哪 4 种基本活动？

4．什么是软件生命周期？它分哪 3 个时期和哪 8 个阶段？

5．什么是软件需求分析？它主要有哪两种方法？

6．软件需求规格说明书有哪些主要内容和哪几个特点？

7．结构化分析方法的常用工具有哪些？

8．什么是概要设计和详细设计？详细设计的常用工具有哪些？

9．软件测试和软件调试的目的分别是什么？

10．什么是白盒测试和黑盒测试？它们各有哪些方法？

1.3　数据库技术基础

- 了解数据库的基本概念：数据库、数据库管理系统、数据库系统、数据库系统的内部体系结构。
- 了解数据模型：信息世界中的基本概念、E-R 方法、常用数据模型。
- 了解数据库设计与管理：数据库设计有关概念、数据库管理。
- 了解结构化查询语言（SQL）。
- 了解关系代数：关系数据结构、二维表、集合运算、关系运算。
- 了解数据库技术：多媒体数据库、分布式数据库、数据仓库、数据挖掘技术。

数据库技术是数据管理的技术，是计算机科学与技术的重要分支，是信息系统的核心和基础。当今社会上各种各样的信息系统都是以数据库为基础，从而对信息进行处理和应用。

数据库管理系统作为数据库管理最有效的手段广泛应用于各行各业中，成为存储、使用、处理信息资源的主要手段，是任何一个行业信息化运作的基石。

下面我们来学习数据库和数据库管理系统、数据库技术的发展、数据库系统的基本特点和内部体系结构、E-R 方法和数据模型、关系代数、数据库设计与管理等知识。

1.3.1　数据库系统的基本概念

1．信息（Information）与数据（Data）

信息是客观世界在人们头脑中的反映，是客观事物的表征，是可以传播和加以利用的一种知识。而数据是信息的载体，是对客观存在的实体的一种记载和描述。

2. 数据库（Database，DB）

数据库是以一定的组织形式存放在计算机存储介质上的相互关联的数据的集合，或者说，是长期保存在计算机外存上的、有结构的、可共享的数据集合。其主要特点是具有最小的冗余度、具有数据独立性、实现数据共享、安全可靠、保密性好。

数据库技术的根本目标是解决数据共享问题。

3. 数据库管理系统（Database Management System，DBMS）

数据库管理系统是位于用户和操作系统之间的数据管理软件。它能对数据库进行有效的管理，包括存储管理、安全性管理、完整性管理等；同时，它也为用户提供了一个软件环境，使其能够方便快速地创建、维护、检索、存取和处理数据库中的信息。其主要功能有：数据定义功能，数据操纵功能，数据控制功能，数据库的运行管理、建立与维护。

4. 数据库管理员（Database Administrator，DBA）

数据库管理员是对数据库的规划、设计、维护、监视等进行管理的人员。其主要工作有：数据库设计，数据库维护、改善系统性能、提高系统效率。

5. 数据库系统（Database System，DBS）

数据库系统是由数据库（数据）、数据库管理系统（软件）、数据库管理员和用户（人员）、系统平台（软件和硬件）构成的人机系统，其核心是数据库管理系统。数据库系统并不是单指数据库和数据库管理系统，而是指带有数据库的整个计算机系统。

硬件平台包括计算机和网络，软件平台包括操作系统、数据库系统开发工具和接口软件。

6. 数据库技术的发展

随着计算机硬件和软件的发展，数据管理技术经历了人工管理、文件系统和数据库系统 3 个发展阶段。

7. 典型的新型数据库系统

典型的新型数据库系统有：分布式数据库系统、面向对象数据库系统、多媒体数据库系统、数据仓库、工程数据库、空间数据库系统。

8. 数据库系统的基本特点

数据库系统具有以下特点：数据结构化、数据独立性、数据共享性、数据完整性、数据冗余度小、数据的长久保存和易移植性。

9. 数据库系统的内部体系结构

简单地说，数据库系统的内部体系结构具有三级模式与二级映射。

（1）外模式。外模式（External Schema）是用户与数据库系统的接口。外模式也叫子模式（Subschema）或用户模式，是用户能够看见和使用的局部数据的逻辑结构和特征的数据视图。一个数据库可以有多个外模式，并且不同的数据库应用系统给出的数据库视图也可能不同。例如，在某些关系型数据库应用系统中，一个有关人事信息的关系型数据库的外模式可被设计成实际使用的表格形式。

（2）模式。模式（Schema）是概念模式（也称逻辑模式）的简称，是对数据库中全体数据的整体逻辑结构和特性的描述，是所有用户的公共视图。例如，关系数据库的概念模式就是二维表。

（3）内模式。内模式（Internal Schema）也称存储模式（Storage Schema），是全部数据在数据库系统内部的表示或底层描述，即数据的物理结构和存储方法的描述。

数据按外模式的描述提供给用户，按内模式的描述存储在磁盘中。而概念模式提供了一种约束其他两级的相对稳定的中间层，它使得这两级的任何一级的改变都不受另一级的牵制。

（4）外模式/概念模式映像。外模式/概念模式映像存在于外部级和概念级之间，用于定义外模式和概念模式间的对应性，即外部记录类型与概念记录类型的对应性，有时也称为“外模式/模式映像”。

（5）概念模式/内模式映像。概念模式/内模式映像存在于概念级和内部级之间，用于定义概念模式和内模式间的对应性，有时也称为模式/内模式映像。这两级的数据结构可能不一致，即记录类型、字段类型的组成可能不一样，因此需要这个映像说明概念记录和内部记录间的对应性。

（6）用户。用户是指使用数据库的应用程序或联机终端的用户。编写应用程序的语言仍然是 COBOL、FORTRAN、C 等高级程序设计语言。在数据库技术中，称这些语言为“宿主语言”(Host Language)，或简称“主语言”。

（7）用户界面。用户界面是用户和数据库系统的一条分界线，在界线下面，对用户是不可知的。用户界面定在外部级上，用户对于外模式是可知的。

10. 常用数据库管理软件

常用的大中型关系型数据库管理软件有：IBM DB2、Oracle、SQL Server、SyBase、Informix 等，常用的小型数据库有 Access、Paradox、FoxPro 等。

1.3.2 数据模型

模型是对现实世界特征的模拟与抽象，而数据模型（Data Model）是模型的一种，它是对现实世界数据特征的抽象。在数据库中，用数据模型这个工具来抽象、表示和处理现实世界中的数据和信息。

按不同应用层次数据模型可分为 3 类：概念数据模型、逻辑数据模型和物理数据模型。

1. 信息世界中的基本概念

（1）实体（Entity）：现实世界中可以相互区分的事物称为实体（或对象），实体可以是人、物等任何实际的东西，也可以是概念性的东西，如学校、班级、城市等。

（2）属性（Attribute）：实体所具有的某一种特征称为属性，一个实体可通过若干种属性来描述。例如，“学生”实体具有“学号”“姓名”“性别”“出生日期”等属性。

（3）主码（Key）：能唯一标识实体的一个属性或多个属性的集合，如“学号”可作为“学生”实体的主码。

（4）域（Domain）：属性的取值范围称为该属性的域，如“性别”的域是“男”“女”。

（5）实体型（Entity Type）：用实体名及属性名的集合抽象和描述同类实体。值得注意的是，有些表达中没有区分实体与实体型这两个概念。

（6）实体集（Entity Set）：同型实体的集合。

（7）联系（Relation）：多个实体之间的相互关联。实体之间可能有多种关系，例如，“学生”与“课程”之间有“选课”（或“学”）关系，“教师”与“课程”之间有“讲课”（或“教”）关系等。这种实体与实体间的关系抽象为联系。

实体集之间的联系一般可分 3 种类型：一对一（1:1）、一对多（1:n）、多对多（m:n）。

2. 实体联系 E-R 方法

概念模型的表示方法有很多，其中最著名的是 P.P.S.Chen 于 1976 年提出的实体一联系方法（Entity-Relation Approach，E-R 方法）。该方法用 E-R 图来描述现实世界的概念模型，E-R 方法也称 E-R 模型。E-R 模型中所采用的概念主要有 3 个：实体、联系、属性，在 E-R 图中表示方法如下：

（1）实体：用矩形框表示，框内填写实体名。

（2）属性：用椭圆框表示，框内填写属性名，并用无向边将它连接到对应的实体。

（3）联系：用菱形框表示，框内填写联系名，并用无向边将它连接到对应的实体，同时在边上注明联系的类型（1:1、1:n、m:n）。

如图 1-11 所示为一个有关教师、课程和学生的 E-R 图。

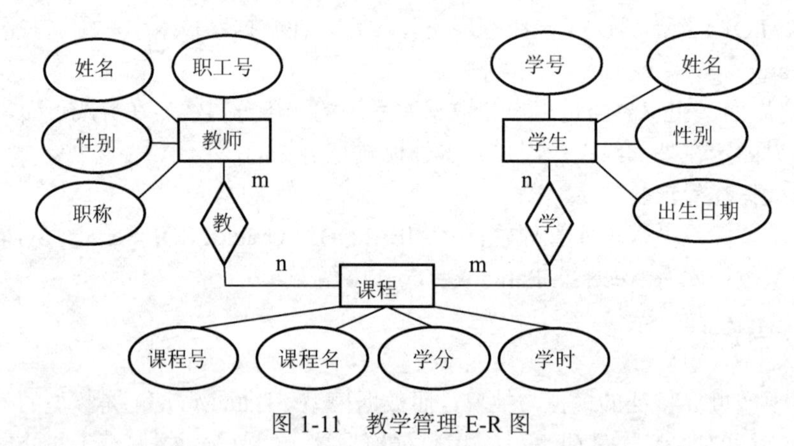

图 1-11 教学管理 E-R 图

3. 常用数据模型

数据模型是数据库中数据存储的方式，是数据库系统的核心和基础。数据库最重要的数据模型有以下 3 种：

（1）层次模型：它用树形结构来表示实体及实体间的联系，如早期的 IMS 系统（IP Multimedia Subsystem）。

（2）网形模型：它用网形结构来表示实体及实体间的联系，如 DBTG 系统。

（3）关系模型：它用一组二维表格来表示实体及实体间的联系，如 Microsoft Access 等。

1.3.3 结构化查询语言（SQL）

结构化查询语言 SQL（Structured Query Language）是高级的非过程化编程语言，是沟通数据库服务器和客户端的重要工具，允许用户在高层数据结构上工作。它不要求用户指定对数据的存放方法，也不需要用户了解具体的数据存放方式，所以，具有完全不同底层结构的不同数据库系统，可以使用相同的 SQL 语言作为数据输入与管理的接口。它以记录集合作为操作对象，所有 SQL 语句接受集合作为输入，返回集合作为输出，这种集合特性允许一条 SQL 语句的输出作为另一条 SQL 语句的输入，所以 SQL 语句可以嵌套，这使它具有极大的灵活性和强大的功能。多数情况下，在其他语言中需要一大段程序实现的功能只需要一个 SQL 语句就可以达到目的，这也意味着用 SQL 语言可以写出非常复杂的语句。

SQL 语言结构简洁、功能强大、简单易学，如今无论是像 Oracle、Sybase、DB2、Informix、

SQL Server 这些大型的数据库管理系统，还是像 Visual Foxpro、PowerBuilder 这些 PC 上常用的数据库开发系统，都支持 SQL 语言作为查询语言。

SQL 语言包含以下 3 种主要程序设计语言类别：

（1）数据定义语言（Data Definition Language，DDL）：用来建立数据库、数据对象和定义其列。例如 CREATE、DROP、ALTER 等语句。

（2）数据操作语言（Data Manipulation Language，DML）：用来插入、修改、删除、查询，可以修改数据库中的数据。例如 INSERT（插入）、UPDATE（修改）、DELETE（删除）、SELECT（查询）等语句。

（3）数据控制语言（Data Controlling Language，DCL）：用来控制数据库组件的存取许可、存取权限等。例如 GRANT、REVOKE、COMMIT、ROLLBACK 等语句。

1.3.4　关系模型

自 20 世纪 80 年代以来，软件开发商提供的数据库管理系统几乎都是支持关系模型的，如 Microsoft Access、FoxPro、SQL Server 和 Oracle 等。

下面简单介绍关系数据模型的基本概念。

1. 关系数据结构

（1）关系与二维表。关系模型将数据组织成二维表的形式，这种二维表在数学上称为关系。E-R 方法中的实体和联系在关系模型中都表示成二维表。例如图 1-11 所示的教学管理 E-R 图中，对应 3 个实体的表有：教师表、课程表和学生表，对应 2 个联系的表有：学生成绩表、教学安排表。

关系模型主要有如下基本术语：

1）关系：一个关系（包括实体、联系）对应一个二维表。

2）关系模式：指对关系的描述，一般形式为：关系名（属性 1，属性 2，…，属性 n）。例如，实体“学生”：学生表（学号，姓名，性别，出生日期），联系“学”：学生成绩（学号，课程号，成绩）。

3）记录：二维表中的一行称为一条记录，记录也称为元组。

4）属性：二维表中的一列称为一个属性，属性也称为字段。每一个属性都有一个名称，叫属性名。例如，“教师”的属性名有：职工号、姓名、性别、职称。

5）关键字：二维表中的某个属性（组），它可以唯一地确定一条记录。例如，学生表中的“学号”是一个关键字；学生成绩表中，属性组（学号、课程号）可组成关键字。

6）主键：一个二维表中可能有多个关键字，但实际应用中只能选择一个，被选择的关键字称为主键。

7）值域：指属性的取值范围。例如，“性别”的值域为{男，女}。

（2）二维表的特点和要求。关系模型比较容易理解，一个关系可以看作一个二维表，但日常管理中许多较复杂的表格不能直接用一个关系存储在数据库中。二维表有如下特点和要求：

1）不允许存在相同的字段。

2）每一个字段值（数据项）都是不可再分的数据单元，即不允许表中有表。

3）应有关键字，且二维表中不应有关键字值相同的记录。这样，根据关键字可以将一个记录区别于另一个记录。

4）不应有完全相同的记录。这也是关键字的要求，记录重复会造成混乱。

5）记录的先后次序无关紧要。

6）字段的先后次序无关紧要。一般地，构成关键字的字段在前，便于操作。

7）通常，关系与关系之间通过关键字发生联系。因此，以二维表的形式存储的关系型数据库之间也是依靠关键字发生联系的。

（3）基本表、查询表和视图。在数据库系统中，对数据的查询、输出等可能有多种不同的形式和要求，这就涉及基本表、查询表和视图等概念。

1）基本表：是关系模型中实际存在的二维表。

2）查询表：是查询结果表或查询中生成的临时表。数据可来源于多个基本表。

3）视图：是由基本表、查询表或其他视图导出的图表。例如二维表、报表等。

2. 集合运算

传统的集合运算有：并（∪）、差（－）、交（∩）和笛卡儿积（×）。

专门的关系运算有：选择（σ）、投影（π）、连接（|×|）和除（÷）。注意，一般教材只提及前 3 种。

在集合运算中还涉及以下两类辅助运算符：

（1）比较运算符：>（大于）、≥（大于等于）、<（小于）、≤（小于等于）、=（等于）、≠（不等于）。

（2）逻辑运算符：¬（非）、∧（与）、∨（或）。

并、差、笛卡儿积、投影、选择是关系代数的 5 种基本运算，其他运算（交、连接、除）可以通过基本运算导出。

假设有 n 元关系 R 和 n 元关系 S，它们相应的属性值取自同一个域，t 为元组变量，则 R 与 S 的并、交、差运算仍然是 n 元关系，可分别定义如下：

（1）并运算（Union）。

关系 R 与 S 的并由属于 R 或属于 S 的元组组成，记为 R∪S。

（2）差运算（Difference）。

关系 R 与 S 的差由属于关系 R 而不属于关系 S 的元组组成，记为 R－S。

（3）交运算（Intersection）。

关系 R 与 S 的交由属于 R 并且属于 S 的元组组成，记为 R∩S。

（4）笛卡儿积（Cartesian product）。

设有 m 元关系 R 和 n 元关系 S，则 R 与 S 的广义笛卡儿积记为 R×S，它是一个 m*n 元个元组的集合（m+n 个属性），其中每个元组的前 m 个分量是 R 的一个元组，后 n 个分量是 S 的一个元组。R×S 是所有具备这种条件的元组组成的集合。

3. 关系运算

（1）选择运算（Selection）。选择运算是在指定的关系中选取所有满足给定条件的元组构成一个新的关系，而这个新的关系是原关系的一个子集。

（2）投影运算（Projection）。投影运算是在给定关系的某些域上进行的运算。通过投影运算可以从一个关系中选择出所需要的属性成分，并且按要求排列成一个新的关系，而新关系的各个属性值来自原关系中相应的属性值。

（3）连接运算（Join）。连接运算是对两个关系进行的运算，其意义是从两个关系的笛卡儿积中选出满足给定属性间一定条件的元组。

（4）自然连接运算（Natural Join）。设关系R和关系S具有公共的属性，则关系R和关系S的自然连接的结果是从它们的笛卡儿积R×S中选出公共属性值相等的元组。

1.3.5 数据库设计与管理

数据库设计通常具有两个含义：一是指数据库系统的设计，即DBMS系统的设计；二是指数据库应用系统的设计。这里数据库设计指数据库应用系统的设计，即根据具体的应用要求和选定的数据库管理系统来进行数据库设计。

数据库应用系统是以数据库为核心和基础的，数据库设计包括需求分析、概念设计、逻辑设计、物理设计、数据库的建立和测试、数据库运行和维护等6个阶段。

（1）数据库设计的需求分析。

需求分析的工作是数据库设计的基础，它由用户和数据库设计人员共同完成。数据库设计人员通过调查研究了解用户的业务流程，与用户取得对需求的一致认识，获得用户对所要建立的数据库的信息要求和处理要求的全面描述，从而以需求说明书的形式表达出来。

（2）数据库概念设计。

概念设计是在需求分析的基础上进行的，这一阶段通过对收集的信息、数据进行分析、整理，确定实体、属性及它们之间的联系，画出E-R图，然后形成描述每个用户局部信息的结构，即定义局部视图（View）。在各个用户的局部视图定义之后，数据库设计者通过对它们的分析和比较，最终形成一个用户易于理解的全局信息结构，即全局视图。

全局视图是对现实世界的一次抽象与模拟，它独立于数据库的逻辑结构以及计算机系统和DBMS。

（3）数据库逻辑设计。

逻辑设计将概念设计所定义的全局视图按照一定的规则转换成特定的DBMS所能处理的概念模式，将局部视图转换成外部模式。这一阶段还需要处理完整性、一致性、安全性等问题。

（4）数据库物理设计。

物理设计是对逻辑设计中所确定的数据模式选取一个最适合的物理存储结构。要解决数据在介质上如何存放、数据采用什么方法来进行存取和存取路径的选择等问题。物理结构的设计直接影响系统的处理效率和系统的开销。

（5）数据库的建立和测试。

数据库的建立和测试阶段将建立实际的数据库结构，装入数据，完成应用程序的编码和应用程序的装入，完成整个数据库系统的测试，检查整个系统是否达到设计要求，发现和排除可能产生的各种错误，最终产生测试报告和可运行的数据库系统。

（6）数据库的运行和维护。

数据库的运行和维护阶段将排除数据库系统中残存的隐含错误，并根据用户的要求和系统配置的变化不断地改进系统性能，必要时进行数据库的再组织和重构，延长数据库系统的使用时间。

数据库的管理包括：

（1）数据库的建立：包括数据模式的建立和数据加载。

（2）数据库的调整：一般由 DBA 完成。

（3）数据库的重组：数据库运行一段时间后，由于数据的大量插入、修改和删除，造成数据存储分散，从而导致性能下降。通过数据库的重组，重新调整存储空间，使数据具有更好的连续性。

（4）数据库的故障恢复：保证数据不受非法盗用、破坏，保证数据的正确性。

（5）数据安全性控制与完整性控制：一旦数据被破坏，就要及时恢复。

（6）数据库监控：DBA 需要随时观察数据库的动态变化，并监控数据库的性能变化，必要时需要对数据库进行调整。

1.3.6 数据库新技术

1. 多媒体数据库

多媒体数据库是数据库技术与多媒体技术结合的产物。多媒体数据库不是对现有的数据进行界面上的包装，而是从多媒体数据与信息本身的特性出发，考虑将其引入到数据库中之后而带来的有关问题。

2. 分布式数据库

分布式数据库是用计算机网络将物理上分散的多个数据库单元连接起来组成的一个逻辑上统一的数据库。每个被连接起来的数据库单元称为站点或节点。分布式数据库由一个统一的数据库管理系统来进行管理，称为分布式数据库管理系统。

3. 数据仓库

数据仓库（Data Warehouse，DW/DWH）是为企业所有级别的决策制定过程提供支持的所有类型数据的战略集合。

4. 数据挖掘技术

数据挖掘（Data Mining），又译为资料探勘、数据采矿。它是数据库知识发现（Knowledge-Discovery in Databases，KDD）中的一个步骤。数据挖掘一般是指从大量的数据中自动搜索隐藏于其中的有着特殊关系性（属于 Association Rule Learning）的信息的过程。数据挖掘通常与计算机科学有关，并通过统计、在线分析处理、情报检索、机器学习、专家系统（依靠过去的经验法则）和模式识别等诸多方法来实现上述目标。

一、选择题

1．数据库管理系统中负责数据模式定义的语言是（　　）。

A）数据定义语言　　B）数据管理语言

C）数据操纵语言　　D）数据控制语言

2．在学生管理关系数据库中，存取一个学生信息的数据单位是（　　）。

A）文件　　B）数据库　　C）字段　　D）记录

3．数据库设计中，用 E-R 图来描述信息结构但不涉及信息在计算机中的表示，它属于数据库设计的（　　）。

A）需求分析阶段　　　　B）逻辑设计阶段
C）概念设计阶段　　　　D）物理设计阶段

4．在 E-R 图中，用来表示实体联系的图形是（　　）。

A）椭圆形　　B）矩形　　C）菱形　　D）三角形

5．在数据库设计中，将 E-R 图转换成关系数据模型的过程属于（　　）。

A）需求分析阶段　　　　B）概念设计阶段
C）逻辑设计阶段　　　　D）物理设计阶段

6．设有表示学生选课的 3 张表：学生 S（学号，姓名，性别，年龄，身份证号）、课程 C（课号，课名）、选课 SC（学号，课号，成绩），则表 SC 的关键字（键或码）为（　　）。

A）课号，成绩　　B）学号，成绩　　C）学号，课号　　D）学号，姓名，成绩

7．在下列关系运算中，不改变关系表中的属性个数但能减少元组个数的是（　　）。

A）并　　B）交　　C）投影　　D）笛卡儿积

8．在数据处理中，其处理的最小单位是（　　）。

A）数据　　B）数据项　　C）数据结构　　D）数据元素

9．在数据库系统的内部结构体系中，索引属于（　　）。

A）模式　　B）内模式　　C）外模式　　D）概念模式

10．数据流图用于抽象描述一个软件的逻辑模型，数据流图由一些特定的图符构成。下列图符名标识的图符不属于数据流图合法图符的是（　　）。

A）控制流　　B）加工　　C）存储文件　　D）源和潭

11．数据库系统在其内部具有 3 级模式，用来描述数据库中全体数据的全局逻辑结构和特性的是（　　）。

A）外模式　　B）概念模式　　C）内模式　　D）存储模式

12．有 3 个关系 R、S 和 T，如下：

R

A	B
m	1
n	2

S

B	C
1	3
3	5

T

A	B	C
m	1	3

由关系 R 和 S 通过运算得到关系 T，则所使用的运算为（　　）。

A）笛卡儿积　　B）交　　C）并　　D）自然连接

13．数据库系统的核心是（　　）。

A）数据模型　　B）软件开发　　C）数据库设计　　D）数据库管理系统

14．设 R 是一个二元关系，有 3 个元组，S 是一个三元关系，有 3 个元组。如 T= R×S，则 T 的元组的个数为（　　）。

A）6　　B）8　　C）9　　D）12

15．下列选项中不属于数据库管理的是（　　）。

A）数据库的建立　　　　B）数据库的调整
C）数据库的监控　　　　D）数据库的校对

16．设有关键码序列（Q，G，M，Z，A，N，B，P，X，H，Y，S，T，L，K，E），采

用堆排序法进行排序，经过初始建堆后关键码值 B 在序列中的序号是（　　）。

A）1　　B）3　　C）7　　D）9

17. 下列选项中不属于数据模型所描述的内容的是（　　）。

A）数据类型　　B）数据操作　　C）数据结构　　D）数据约束

18. 在关系代数运算中，有 5 种基本运算，它们是（　　）。

A）并、差、交、除和笛卡儿积

B）并、差、交、投影和选择

C）并、交、投影、选择和笛卡儿积

D）并、差、投影、选择、笛卡儿积

19. 下面关于数据库三级模式结构的叙述中，正确的是（　　）。

A）内模式可以有多个，外模式和模式只有一个

B）外模式可以有多个，内模式和模式只有一个

C）内模式只有一个，模式和外模式可以有多个

D）模式只有一个，外模式和内模式可以有多个

20. 关系数据库管理系统能实现的专门关系运算包括（　　）。

A）排序、索引、统计　　B）选择、投影、连接

C）关联、更新、排序　　D）显示、打印、制表

二、思考题

1. 数据、数据库、数据库管理系统、数据库管理员、数据库系统的英文及缩写各是什么？
2. 数据库系统的内部体系结构具有的三级模式与二级映射分别是什么？
3. 按不同应用层次数据模型可分为哪 3 类？
4. E-R 图中实体、属性、联系分别用什么开头的图形表示？
5. 数据库最重要的数据模型是哪 3 种？关系模型中的实体及实体间的联系都用什么表示？
6. 关系代数有哪 5 种基本运算？除此之外还有哪几种？
7. 关系数据库管理系统能实现的专门关系运算是哪 3 种？
8. 数据库（应用系统）设计包括哪 6 个阶段？

第 2 章　Word 电子文档制作

Word 2010 是一款功能强大的文字处理软件，可以用来编辑排版文字、图表等信息形成各种不同的文档，广泛应用于图书、报刊、论文、广告、海报、网页等方面的编辑制作。本章在文档的基本格式排版、表格的制作、图文混排、长文档的编排等方面结合案例进行详细介绍。

2.1　专业简介——文档的基本格式设置

- 掌握文档的创建和保存方法。
- 根据需要熟练地为文本设置字体、字号、颜色、粗体、斜体、下划线、上下标、间距、缩放和位置等字符格式。
- 根据需要熟练地为段落设置缩进、对齐方式、行间距和段间距、首字下沉等段落格式，并能使用格式刷复制文本或段落格式。
- 掌握文档的页面设置，包括纸张大小、方向、页边距、版式、文档网格等的设置。

项目导入

小王是某高校的教务秘书，已录入了计算机科学与技术专业简介，需要对文档进行排版，要求如下：标题为黑体小二、红色、加文字边框，一等和二等小标题为黑体四号，正文为楷体小四，A、B 以下的内容加项目编号，除标题外所有段落首行缩进 2 个字符，行间距为 20 磅，第三段设置成两栏，首字下沉 3 行，纸型为 A4，上、下边距 2 厘米，左、右边距 2.5 厘米，页面设置背景颜色为红色，强调文字颜色 2，淡色 80%。效果如图 2-1 所示。

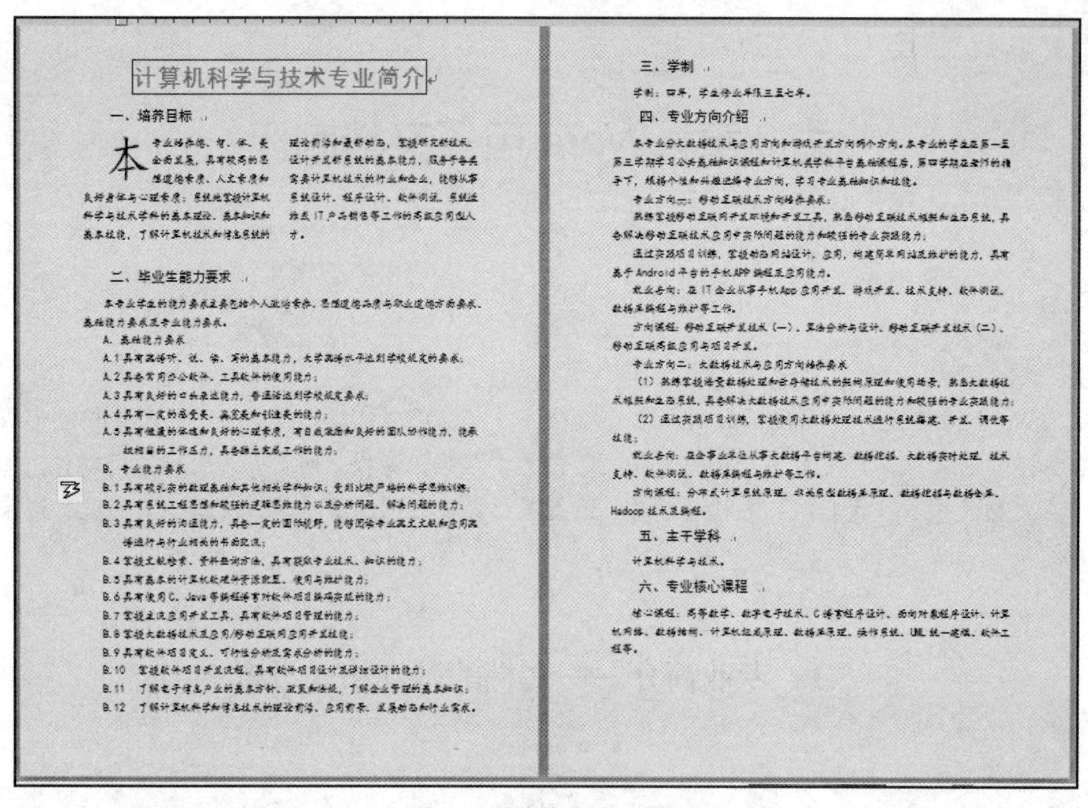

计算机科学与技术专业简介

一、培养目标

本专业培养德、智、体、美全面发展，具有较高的思想道德素质、人文素质和良好身体与心理素质；系统地掌握计算机科学与技术学科的基本理论、基本知识和基本技能，了解计算机技术和信息系统的理论前沿和最新动态，掌握研究软技术、设计开发软系统的基本能力，服务于各类需要计算机技术的行业和企业，能够从事系统设计、程序设计、软件测试、系统运维及IT产品销售等工作的高级应用型人才。

二、毕业生能力要求

本专业学生的能力要求主要包括个人政治素养、思想道德品质与职业道德方面要求、基础能力要求及专业能力要求。

A. 基础能力要求

A.1 具有英语听、说、读、写的基本能力，大学英语水平达到学校规定的要求；

A.2 具备常用办公软件、工具软件的使用能力；

A.3 具有良好的口头表达能力，普通话达到学校规定要求；

A.4 具有一定的感受美、鉴赏美和创造美的能力；

A.5 具有健康的体魄和良好的心理素质，有自我调节和良好的团队协作能力，能承担相当的工作压力，具备独立完成工作的能力；

B. 专业能力要求

B.1 具有较扎实的数理基础和其他相关学科知识；受到比较严格的科学思维训练；

B.2 具有系统工程思想和较强的逻辑思维能力以及分析问题、解决问题的能力；

B.3 具有良好的沟通能力，具备一定的国际视野，能够阅读专业英文文献和应用英语进行与行业相关的书面交流；

B.4 掌握文献检索、资料查询方法，具有获取专业技术、知识的能力；

B.5 具有基本的计算机软硬件资源配置、使用与维护能力；

B.6 具有使用C、Java等编程语言对软件项目编码实现的能力；

B.7 掌握主流应用开发工具，具有软件项目管理的能力；

B.8 掌握大数据技术及应用/移动互联网应用开发技能；

B.9 具有软件项目定义、可行性分析及需求分析的能力；

B.10 掌握软件项目开发流程，具有软件项目设计及详细设计的能力；

B.11 了解电子信息产业的基本方针、政策和法规，了解企业管理的基本知识；

B.12 了解计算机科学和信息技术的理论前沿、应用前景、发展动态和行业需求。

三、学制

学制：四年，学生修业年限三至七年。

四、专业方向介绍

本专业分大数据技术与应用方向和游戏开发方向两个方向。本专业的学生在第一至第三学期学习公共基础知识课程和计算机类学科平台基础课程后，第四学期在老师的指导下，根据个性和兴趣选择专业方向，学习专业基础知识和技能。

专业方向一：移动互联技术方向培养要求：

熟练掌握移动互联网开发环境和开发工具，熟悉移动互联技术框架和生态系统，具备解决移动互联技术应用中实际问题的能力和较强的专业实践能力；

通过实践项目训练，掌握前后端设计、应用，构建简单网站及维护的能力，具有基于Android平台的手机APP编程及应用能力。

就业去向：在IT企业从事手机App应用开发、游戏开发、技术支持、软件测试、数据库编程与维护等工作。

方向课程：移动互联开发技术（一）、算法分析与设计、移动互联开发技术（二）、移动互联高级应用与项目开发。

专业方向二：大数据技术与应用方向培养要求

（1）熟练掌握海量数据处理和云存储技术的架构原理和使用场景，熟悉大数据技术框架和生态系统，具备解决大数据技术应用中实际问题的能力和较强的专业实践能力；

（2）通过实践项目训练，掌握使用大数据处理技术进行系统搭建、开发、调优等技能；

就业去向：在企事业单位从事大数据平台构建、数据挖掘、大数据实时处理、技术支持、软件测试、数据库编程与维护等工作。

方向课程：分布式计算系统原理、非关系型数据库原理、数据挖掘与数据仓库、Hadoop技术及编程。

五、主干学科

计算机科学与技术。

六、专业核心课程

核心课程：高等数学、数字电子技术、C语言程序设计、面向对象程序设计、计算机网络、数据结构、计算机组成原理、数据库原理、操作系统、UML统一建模、软件工程等。

图 2-1 基本格式设置效果

2.1.1 字符格式设置

1．字符格式设置方法：利用“开始”选项卡字体设置工具组进行设置，选中文本后可以利用工具组设置文本的字体、字号、颜色、加粗、倾斜、下划线等格式，如图 2-2 所示。

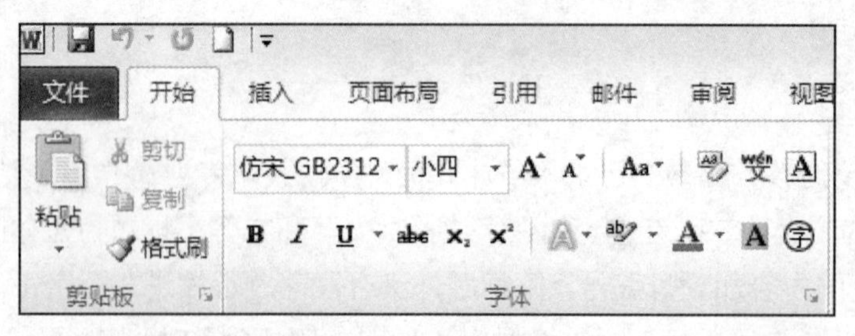

图 2-2 字体工具组

2．利用对话框进行设置：选中文本后，单击“开始”选项卡“字体”工具组右下角的对话框开启按钮进行设置，如图 2-3 所示。

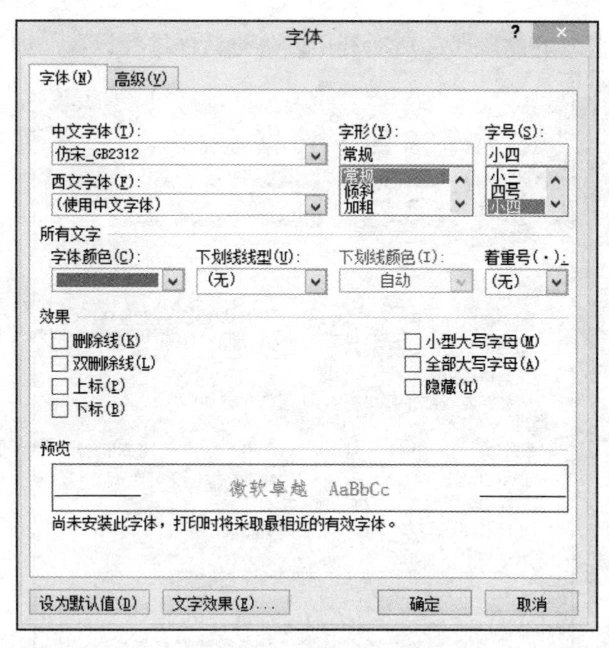

图 2-3　字体设置对话框

3．通过浮动工具栏进行设置：选中文本后，在选中文本的右上方立即出现半透明方式显示的浮动工具栏，将光标移动到半透明工具栏上时，工具栏以不透明方式显示，利用该工具栏同样可以对字符格式进行设置，如图 2-4 所示。

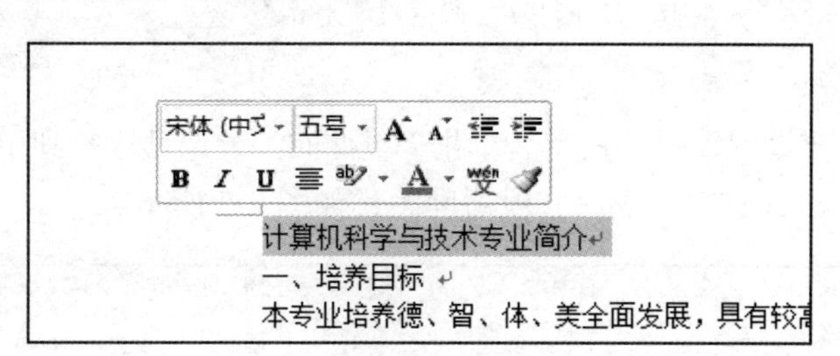

图 2-4　字体设置浮动工具栏

2.1.2　段落格式设置

1．设置段落对齐方式

方法一：选定需要对齐的段落，然后单击“开始”选项卡，利用段落工具栏中的对齐按钮可以设置段落的左对齐、居中对齐、右对齐、两端对齐和分散对齐，如图 2-5 所示。

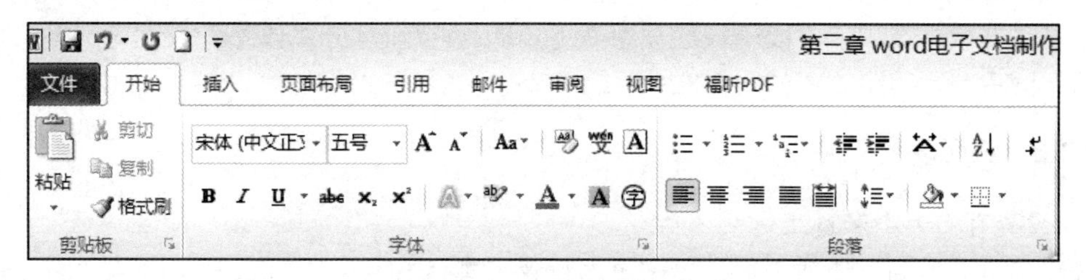

图 2-5　段落工具栏

方法二：选定需要对齐的段落，然后利用段落对话框进行设置，如图 2-6 所示。

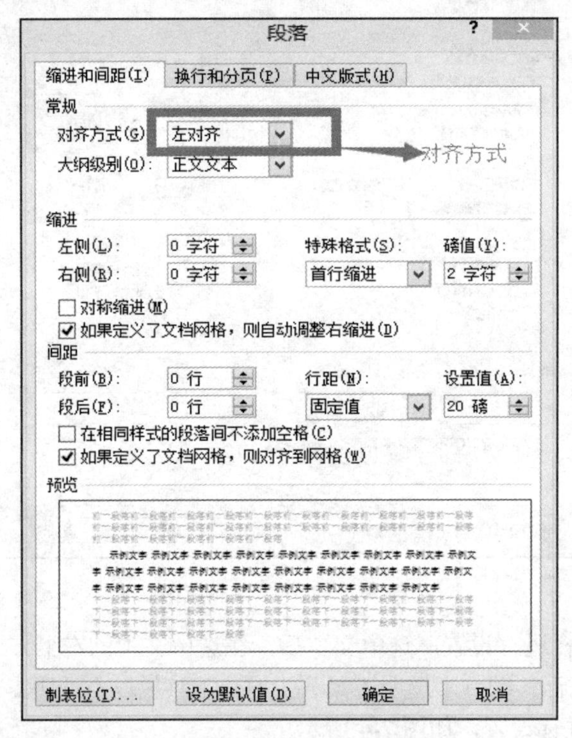

图 2-6　段落设置对话框

2. 设置段落缩进

方法一：选定需要设置缩进的段落，单击“页面布局”选项卡，利用段落选项组中的“缩进”按钮可以设置左、右缩进，段前、段后间距，如图 2-7 所示。

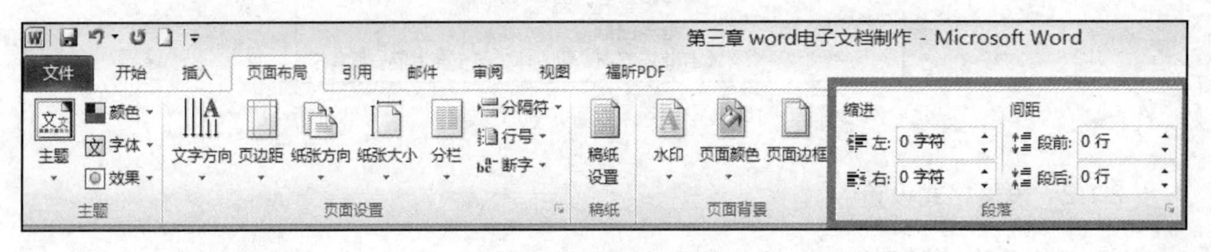

图 2-7　段落选项组

方法二：选定需要设置缩进的段落，利用段落对话框进行设置，如图 2-8 所示。

3. 设置段落间距

单击“开始”选项卡“段落”选项组右下角的按钮打开“段落”设置对话框，可以设置段前、段后、行间距等，如图 2-8 所示。

2.1.3　页面设置

1. 设置页面大小和边距

选择“页面布局”选项卡后，单击页面设置工具栏右下角的按钮，弹出“页面设置”对话框，可以进行页面大小和边距大小的设置，如图 2-9 所示。

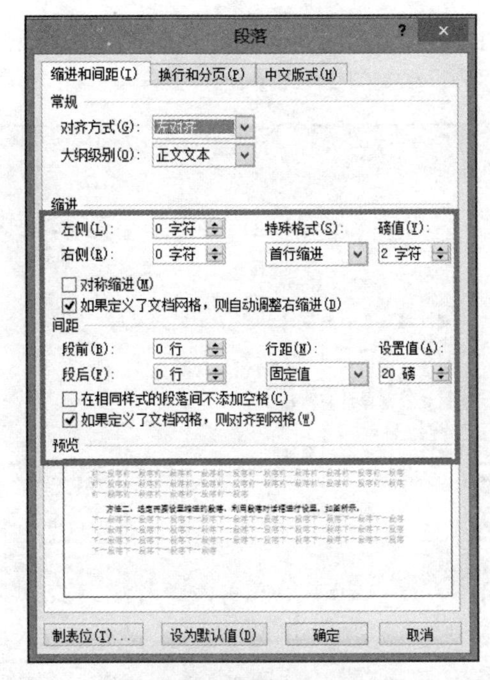

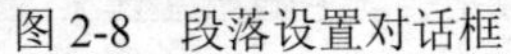
图 2-8 段落设置对话框

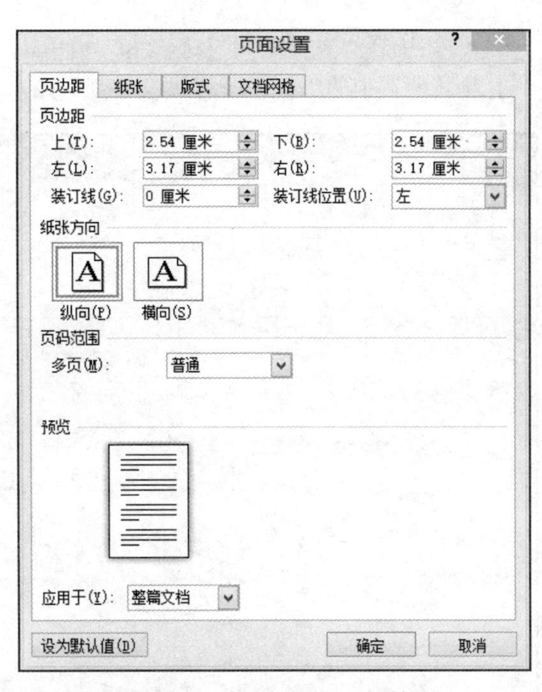

图 2-9 “页面设置”对话框

2. 设置页面背景

选择“页面布局”选项卡后，通过“页面背景”设置工具栏可以为文档设置页面颜色、背景图片、纹理效果及页面边框、水印等效果，如图 2-10 所示。

本项目具体操作步骤如下：

（1）选择“页面布局”选项卡，再单击“纸张大小”下拉三角形选择 A4 纸；单击“页边距”下拉三角形选择“自定义边距”，设置上、下边距 2 厘米，左、右边距 2.5 厘米，如图 2-11 所示。

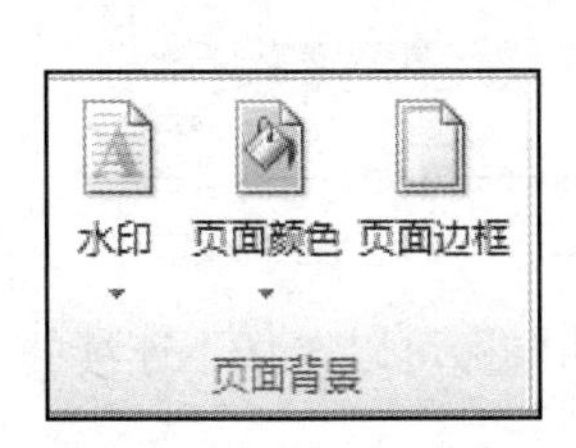

图 2-10 页面背景功能组

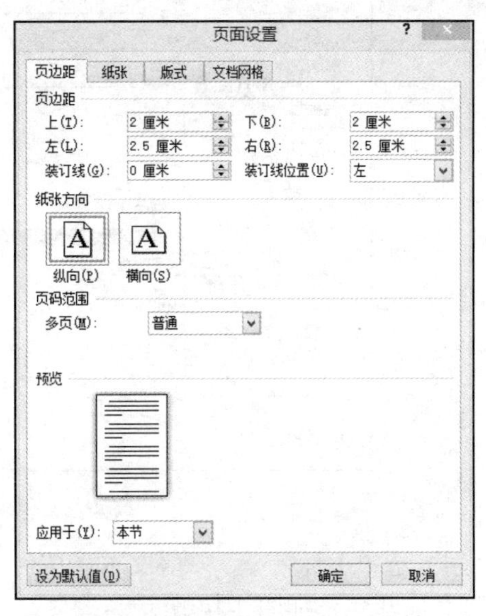

图 2-11 页面设置中的边距设置

（2）选择“页面布局”选项卡，再单击“页面颜色”下拉三角形，在弹出的选项中选择“主题颜色”中的“红色，强调文字颜色 2，淡色 80%”，如图 2-12 所示。

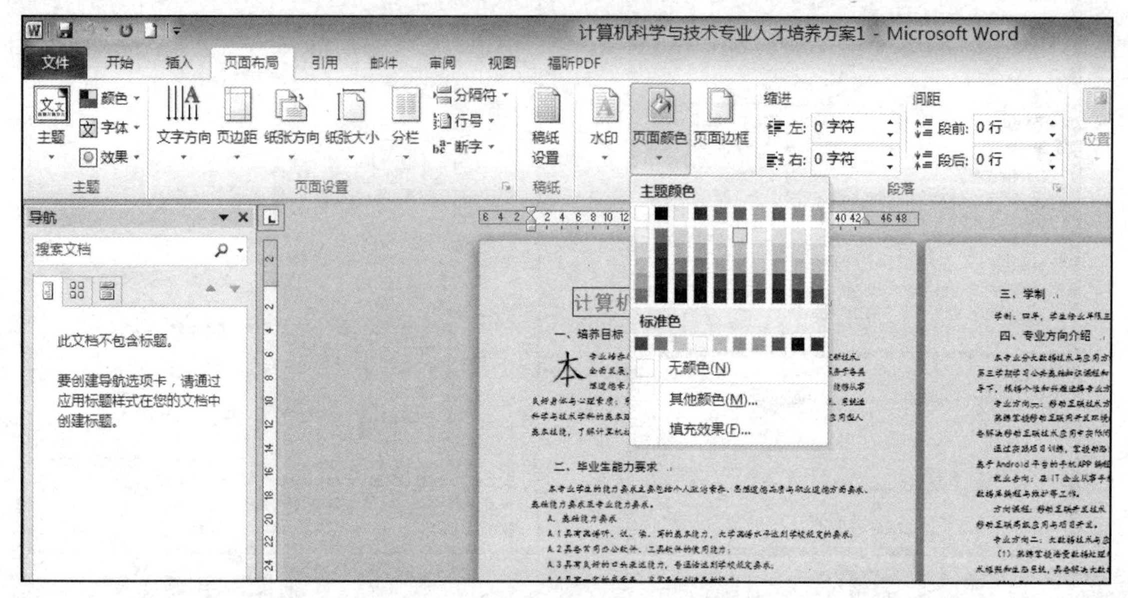

图 2-12　页面颜色设置下拉列表

（3）选中标题“计算机科学与技术专业简介”，利用上述方法之一设置字体为黑体、小二、红色；单击“段落”工具栏中的“居中”按钮将文本设置成居中；单击“段落”工具栏中的“边框与底纹”按钮 ，在弹出的对话框中设置字符边框颜色、宽度，如图 2-13 所示。

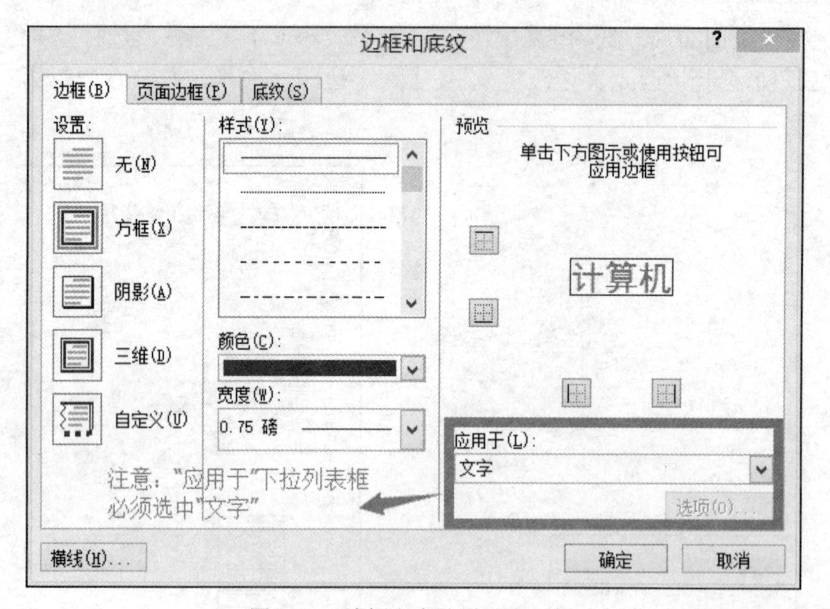

图 2-13　边框和底纹设置对话框

（4）选中小标题一、二等文本（按住 Ctrl 键再拖动鼠标可以选择不连续的文本），设置黑体四号、黑色，如图 2-14 所示。

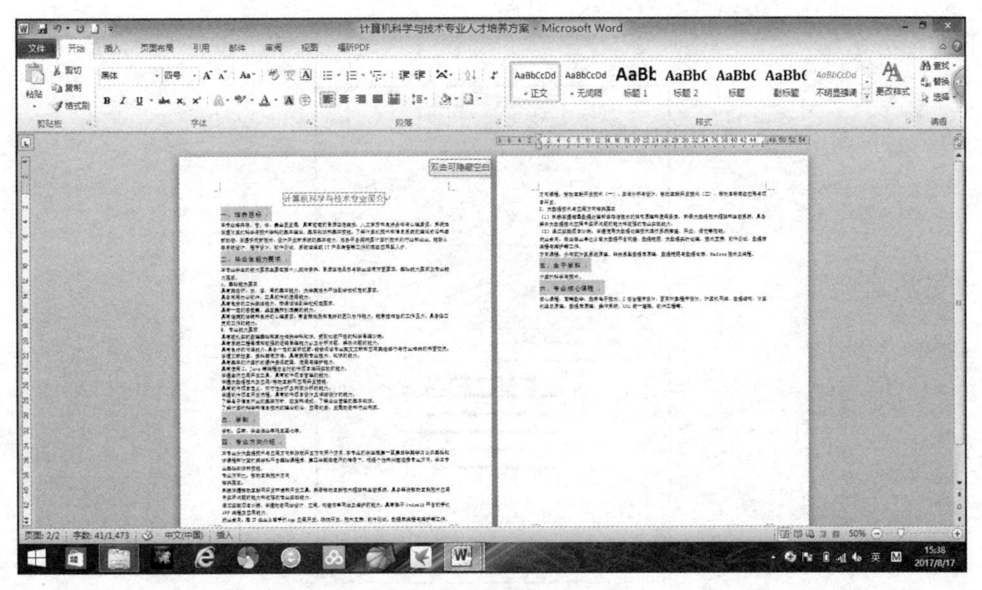

图 2-14　选择不连续的段落文本

（5）选定正文文本，设置字体为楷体小四、黑色。

（6）选定除标题“计算机科学与技术专业简介”以外的所有段落文字，单击“开始”选项卡“段落”选项组右下角的 按钮，在弹出的对话框中设置特殊格式：首行缩进 2 字符，行间距为固定值 20 磅。

（7）选择第三段所有文字，选定“页面布局”选项卡“页面设置”选项组中的“分栏”下拉三角形，在弹出的下拉列表中选择“更多分栏”，在弹出的对话框中选择“预设”中的“两栏”，在“应用于”下拉列表中选择“所选文字”，单击“确定”按钮，如图 2-15 所示。

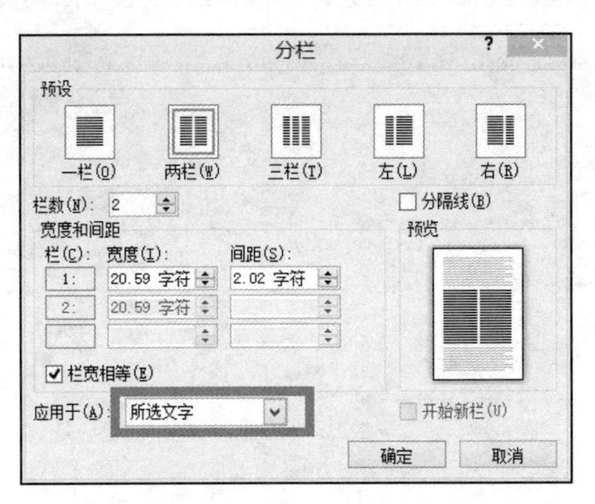

图 2-15　分栏设置对话框

（8）将光标定位于第三段文字中，单击“插入”选项卡“首字下沉”中的“下沉”选项设置第三段首字下沉三行。

（9）选定“A．基础能力要求”以下的所有文本，单击“开始”选项卡“段落”选项组中的“编号”按钮，再单击编号旁边的三角形下拉按钮，在弹出的下拉列表中选择“定义新编号格式”，按要求设置编号格式，如图 2-16 所示。同理，设置“B．专业能力要求”以下的所有文本的编号格式。

定义新编号格式

编号格式

编号样式(N):

1, 2, 3, …

字体(F)...

编号格式(O):

A.1

对齐方式(M):

左对齐

预览

A. 1

A. 2

A. 3

确定　取消

图 2-16　定义新编号格式对话框

（10）单击“保存”按钮保存所有设置。

根据要求对“实验室开放管理制度.docx”文件进行格式排版。具体要求：设置标题为二号、黑体、红色；小标题为四号、宋体、加粗；正文为宋体、小四；第二段设置分栏：两栏；给页面添加背景颜色、边框，设置页面主题：华丽，添加文字水印，效果如图 2-17 所示。

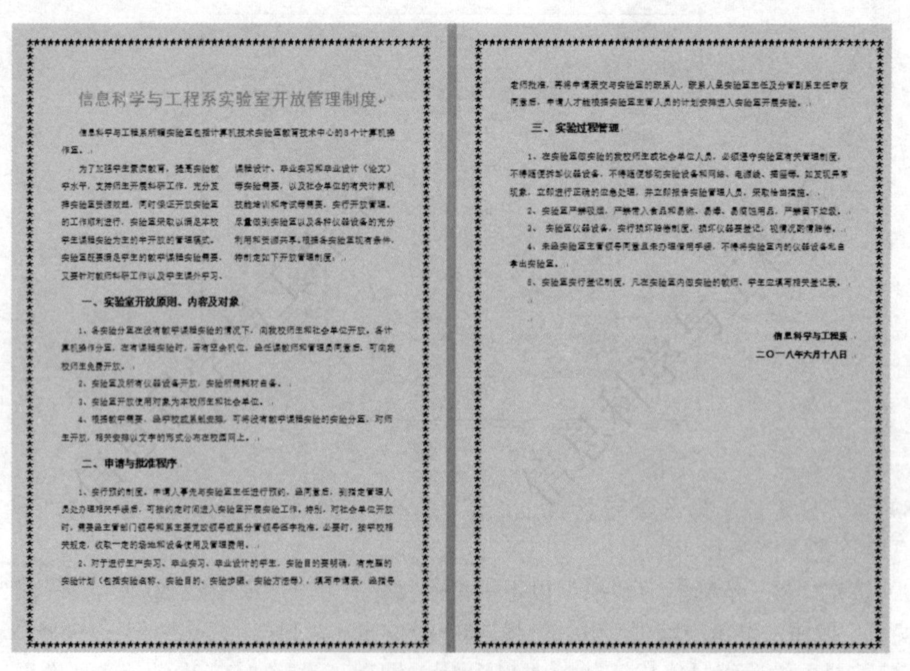

信息科学与工程系实验室开放管理制度

信息科学与工程系所辖实验室包括计算机技术实验室教育技术中心的8个计算机操作区。

为了加强学生素质教育，提高实验教学水平，支持师生开展科研工作，充分发挥实验室资源效益，同时保证开放实验室的工作顺利进行，实验室采取以满足本校学生课程实验为主的半开放的管理模式。实验室既要满足学生的教学课程实验需要，又要针对教师科研工作以及学生课外学习、课程设计、毕业实习和毕业设计（论文）等实验需要，以及社会单位的有关计算机技能培训和考试等需要，实行开放管理，尽量做到实验室以及各种仪器设备的充分利用和资源共享。根据各实验室现有条件，特制定如下开放管理制度。

一、实验室开放原则、内容及对象

1、各实验分区在没有教学课程实验的情况下，向我校师生和社会单位开放，各计算机操作分区，在有课程实验时，若有空余机位，经任课教师和管理员同意后，可向我校师生免费开放。

2、实验室及所有仪器设备开放，实验所需耗材自备。

3、实验室开放使用对象为本校师生和社会单位。

4、根据教学需要，经学校或系制安排，可将没有教学课程实验的实验分区，对师生开放，相关安排以文字的形式公布在校园网上。

二、申请与批准程序

1、实行预约制度。申请人事先与实验室主任进行预约，经同意后，到指定管理人员处办理相关手续后，可按约定时间进入实验室开展实验工作。特别，对社会单位开放时，需要经主管部门领导和系主要党政领导或系分管领导签字批准。必要时，按学校相关规定，收取一定的场地和设备使用及管理费用。

2、对于进行生产实习、毕业实习、毕业设计的学生，实验目的要明确，有完整的实验计划（包括实验名称、实验目的、实验步骤、实验方法等），填写申请表，经指导老师批准，再将申请表交与实验室的联系人，联系人是实验室主任及分管副系主任审核同意后，申请人才能根据实验室主管人员的计划安排进入实验室开展实验。

三、实验过程管理

1、在实验室做实验的我校师生或社会单位人员，必须遵守实验室有关管理制度，不得随便拆卸仪器设备，不得随便移动实验设备和网线、电源线、插座等，如发现异常现象，立即进行正确的应急处理，并立即报告实验管理人员，采取恰当措施。

2、实验室严禁吸烟，严禁带入食品和易燃、易爆、易腐蚀用品，严禁留下垃圾。

3、实验室仪器设备，实行损坏赔偿制度，损坏仪器要登记，视情况酌情赔偿。

4、未经实验室主管领导同意且未办理借用手续，不得将实验室内的仪器设备私自拿出实验室。

5、实验室实行登记制度，凡在实验室内做实验的教师、学生应填写相关登记表。

信息科学与工程系

二〇一八年六月十八日

图 2-17　能力拓展效果图

2.2　比赛报名通知——表格制作

- 掌握创建表格的方法。
- 掌握单元格的合并和拆分。
- 掌握表格的行高和列宽的调整。
- 掌握表格的文字输入和格式设置。
- 掌握表格的美化。

学校教务处准备在全校开展一次有关计算机技能方面的比赛。小王是学校教务处秘书，比赛报名通知的文本已录入并排好版了，需要制作一份比赛报名表，效果如图 2-18 所示。

附件：

2018 年湖南人文科技学院在校学生技能大赛

计算机技能比赛选手报名表

<table>
<tr><td>姓名</td><td></td><td>性别</td><td></td><td>年龄</td><td></td><td rowspan="3">照片</td></tr>
<tr><td>民族</td><td></td><td>身份证号</td><td colspan="3"></td></tr>
<tr><td>所在学院</td><td colspan="5"></td></tr>
<tr><td rowspan="2">所学专业</td><td rowspan="2"></td><td rowspan="2">所在年级</td><td rowspan="2"></td><td rowspan="2">指导教师</td><td>姓名</td><td></td></tr>
<tr><td>手机</td><td></td></tr>
<tr><td>选手已取得何种职业资格证书（名称、等级）</td><td colspan="6">□</td></tr>
<tr><td>所在班级班主任意见</td><td colspan="6">□</td></tr>
<tr><td>所在学院学生处推荐意见</td><td colspan="6">负责人签字：　　　　　盖章　　　　年　　月　　日</td></tr>
</table>

图 2-18　表格制作效果图

1. 表格的创建

创建一般的表格有以下 3 种方法：

（1）使用即刻预览创建表格：将光标置于需要插入表格的位置，选择“插入”选项卡，单击“表格”按钮可弹出“插入表格”系统模型，在表格模型中拖动鼠标选择所需要的行数和列数，松开鼠标可在插入点之后插入所需要行数和列数的表格，如图 2-19 所示。

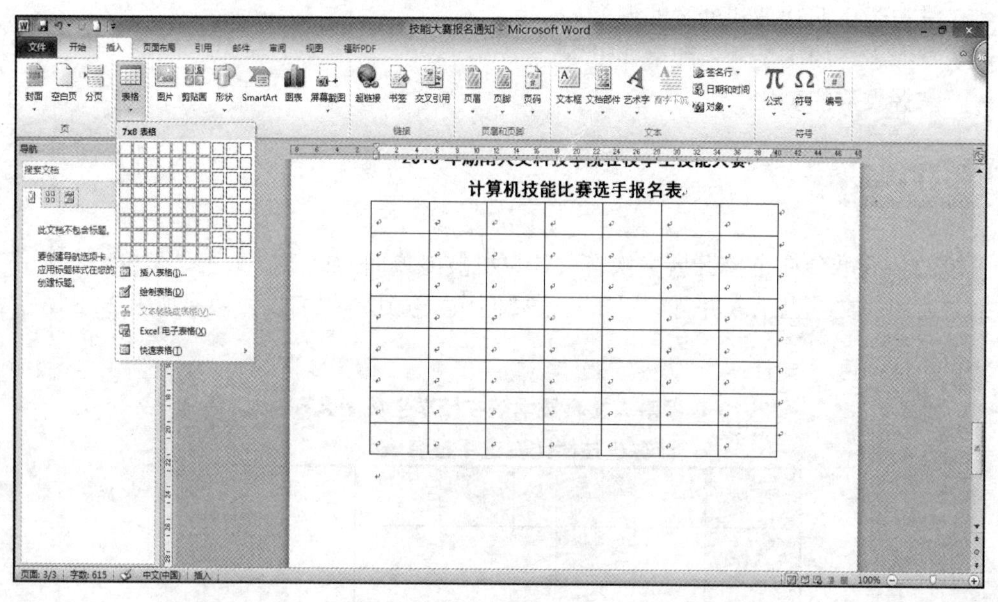

图 2-19 插入表格下拉列表

（2）使用“插入表格”命令创建表格：将光标置于需要插入表格的位置，选择“插入”选项卡，单击“表格”按钮，在弹出的下拉列表中选择“插入表格”命令，弹出“插入表格”对话框，如图 2-20 所示。在“表格尺寸”区域中设置好列数和行数，在“‘自动调整’操作”区域中选择好调整表格的方式，单击“确定”按钮，在光标的位置会插入相应的表格。

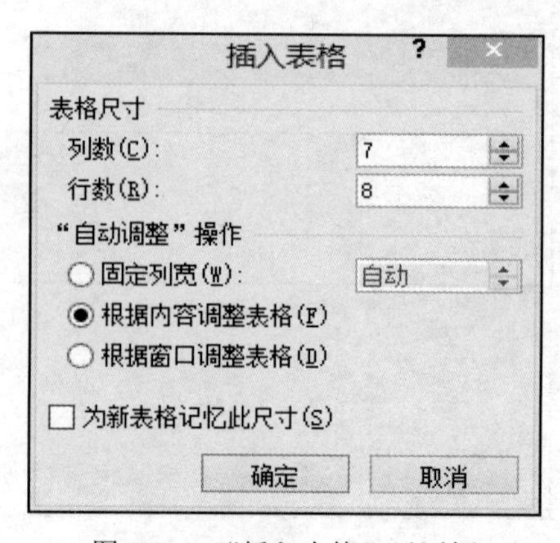

图 2-20 “插入表格”对话框

（3）手动绘制表格：将光标置于需要插入表格的位置，选择“插入”选项卡，单击“表格”按钮，在弹出的下拉列表中选择“绘制表格”命令，此时鼠标指针变为铅笔形状。在插入表格位置开始按住鼠标左键不放，同时拖动鼠标会画出表格边框虚线，移动到合适的位置，松开鼠标左键，在相应的位置会画出整个表格边框线，同时在功能区会出现“表格工具/设计”选项卡。再拖动鼠标指针在表格中可以绘制水平或垂直直线，也可绘制表格斜线表头。

2. 表格中文本的录入及格式设置

（1）按要求在相应的单元格中录入文本。

（2）选中整个表格，设置表格的字体为楷体、小四。

（3）选定整个表格，选择“表格”选项卡中的“布局”选项组，单击“对齐方式”功能组中的“水平居中”按钮可以设置好表格中文字的对齐方式，如图 2-21 所示。

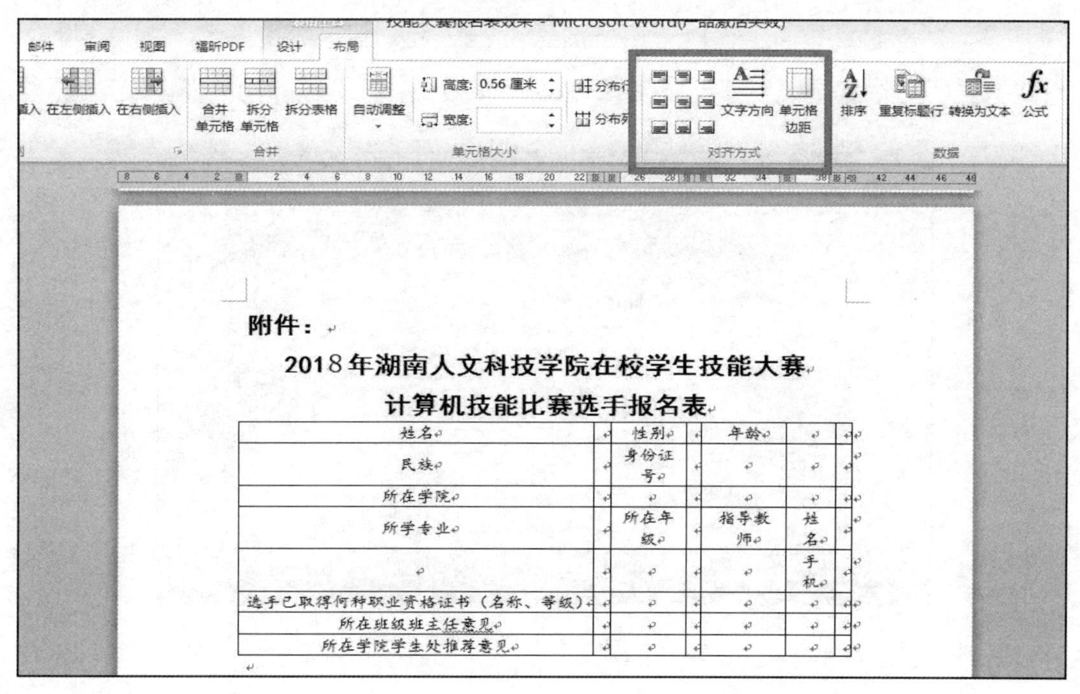

图 2-21　文字对齐方式

3. 表格的属性设置及表格的调整

（1）表格的行高和列宽的设置：选定表格的前五行，选择“表格”选项卡下的“布局”选项组，在“单元格大小”功能组的“高度”框内输入 1.5 厘米，如图 2-22 所示。

（2）按上述方法设置第六行至第八行的行高分别为 4 厘米、2.2 厘米、4 厘米。

（3）按上述同样的方法，选定整个表格设置表格的列宽为 2.2 厘米。

（4）选择需要合并的单元格并右击，在弹出的快捷菜单中选择“合并单元格”命令（也可以单击“表格工具”选项卡“布局”选项组“合并”功能组中的“合并单元格”按钮）可以合并选中的单元格，如图 2-23 所示。

（5）部分单元格列宽的调整。

1）选择要更改单元格宽度的单元格，把鼠标指针置于单元格的边框线上，按住鼠标左键并拖动，宽度适中后松开鼠标，如图 2-24 所示（对第 4 行第 3 列单元格进行更改单元格宽度）。

图 2-22　表格行高的设置

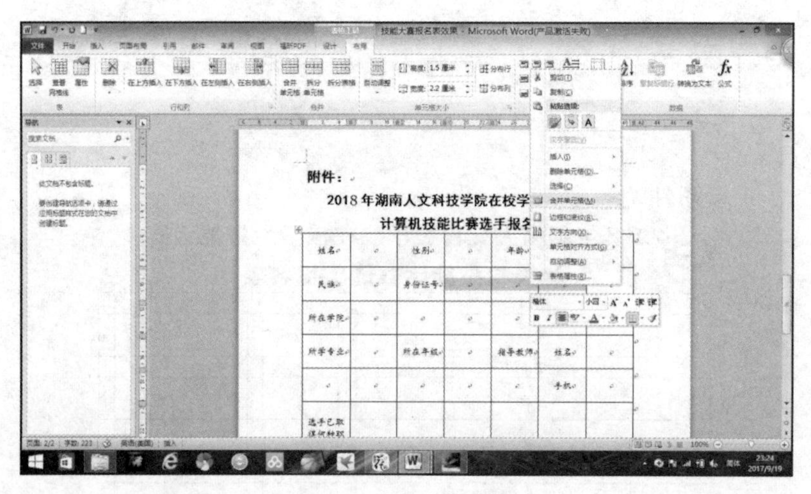

图 2-23　合并单元格

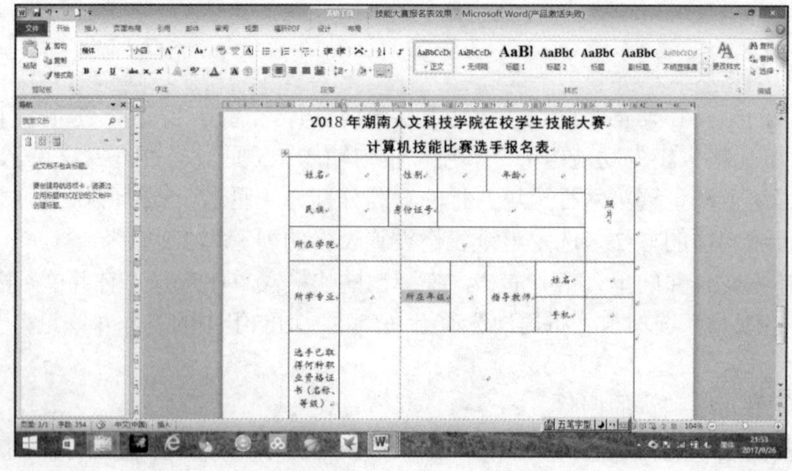

图 2-24　手动调整单元格宽度

2）同样的方法对其他需要调整宽度的单元格进行调整。

3）调整后的表格格式如图 2-25 所示。

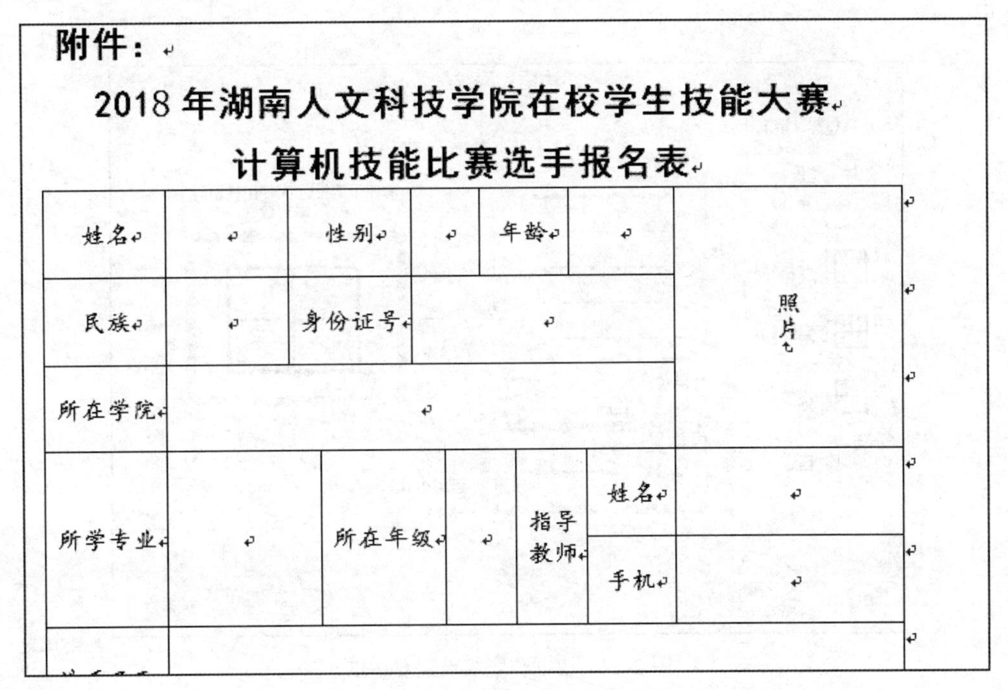

附件：

2018 年湖南人文科技学院在校学生技能大赛

计算机技能比赛选手报名表

姓名		性别		年龄		照片
民族		身份证号				
所在学院						
所学专业		所在年级		指导教师	姓名	
					手机	

图 2-25　手动调整单元格效果图

（6）边框和底纹的设置。

1）选中整个表格，选择“表格工具”选项卡中的“设计”选项组，单击“表格样式”右边的“边框”按钮，弹出如图 2-26 所示的下拉列表。

图 2-26　表格边框设置下拉列表

2）在弹出的下拉列表中选择“边框与底纹”命令，弹出如图 2-27 所示的对话框，在“设置：”栏选中“全部”，单击“宽度”下拉箭头，选择 2.25 磅的线条，在预览框中可以看到设置效果。

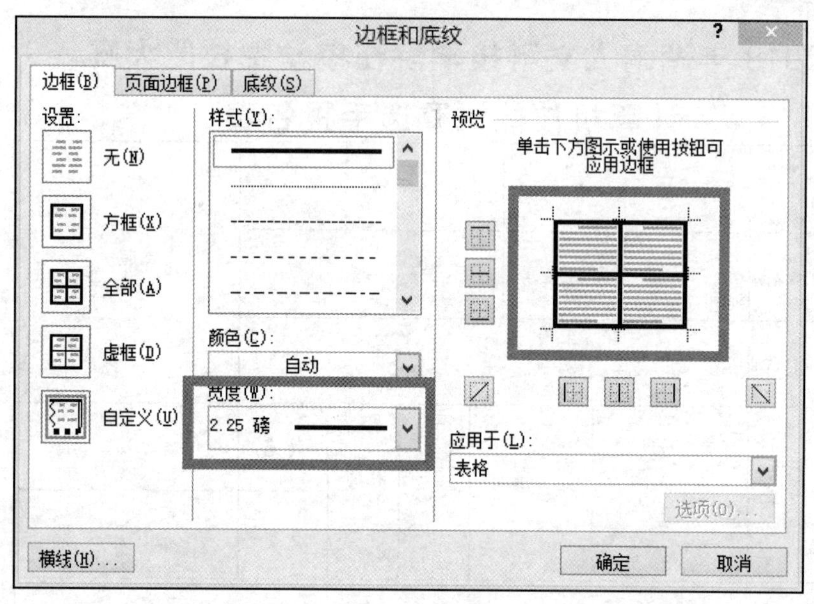

图 2-27 边框和底纹设置对话框

3）单击预览框左侧和下边的内框线，设置成如图 2-28 所示的效果。

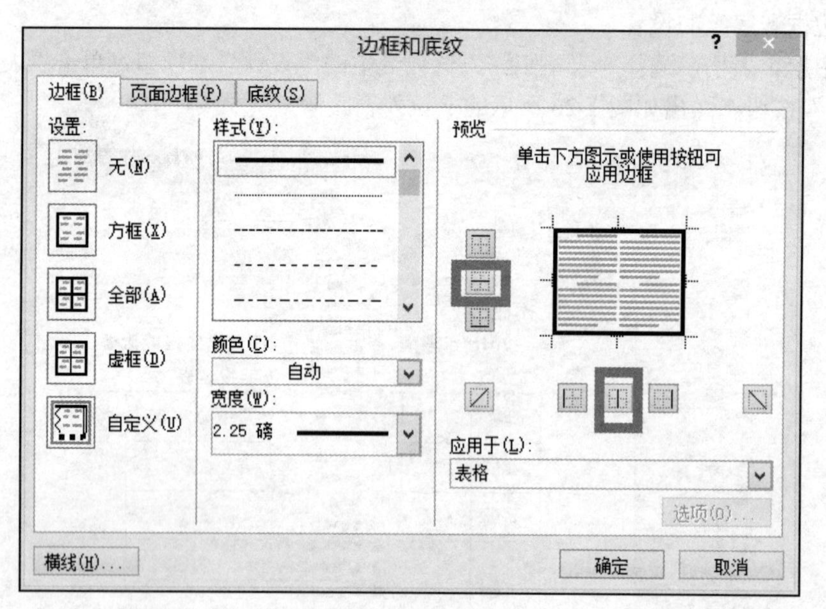

图 2-28 外边框设置效果

4）单击“宽度”下拉箭头，选择 0.5 磅的线条。再次单击预览框左侧和下边的内框线，可以在预览框中看到如图 2-29 所示的效果。单击“确定”按钮，可以设置表格为外边框为 2.25 磅，内边框为 0.5 磅的表格。

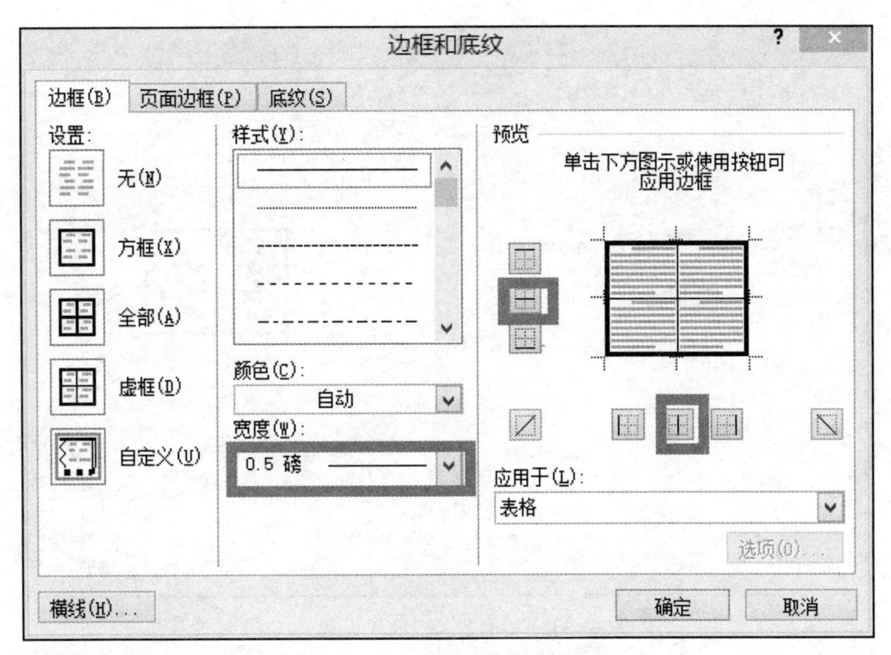

图 2-29　内框线设置效果

5）选中第一列单元格，选择“表格工具”选项卡中的“设计”选项组，单击“表格样式”右边的“边框”按钮，在弹出的下拉列表中单击“边框与底纹”命令，在弹出的对话框中选择“底纹”选项，单击“填充”下拉按钮，在弹出的下拉列表中选择标准色橙色，单击“确定”按钮即可设置第一列所有单元格的底纹为橙色，如图 2-30 所示。

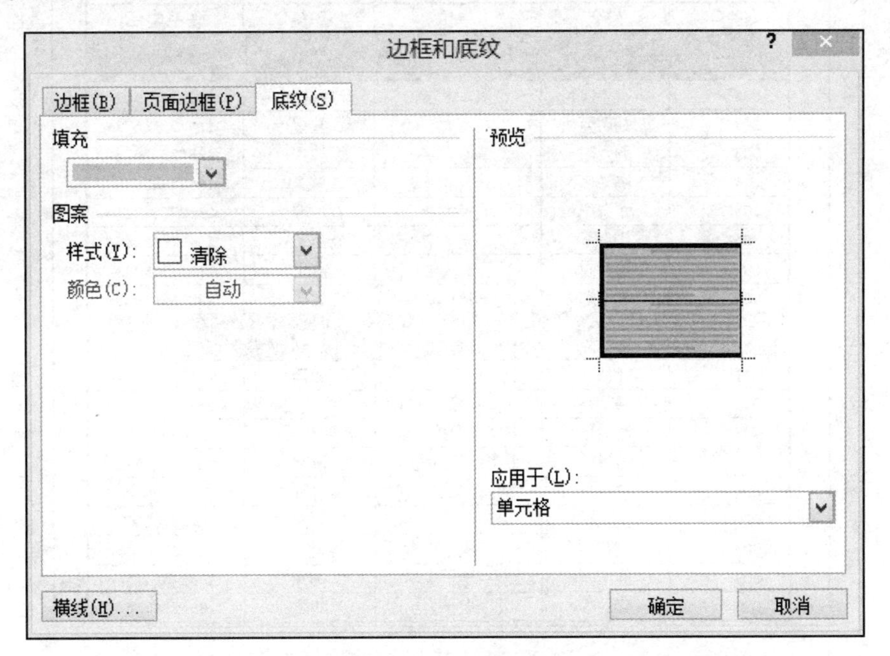

图 2-30　第一列单元格底纹设置效果

6）选择其他需要填充的单元格（按住 Ctrl 键可以选定不连续的单元格），按上述同样的方法设置选定单元格的底纹为“红色，强调文字 2，淡色 40%”，如图 2-31 所示。

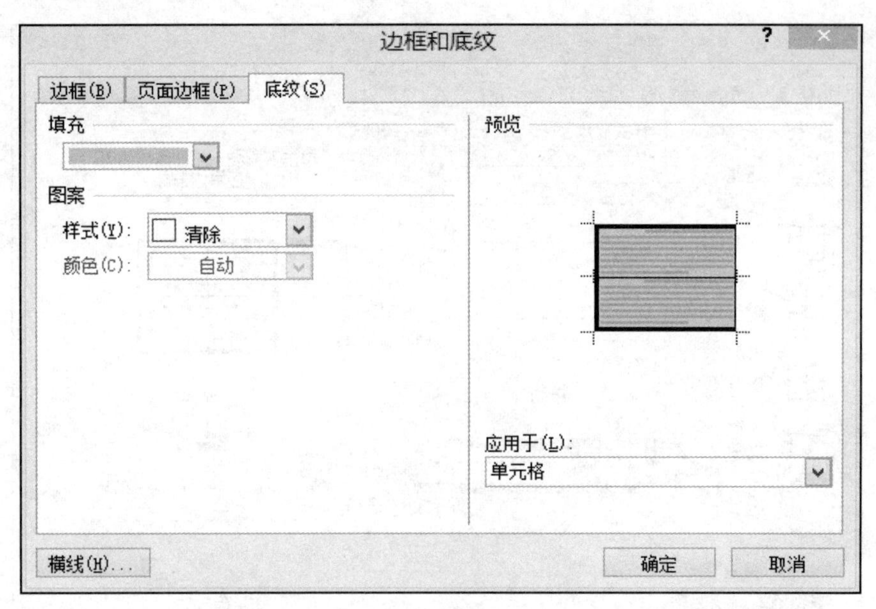

图 2-31　其他单元格底纹设置效果

实践思考

根据素材内容制作如图 2-32 所示的表格。

序号	姓名	单位	职务	联系电话
专家组				
001	孙上庆	清华大学	教授	18211234567
002	郑璐蓝	北京大学	教授	13412345678
003	顾元时	清华大学	教授	13312345678
004	陈诚辰	中国科学院	总工	18912345678
005	龙兴纪	北京大学	教授	13687654321
006	刘平	邮电大学	高工	13467432134
007	邓等时	石油大学	高工	13567565433
008	雷可刊	电子科技学院	教授	13876587655
与会代表				
001	叶盛飞	北京计算机大学	教授	13434562112
002	苏海	北京计算机大学	副教授	15276543210
003	赵清平	北京计算机大学	副教授	13745678901
004	鲁海德	北京计算机大学	讲师	18812345678
005	封天田	北京计算机大学	讲师	18687654321
006	王明敏	北京电子大学	教授	18012786552
007	赵照	北京电子大学	副教授	18298776643
008	徐东阿	北京电子大学	讲师	13324566754
009	李丽黎	北京电子大学	助教	13512345567

图 2-32　表格制作效果图

格式要求：序列自动排序并居中、适当调整行高（其中填充彩色的行要求行高大于 1 厘米）、为单元格填充颜色、所有列内容水平居中、表格标题行为黑体。

2.3　学术讲座海报——图文混排

- 掌握同一文档中不同页面的设置。
- 掌握图片的插入及编辑。
- 掌握 Word 文档中 Excel 表格的插入。
- 掌握 SmartArt 图形的插入与处理。
- 掌握文档中图片的更换。

信息学院将要举办一场有关无人机的学术讲座，教务秘书已将文字录入文档中，现在将对文档进行格式排版，需要设置两个页面，第一张页面设置为宽度 22 厘米、高度 30 厘米、上边距 5 厘米、下边距 3 厘米，左右边距各 3 厘米；第二张页面设置为 A4 纸、横向，边距为普通页边距，最终效果如图 2-33 所示。

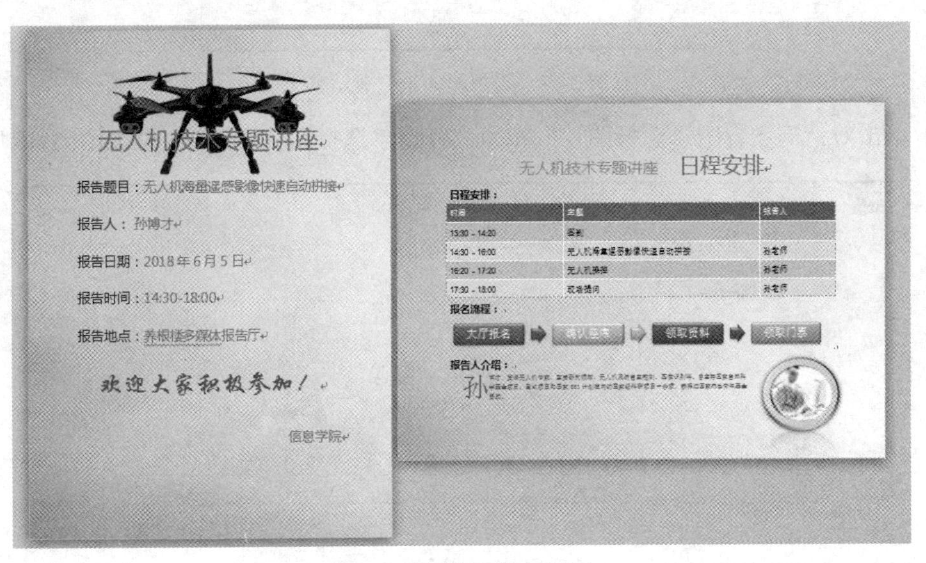

图 2-33　图文混排效果图

1. 页面设置

（1）打开已录入好的文档，选择“页面布局”选项卡，单击“纸张大小”下拉箭头，在弹出的下拉列表中选择“其他页面大小”命令，在弹出的对话框中设置“纸张大小”为宽度

22 厘米、高度 30 厘米，在对话框中选择“页边距”选项，设置上边距 5 厘米、下边距 3 厘米，左右边距 3 厘米。单击“确定”按钮设置好第一页页面的大小和边距。

（2）设置页面图片背景。

1）在“页面布局”选项卡中单击“页面背景”组中的“页面颜色”按钮，在展开的列表中选择“填充效果”命令，打开“填充效果”对话框，如图 2-34 所示。

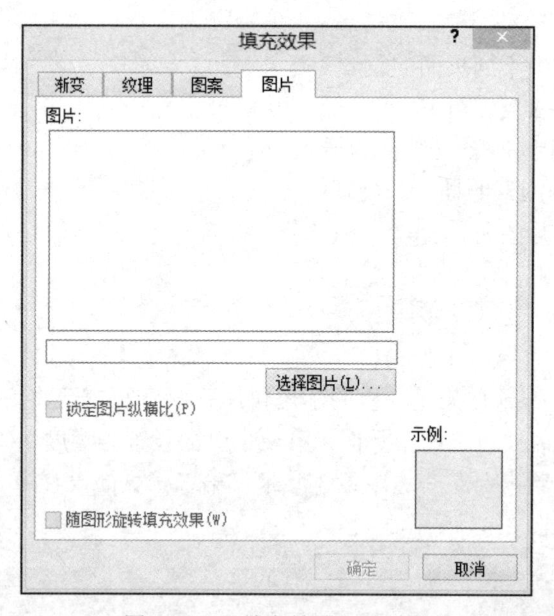

图 2-34 “填充效果”对话框

2）单击对话框下方的“选择图片”按钮，弹出“选择图片”对话框，如图 2-35 所示。

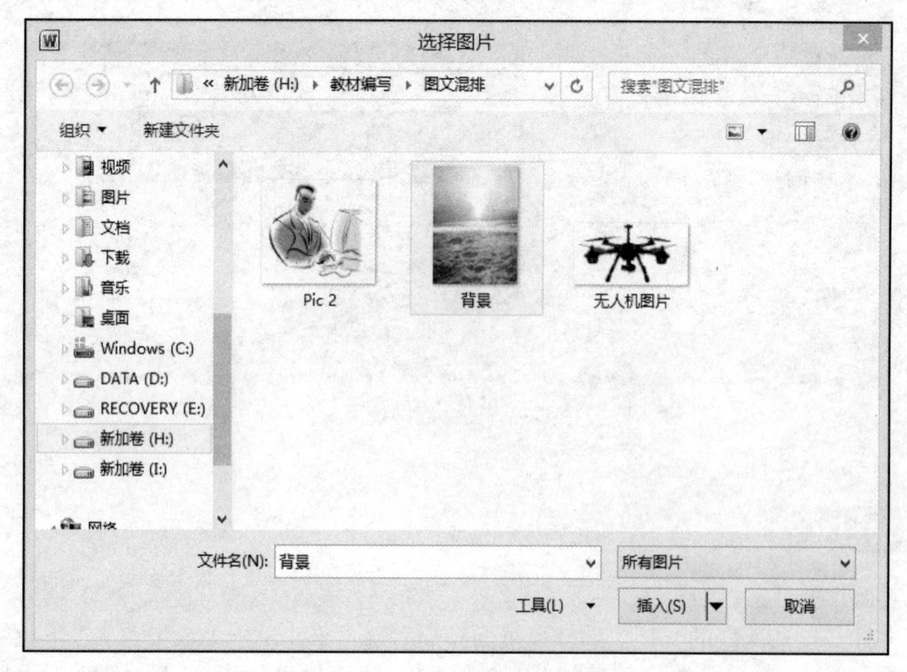

图 2-35 “选择图片”对话框

3）在其中选择所需要的背景图片，单击“插入”按钮，在预览框中可以看到图片填充的效果，返回上一对话框，单击“确定”按钮完成操作，如图 2-36 所示。

图 2-36　“填充效果”对话框

（3）设置分页：将光标定位至“信息学院”的最右侧，单击“页面设置”右下角的按钮，弹出“页面设置”对话框，选择“纸张”选项卡，在“纸张大小”下拉列表中选择 A4 纸，单击“应用于”列表框中的下拉箭头，在弹出的列表中选择“插入点之后”，如图 2-37 所示；选择“页边距”选项卡，设置“页面方向”为“横向”，单击“确定”按钮即可设置第二页页面大小。

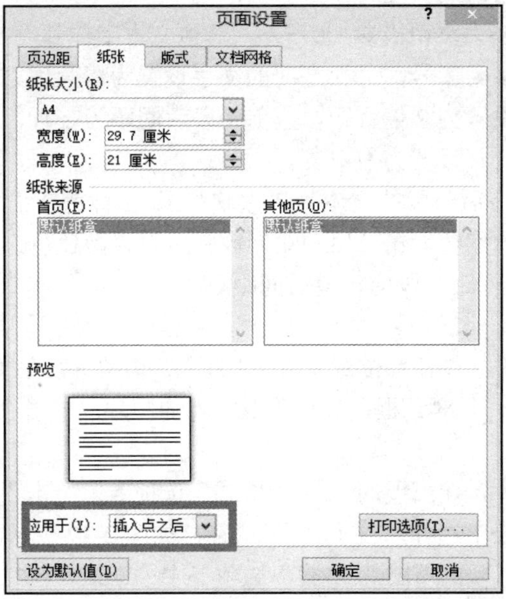

图 2-37　“页面设置”对话框

（4）设置页边距样式：将光标定位于第二页，单击“页面设置”功能组中的“页边距”按钮，在弹出的下拉列表中单击“普通”即可将第二页设置为普通页边距，如图 2-38 所示。

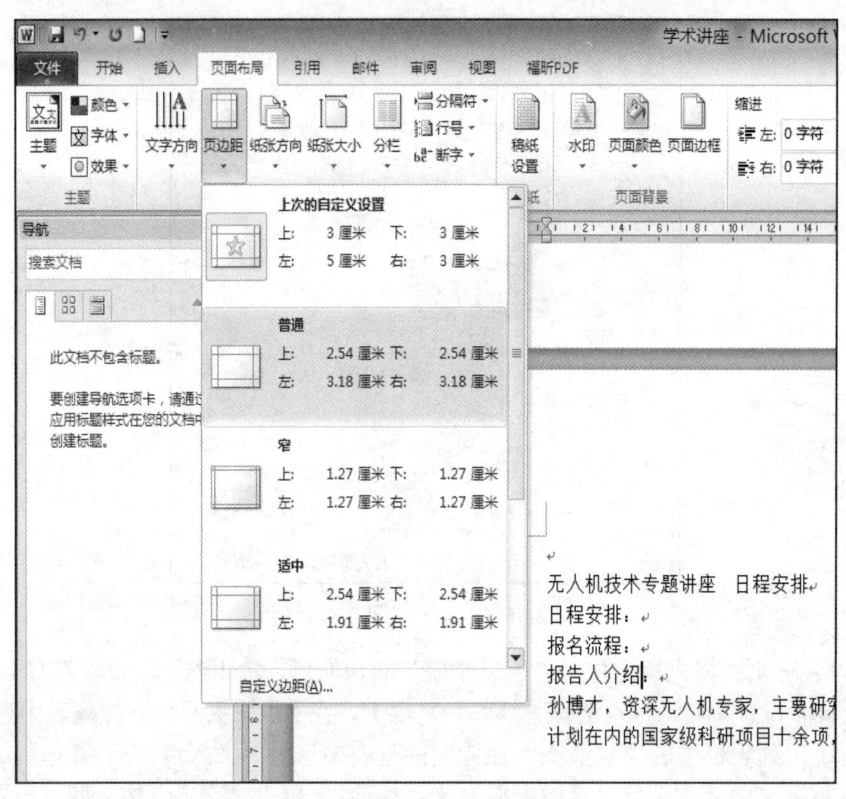

图 2-38 “页边距”下拉列表

2．字体格式和段落格式的设置

（1）第一页除“欢迎大家积极参加！”外，其他文本字体都设置为“微软雅黑”，标题设置为“初号”、红色，其余为二号，“：”之前的文字设置为深蓝色，之后的文字设置为“华文行楷”、红色。段落格式设置为 2 倍行距，段前、段后间距为 1 行，标题和“欢迎大家积极参加！”设置为居中，最后一行设置为右对齐。

（2）设置第二页除最后一段的文本为“微软雅黑”，标题前面的“无人机专题讲座”设为橙色，“日程安排”设为红色。第二段至第四段文字设为深蓝色，最后一段文字设为五号、橙色。段落格式设为单倍行距，段前、段后间距自动。

3．外部图片的插入及处理

（1）将光标定位于第一页任意位置，选择“插入”选项卡，在“插图”选项组中单击“图片”按钮，弹出“插入图片”对话框，选择需要插入的图片，单击“插入”按钮，即可把图片插入到文档中。

（2）选定插入的图片，在出现的“图片/格式”选项卡中单击“排列”选项组中的“自动换行”，在弹出的下拉列表中选择“衬于文字下方”，如图 2-39 所示。

（3）选定图片，在出现的“图片/格式”选项卡中单击最左侧“调整”选组中的“删除背景”按钮，出现如图 2-40 所示的效果，单击“保留更改”按钮可将图片背景删除。

图 2-39　图片版式设置下拉列表

图 2-40　图片背景删除

（4）移动图片至文档上方合适的位置。

4. Excel 表格的插入

（1）打开 Excel 文件“日程安排.xlsx”，选择相应的单元格区域，执行复制操作，如图 2-41 所示。

	A	B	C
1	无人机技术专题讲座 日程安排		
2	时间	主题	报告人
3	13:30 - 14:20	签到	
4	14:30 - 16:00	无人机海量遥感影像快速自动拼接	孙老师
5	16:20 - 17:20	无人机操控	孙老师
6	17:30 - 18:00	现场提问	孙老师
7			

图 2-41 日程安排表

（2）在 Word 文档中，将光标置入第二段“日程安排”段落下面并右击，在弹出的快捷菜单中选择“粘贴选项”列表中的“链接与保留源格式”或“链接与使用目标格式”。

首先选中表格，然后单击“表格工具/布局”选项卡，单击“单元格大小”组中的“自动调整”按钮，再单击“根据窗口自动调整表格”命令。

然后单击“表格工具/设计”选项卡，在“表格样式”组中选择一种样式。

5. 插入 SmartArt 图形

（1）将光标置于“报名流程”之下，切换到“插入”选项卡，在“插图”选项组中单击 SmartArt 按钮，打开“选择 SmartArt 图形”对话框。

（2）在对话框左侧列表中选择“流程”选项卡，在右侧选择“基本流程”图标，如图 2-42 所示，单击“确定”按钮。

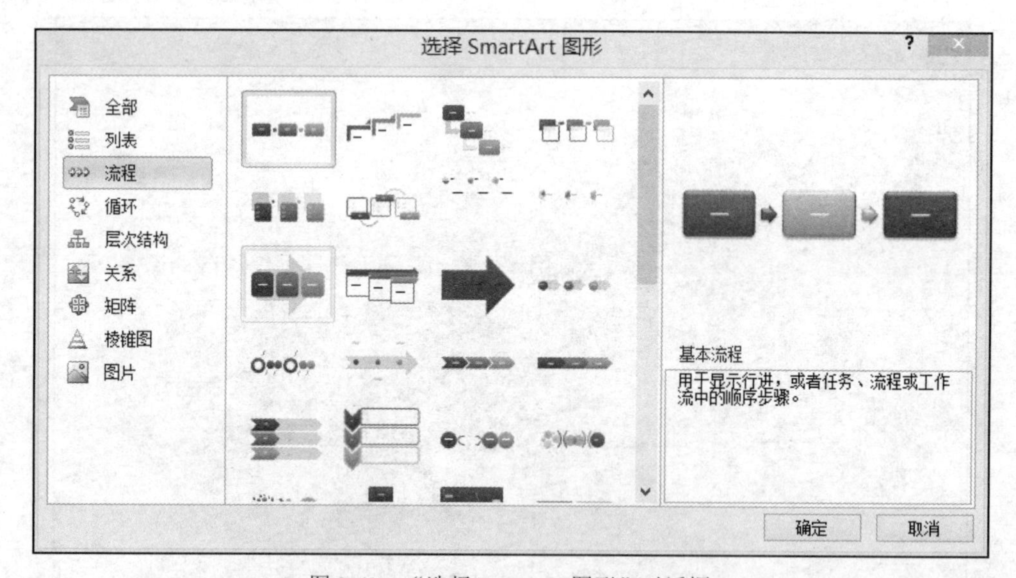

图 2-42 “选择 SmartArt 图形”对话框

（3）插入的“基本流程”默认有 3 组图形，选择图形，在“SmartArt 工具/设计”选项卡的“创建图形”组中单击“添加形状”右侧的下拉按钮，如图 2-43 所示。在展开的列表中单击“在后面添加形状”选项将在最后一个图形右侧添加一个新的图形，这样就变成了 4 组图形。单击图形框左侧的左右箭头，展开“在此处输入文字”按不同的标题级别输入不同的内容，如图 2-44 所示。

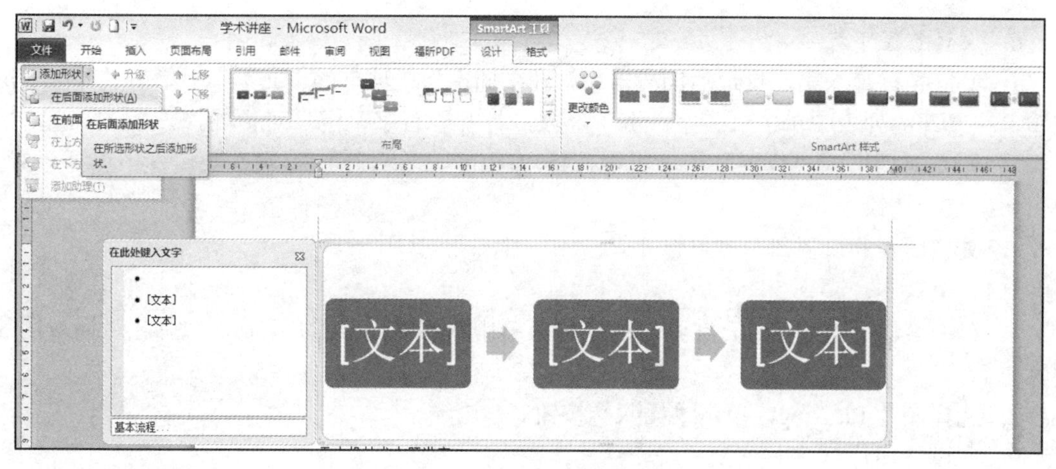

图 2-43　SmartArt 图形文本输入

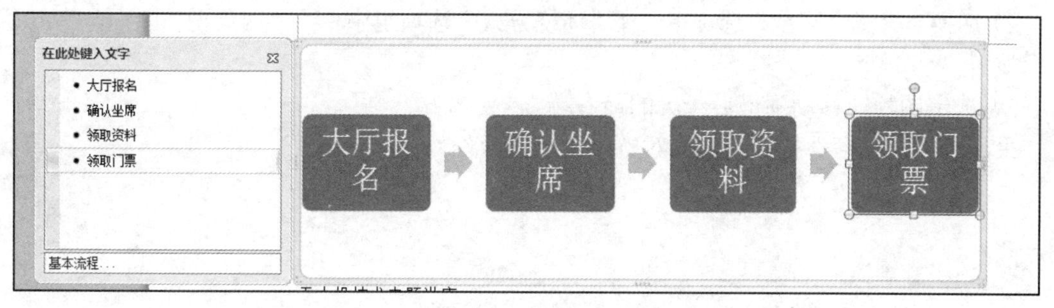

图 2-44　SmartArt 图形输入文字后的效果

（4）关闭“在此处键入文字”框，选定 SmartArt 图形，调整至合适的高度和宽度。切换到“设计”选项卡，在“SmartArt 样式”组中单击“更改颜色”按钮展开颜色样式列表，从中选择一种样式即可，如图 2-45 所示，还可以通过快速样式修改外观。

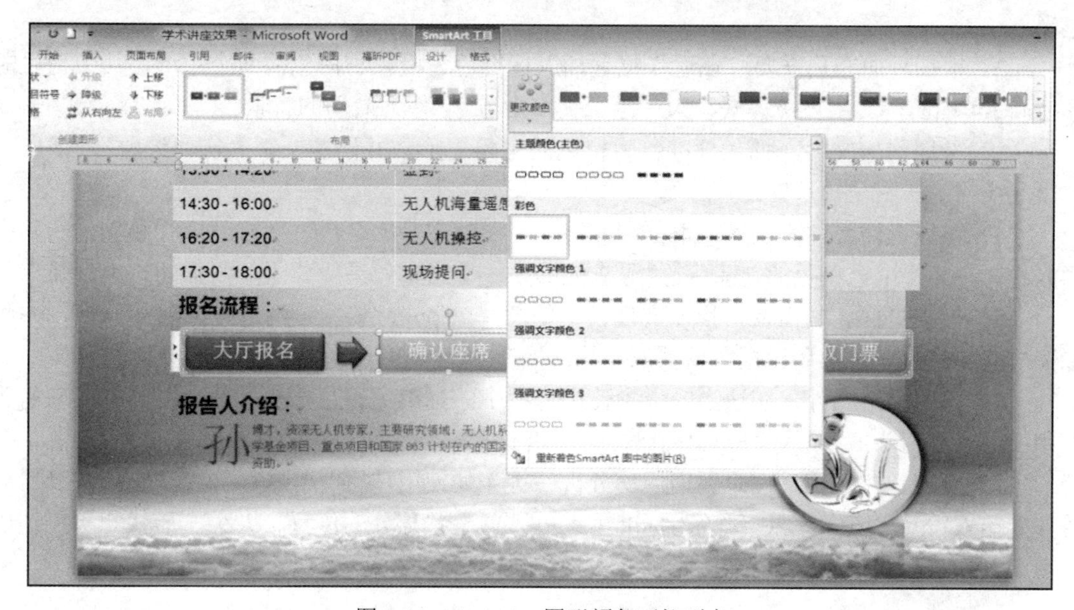

图 2-45　SmartArt 图形颜色下拉列表

6. 设置首字下沉

（1）将光标置入第二页最后的段落中，在“插入”选项卡的“文本”中单击“首字下沉”按钮，在展开的列表中单击“首字下沉”选项，打开“首字下沉”对话框。

（2）在对话框的“位置”选项组中选择“下沉”，在“下沉行数”数值框中选择“3”，单击“确定”按钮。

7. 更换图片和设置图片

（1）更换图片。

1）右击第二页中的图片，在弹出的快捷菜单中选择“更改图片”命令，弹出“插入图片”对话框。

2）选择图片 Pic2.jpg，单击“插入”按钮。

（2）设置图片。

1）右击新图片，在弹出的快捷菜单中选择“大小和位置”命令，弹出“布局”对话框。

2）切换到“文字环绕”选项卡，在“环绕方式”选项组中单击“四周型”图标，单击“确定”按钮。

3）选定图片，移动到最后一段的最右端。

最后单击“保存”按钮，完成对整个文档的操作。

实践思考

张静是一名大学本科三年级学生，经多方面了解分析，她希望在下个暑假去一家公司实习。为获得难得的实习机会，她打算利用 Word 精心制作一份简洁而醒目的个人简历，最终效果图如图 2-46 所示，要求如下：

（1）调整文档版面，要求纸张大小为 A4，上、下页边距为 2.5 厘米，左、右页边距为 2.2 厘米。

（2）根据页面布局需要，在适当位置插入标准色为橙色与白色的两个矩形，其中橙色矩形占满 A4 幅面，文字环绕方式设为“浮于文字上方”，作为简历的背景。

（3）参照示例文件，插入标准色为橙色的圆角矩形，并添加文字“实习经验”，插入一个短划线的虚线圆角矩形框。

（4）参照示例文件，插入文本框和文字，并调整文字的字体、字号、位置和颜色。其中“张静”应为标准色橙色的艺术字，“寻求能够……”文本效果应为跟随路径的“上弯弧”。

（5）根据页面布局需要，插入文件夹下的图片 1.png，依据样例进行裁剪和调整，并删除图片的剪裁区域；然后根据需要插入图片 2.jpg、3.jpg、4.jpg，并调整图片位置。

（6）参照示例文件，在适当的位置使用形状中的标准色橙色箭头（提示：其中横向箭头使用线条类型箭头），插入“SmartArt 图形”，并进行适当编辑。

（7）参照示例文件，在“促销活动分析”等 4 处使用项目符号“对钩”，在“曾任班长”等 4 处插入符号“五角星”，颜色为标准色红色。调整各部分的位置、大小、形状和颜色，以展现统一、良好的视觉效果。

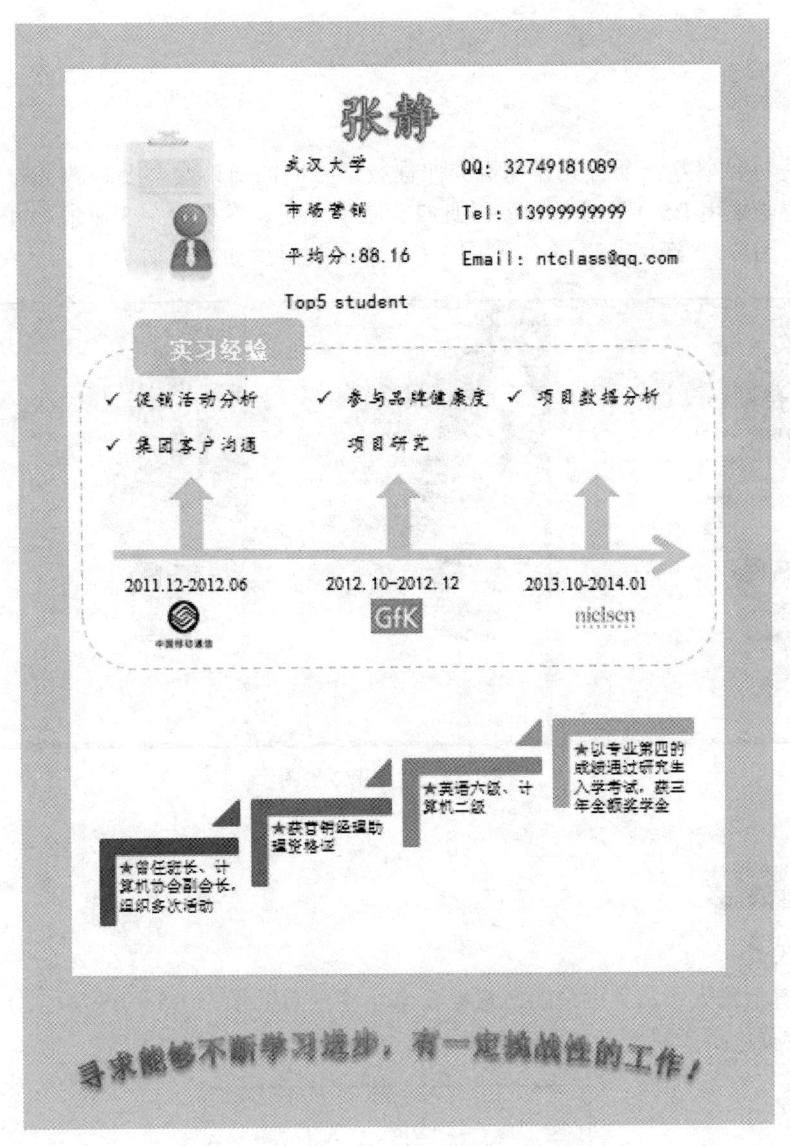

图 2-46　简历效果图

2.4　邀请函——邮件合并

- 了解邮件合并的思想。
- 掌握插入和更改艺术字的方法。
- 掌握利用邮件合并功能批量制作邀请函的方法及步骤。

信息学院将要举办一个有关计算机类课程教学方面的研讨会，要求教务办小王制作一份邀请函，邀请函采用B5纸，上、下页边距2.5厘米，左、右页边距3厘米，页眉加上联系电话，添加背景图片，“邀请函”三个字采用艺术字。效果图如图2-47所示。

图2-47 邀请函效果图

1. 页面设置

（1）设置纸张大小和页面边距：根据要求设置页面纸张为B5（JIS），上、下页边距2.5厘米，左、右页边距3厘米，如图2-48所示。

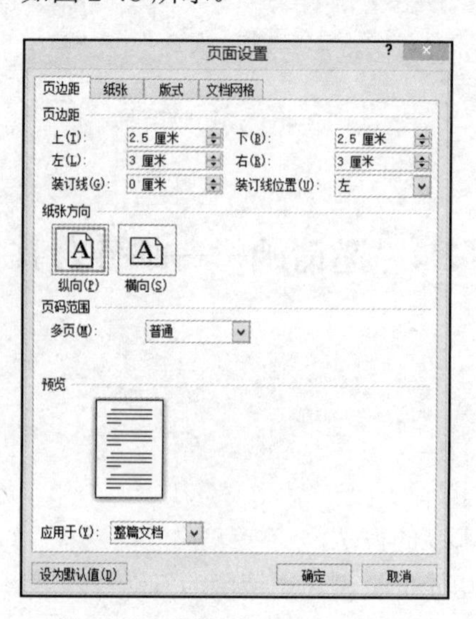

图2-48 邀请函页面设置对话框

（2）设置背景图片：选择“页面布局”选项卡，单击“页面背景”选项组中的“页面颜色”下拉箭头，选择“填充效果”命令，在弹出的“填充效果”对话框中选择“图片”选项，单击对话框下方的“选择图片”按钮，弹出“选择图片”对话框，单击“插入“按钮返回上一对话框，最后单击“确定”按钮。

2. 插入艺术字及录入主文档

（1）根据要求录入主文档所需文字，并设置好段落格式。

（2）选择“插入”选项卡，单击“文本”选项组中的“艺术字”下拉箭头，在弹出的列表中选择一种艺术字样式，如图 2-49 所示。

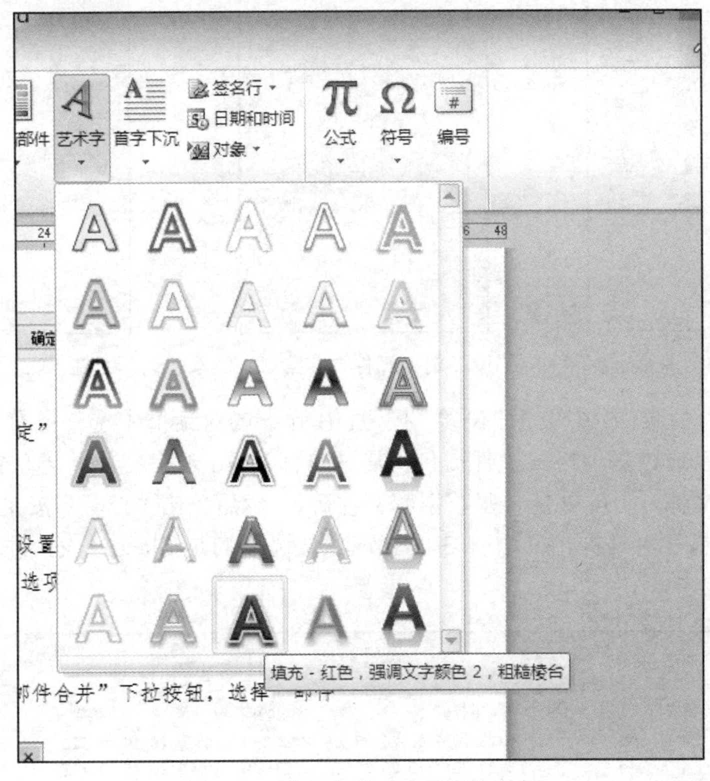

图 2-49　艺术字样式设置下拉列表

（3）在弹出的文本框中输入“邀请函”三个字，再移动艺术字到合适的位置。

3. 邮件合并

（1）选择“邮件”选项卡，单击“开始邮件合并”下拉按钮，选择“邮件合并分步向导”命令，调出“邮件合并”任务窗格。

（2）邮件合并第一步，在“选择文档类型”栏中选择“信函”单选项，单击任务窗格下方的“下一步：正在启动文档”，如图 2-50 所示。

（3）邮件合并第二步，在弹出任务窗格中的“选择开始文档”栏中选择“使用当前文档”单选项，如图 2-51 所示。

（4）邮件合并第三步，在弹出任务窗格的“选择收件人”栏中选择“使用现有列表”单选项，如图 2-52 所示。

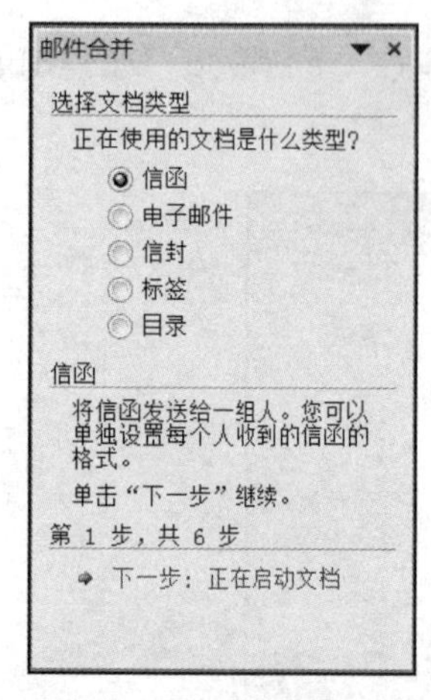

图 2-50 邮件合并第一步

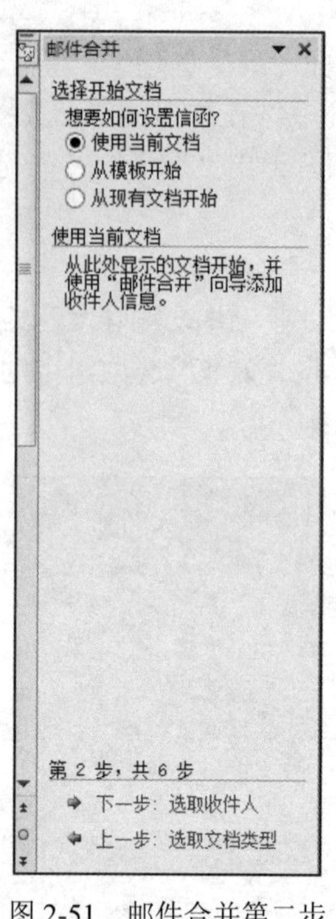

图 2-51 邮件合并第二步

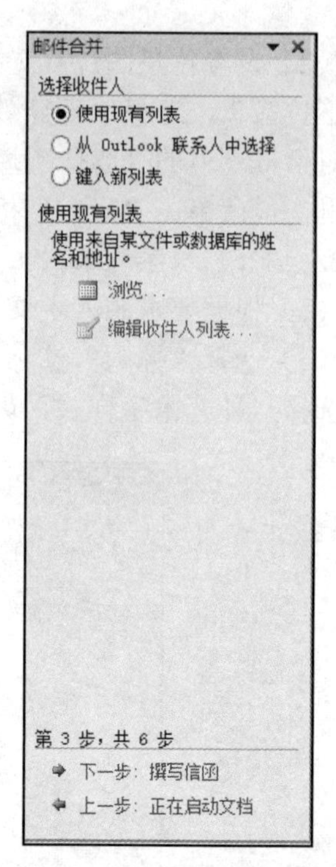

图 2-52 邮件合并第三步

在“使用现有列表”栏中单击“浏览”按钮，在弹出的对话框中选择已有的“联系人.xlsx”文件（数据源可以通过多种格式文件提供，常见的有 Word 表格文件、文本文件、Excel 表格文件、网页表格文件，还可以是一些数据库文件等），然后单击“打开”按钮，弹出如图 2-53 所示的“选择表格”对话框，其中有 3 个表，默认选择的是 Sheet2$表，注意选择联系人名册表。

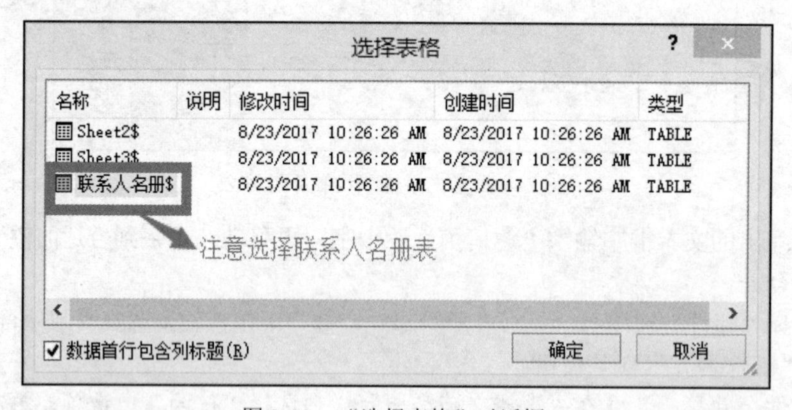

图 2-53 “选择表格”对话框

（5）单击“确定”按钮，弹出如图 2-54 所示的“邮件合并收件人”对话框，勾选所需联系人，再单击“确定”按钮。

（6）邮件合并第四步，在“邮件合并”分步向导中单击“下一步：撰写信函”，将光标定到需要插入姓名的位置，在“邮件”选项组中单击“插入合并域”下拉按钮，然后在弹出的下拉列表中单击“姓名”选项，如图 2-55 所示，会在相应位置插入“《姓名》”域。

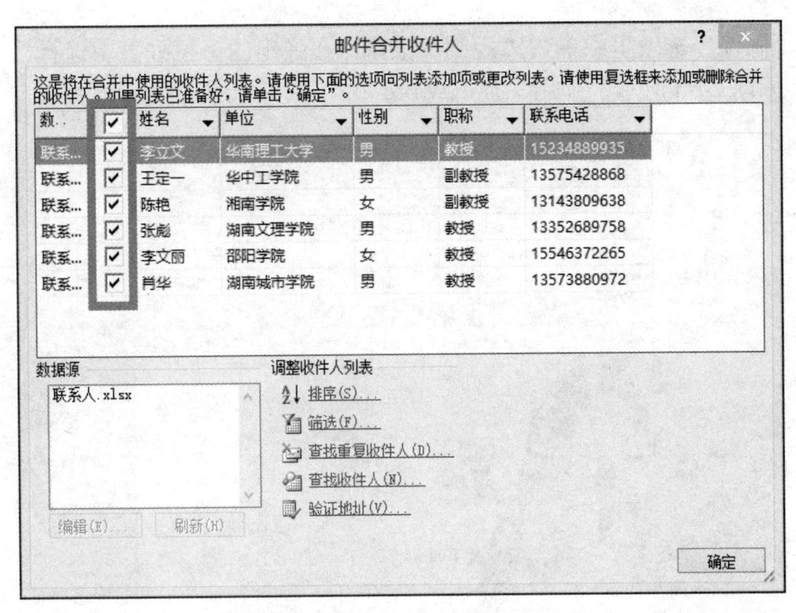

图 2-54 “邮件合并收件人”对话框

图 2-55 插入合并域

（7）在“邮件”选项组中单击“规则”按钮，在弹出的下拉列表中选择“如果…那么…否则”命令，如图 2-56 所示，弹出“插入 Word 域：IF”对话框。

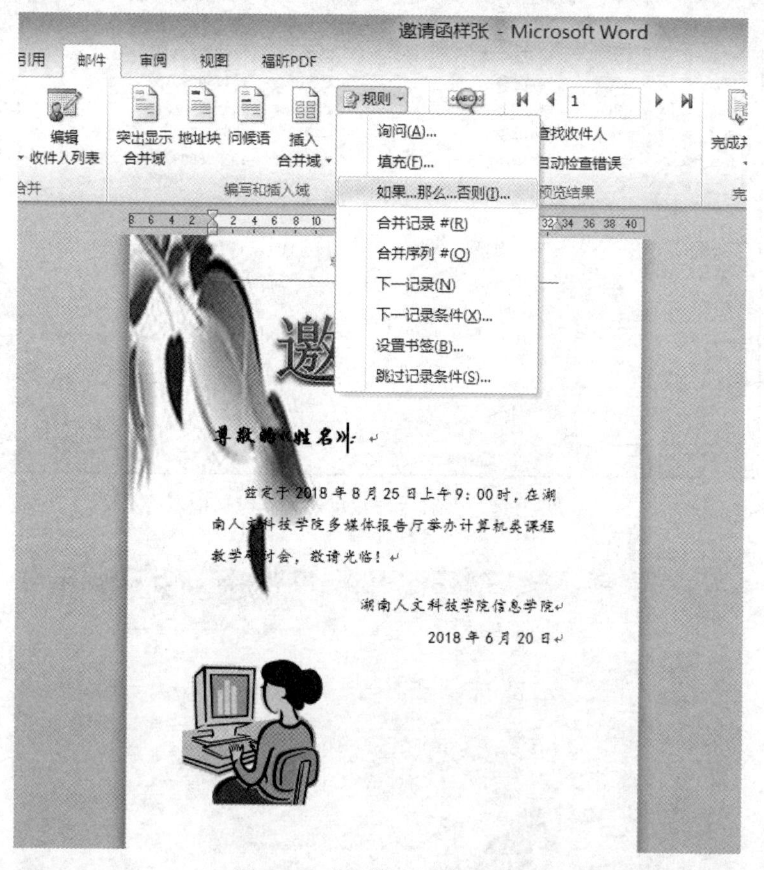

图 2-56　规则设置下拉列表

在“域名”下拉列表框中选择“性别”，在“比较条件”下拉列表框中选择“等于”，在“比较对象”文本框中输入“男”，在“则插入此文字”文本框中输入“（先生）”，在“否则插入此文字”文本框中输入“（女士）”，如图 2-57 所示，单击“确定”按钮后在《姓名》之后显示“（先生）或（女士）”，如图 2-58 所示。

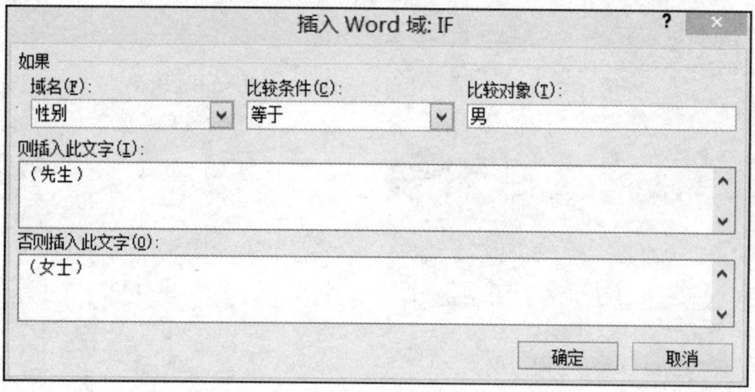

插入 Word 域: IF

如果

域名(F): 性别

比较条件(C): 等于

比较对象(T): 男

则插入此文字(I): （先生）

否则插入此文字(O): （女士）

确定　取消

图 2-57　“插入 Word 域:IF”对话框

图 2-58 插入合并域效果图

（8）邮件合并第五步，单击“下一步：预览信函”可以看到如图 2-59 所示的预览结果。

图 2-59 预览效果图

（9）邮件合并第六步，单击“下一步：完成合并”，在这一步中，可以单击“打印”或“编辑单个信函”命令，弹出“合并到新文档”对话框，如图 2-60 所示，选择需要合并的数据源范围。选择“打印”命令，则为每个收件人输出一份独立纸张的信函；选择“编辑单个信函”命令，则另外生成一个新的电子文档，其中包含指定收件人的邮件内容，且每个收件人的邮件独占一页，如图 2-61 所示。

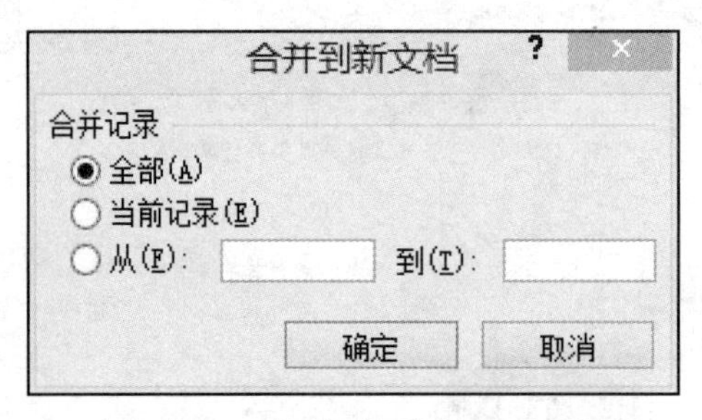

图 2-60 “合并到新文档”对话框

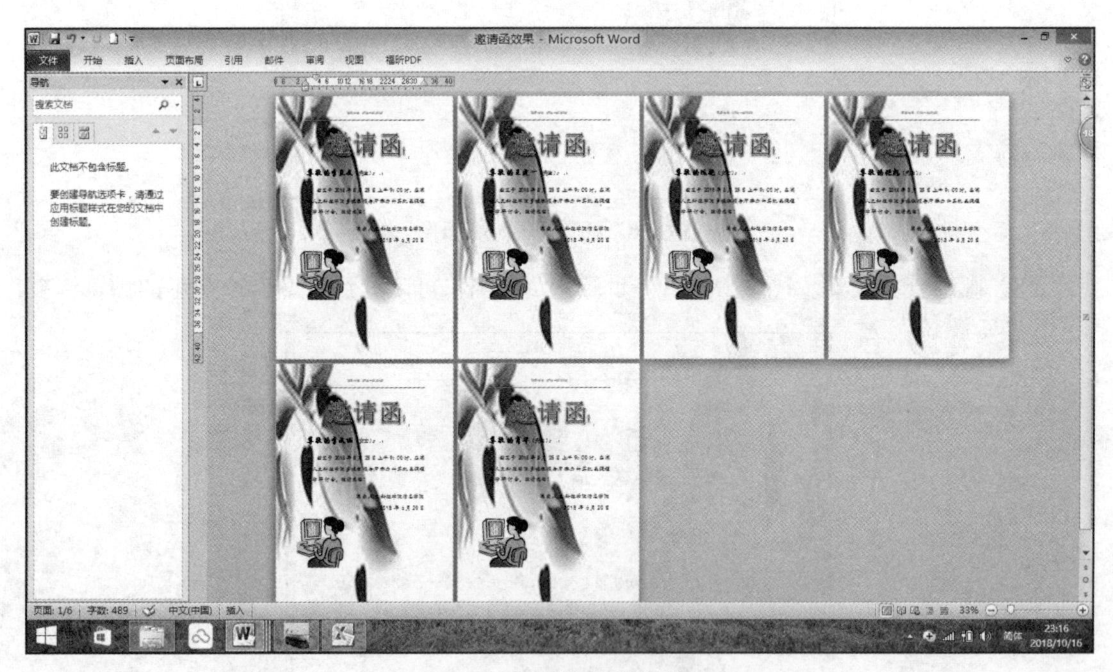

图 2-61 新文档生成效果图

注意：生成的信函 1 文档中原来设置的背景图片并没有同时出现，需要重新设置。

小刘是教务处秘书，已制作好“补考表”及“补考证”主文档，现要求根据给定素材制作如图 2-62 所示效果的补考证。

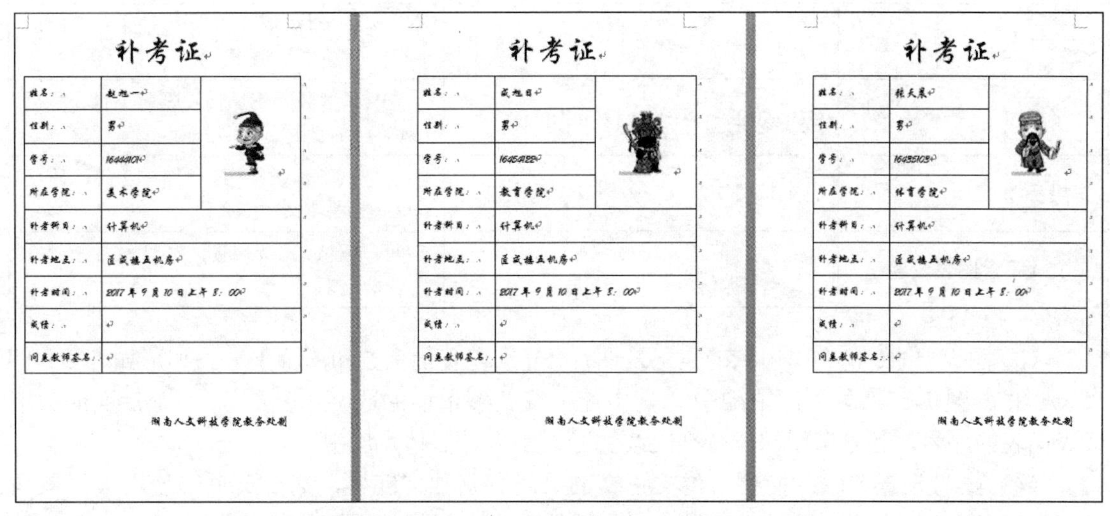

图 2-62　“补考证”效果图

2.5　毕业论文——Word 长文档排版

- 掌握页面设置方法。
- 掌握标题样式的创建、修改和应用。
- 掌握分节符、分页符的应用。
- 掌握页眉、页脚及页码的设置。
- 掌握图表的自动编号。
- 掌握自动生成目录的方法。

项目导入

小刘已写好毕业论文文稿，针对学院对毕业论文格式要求，已在相应的标题上标明一级标题、二级标题、三级标题，现将按如下要求进行格式排版：

（1）页面设置要求：一律使用 A4 纸打印，对称页边距，页面按上边距 3 厘米、下边距 3 厘米、内侧边距 2.5 厘米、外侧边距 2 厘米，左侧预留 1 厘米装订线；封面、目录、摘要、论文的每一章、参考文献、致谢等均要另起一页。

（2）标题样式要求：

标题	多级列表	格式
一级标题	（第 1 章、第 2 章、……、第 n 章）	小二号，黑体，不加粗；段前 1 行，段后 1 行，行距最小值 12 磅，居中
二级标题	(1.1、1.2、……、n.1、n.2)	小三号，黑体，不加粗；段前 1 行，段后 0.5 行，行距固定值 12 磅
三级标题	（1.1.1、1.1.2、……、n.1.1、n.1.2）	小四号，宋体，加粗；段前 12 磅，段后 6 磅，行距最小值 12 磅
正文（不含图表及题注）		小四，宋体，首行缩进 2 字符，1.5 倍行距，两端对齐

（3）图表要求：论文中用到的表格及图片，分别在表格上方和图片下方添加形如“表 1-1”“表 2-1”“图 1-1”“图 2-1”的题注，其中连字符“-”前面的数字代表章号，“-”后面的数字代表图表的序号，各章节图和表分别连续编号，小五号黑体，居中。

（4）页号设置要求：摘要与论文正文的页码分别独立编排，摘要页页码使用大写罗马数字（Ⅰ、Ⅱ、Ⅲ、……），居中显示；自正文开始至文末页码使用阿拉伯数字（1、2、3、……），且各章节间连续编码。奇数页页码显示在页脚右侧，偶数页页码显示在页脚左侧。页眉内容统一为“湖南人文科技学院毕业设计”，采用宋体小五号斜体，奇数页居右显示，偶数页居左显示；在“摘要”页之前插入目录。

（5）其他格式要求：

中英摘要：设为标题，四号宋体，加粗，居中；段前、段后间距为“自动”，内容为小四号宋体。

目录：四号宋体，居中；内容为五号宋体，右对齐。

参考文献：设为标题，四号宋体，加粗，居中；内容小五号楷体，左对齐。

最终效果如图 2-63 所示。

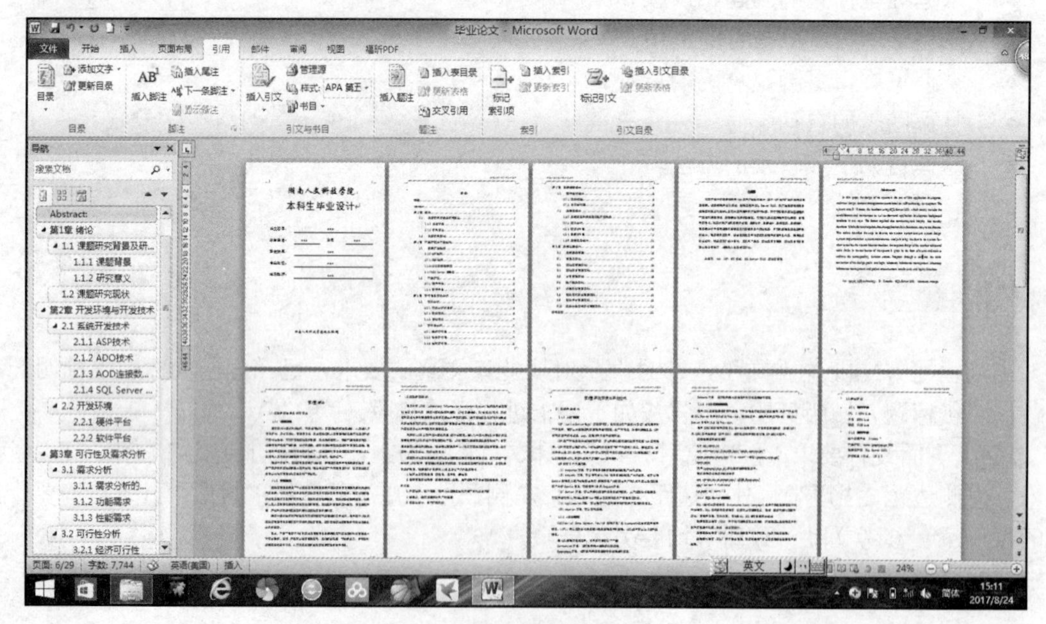

图 2-63　长文档排版效果图

1. 页面设置

（1）单击“页面布局”选项卡“页面设置”组右下角的图标，打开“页面设置”对话框。

（2）选择“纸张”选项卡，在“纸张大小”下拉列表中选择所需要的纸型，一般默认为 A4 纸。

（3）选择“页边距”选项卡设置页边距，即上、下边距 3 厘米，内侧边距 2.5 厘米，外侧边距 2 厘米，装订线 1 厘米，在“页码范围”区域的“多页”下拉列表框中选择“对称页边距”，如图 2-64 所示。

2. 分节符与分页符的应用

（1）将光标定位到“摘要”文本之前，选择“页面布局”选项卡，单击“页面设置”选项组中的“分隔符”按钮，在弹出的下拉列表中选择“分节符”中的“下一页”命令插入分节符，如图 2-65 所示。

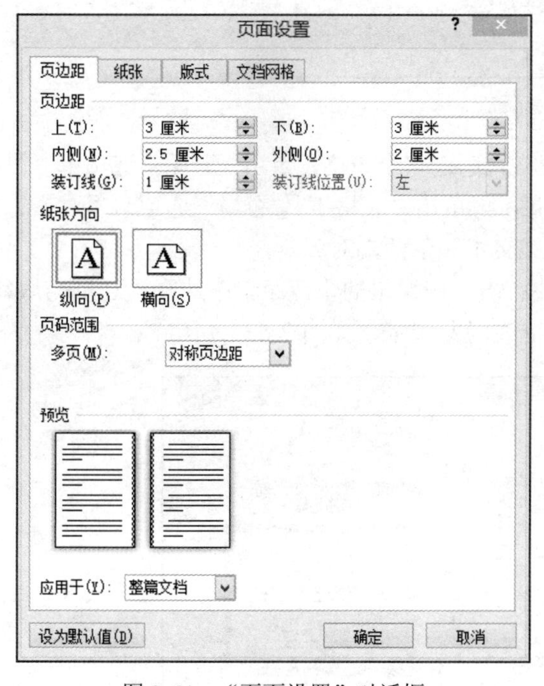

图 2-64　“页面设置”对话框

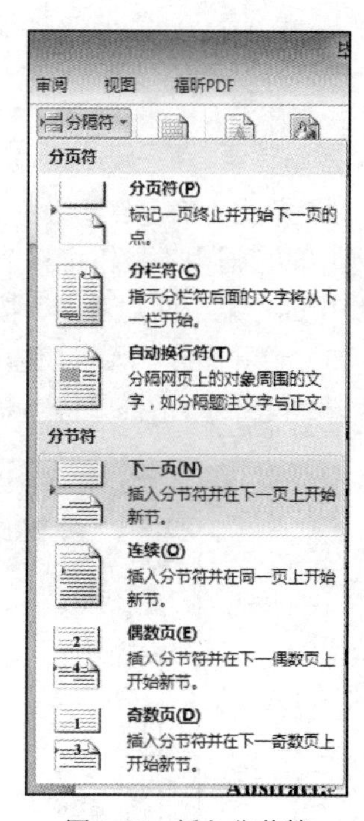

图 2-65　插入分节符

（2）再次重复上述操作，在封面页与摘要之间插入一空白页，以便插入目录之用。

（3）将光标移到 Abstract 之前，单击 “分隔符”，在下拉列表中选择“分页符”，将英文摘要另起一页。

（4）将光标移动到“绪论（一级标题）”之前，选择“页面布局”选项卡，单击“页面设置”选项组中的“分隔符”按钮，在弹出的下拉列表中选择“分节符”中的“下一页”命令插入分节符。

（5）按步骤（3）同样的方法在各分章之前插入“分页符”，使每一章都另起一页。

3. 封面制作

（1）选定“湖南人文科技学院”文本，设置字体为华文行楷、小初号，居中；选定“本科生毕业设计”文本，设置字体为黑体、小初号，居中；选择第三行到第七行，设置字体为宋体、小二号，再选定“（中文）”“（英文）”文本，设置字体为隶书、小四号；重新选定第三行到第七行文本，选定“插入”选项卡，单击“表格”下拉按钮，在弹出的下拉列表中选择“文本转换成表格”，在弹出的对话框中进行如图 2-66 所示的设置。

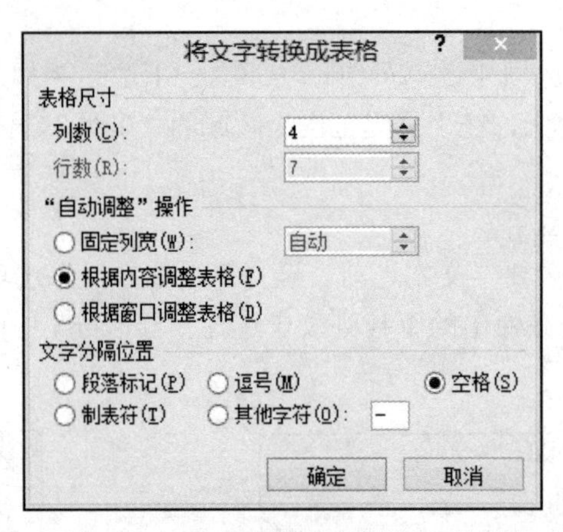

图 2-66 “将文字转换成表格”对话框

（2）单击“确定”按钮将文本转换成表格。选定整个表格，单击“开始”选项卡“段落”选项组中的“居中”按钮将整个表格居中对齐，再单击“表格工具/布局”选项卡“对齐方式”选项组中的“靠下两端对齐”按钮将表格中的文本靠下两端对齐。

（3）合并部分单元格，选定整个表格并右击，在弹出的快捷菜单中选择“边框与底纹”命令，在弹出的对话框中将不需要显示的边框线隐藏起来，如图 2-67 所示。

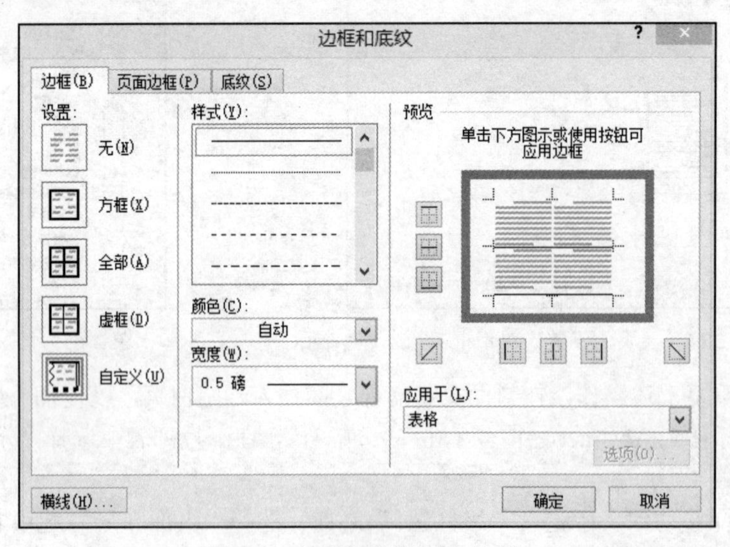

图 2-67 边框与底纹设置对话框

（4）将光标定位在表格中，选择“表格工具/设计”选项卡，单击“擦除”按钮，光标变为“橡皮”的形状后将文字下方不需要的表格线擦除掉。

（5）选定封面页中最后一行文本，设置字体为黑体、小三号，居中，并向下移动文本到合适的位置。最终封面效果如图 2-68 所示。

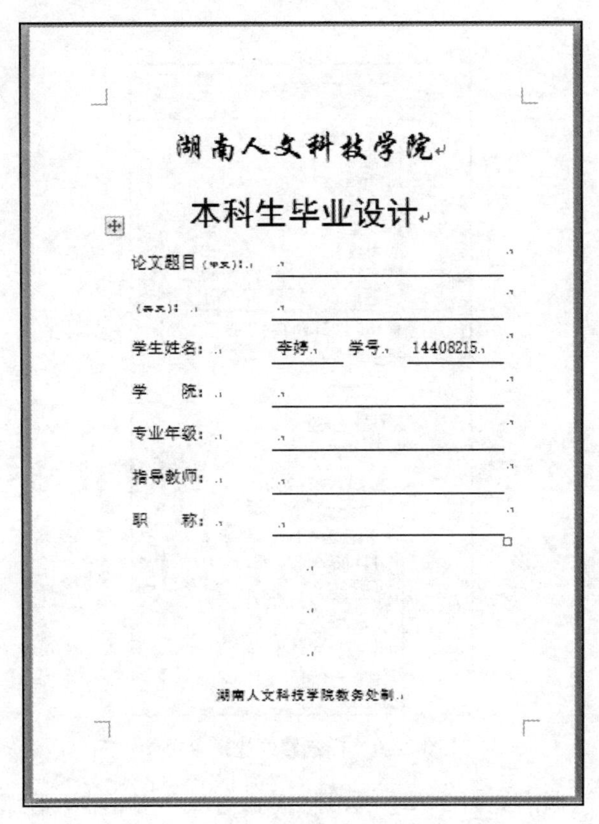

图 2-68　封面效果图

4. 标题样式的设置

（1）选定“摘要”“Abstract”“参考文献”文本，选择“开始”选项卡，单击“样式”选项组中的“标题”按钮，将上述文本设置成标题样式。

（2）将光标定位至“摘要”或其他类似的标题上，在“样式”选项组中的“标题”按钮上右击，弹出如图 2-69 所示的快捷菜单，选择“修改”命令。

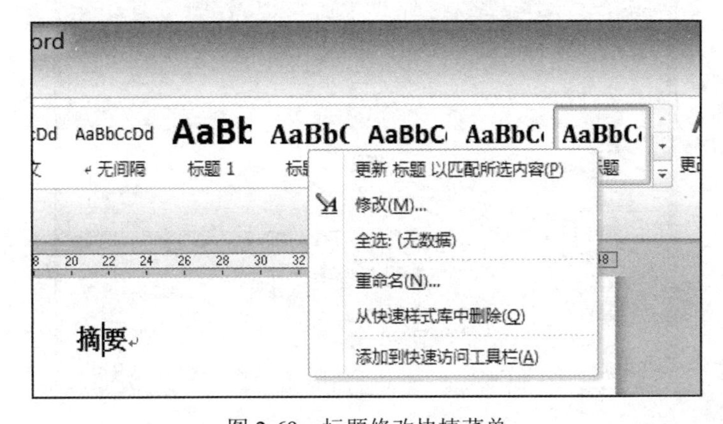

图 2-69　标题修改快捷菜单

也可采用如下方法：选择“开始”选项卡，单击“样式”选项组右下角的下拉按钮，打开“样式”窗格；再单击“标题”右边的下拉箭头，弹出如图 2-70 所示的下拉菜单，选择“修改”命令。

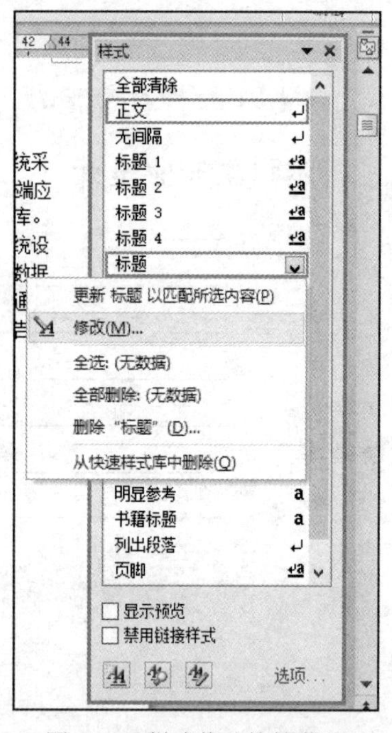

图 2-70 样式修改快捷菜单

（3）通过上述方法调出如图 2-71 所示的“修改样式”对话框，在其中单击左下角的“格式”按钮可按论文要求字体、段落格式对标题进行设置。

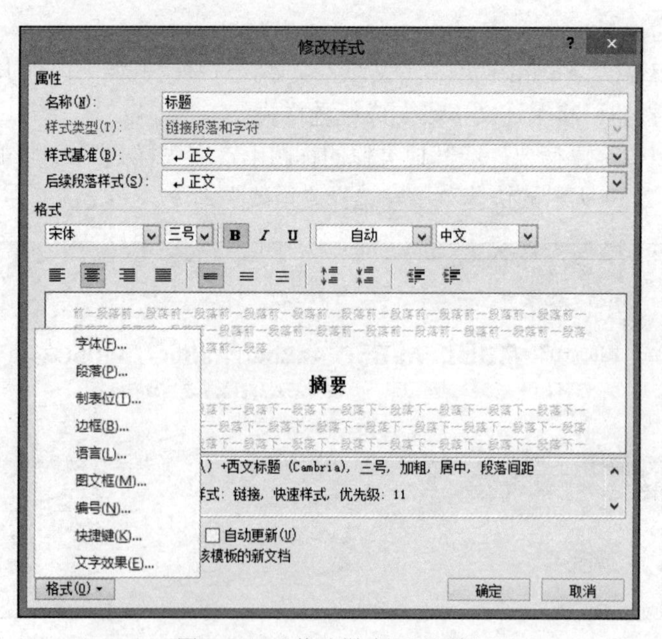

图 2-71 “修改样式”对话框

（4）选择“开始”选项卡，单击“替换”按钮，弹出“查找和替换”对话框。在“查找内容”组合框中输入“(一级标题)”，将光标定位至“替换为”组合框中，单击“更多”按钮扩展对话框，再单击“格式”按钮的下拉箭头，在弹出的菜单中选择“样式”命令，弹出“替换样式”对话框，选择“标题 1”。设置后的“查找与替换”对话框如图 2-72 所示。单击“全部替换”按钮，可以将包含“(一级标题)”的文本设置为一级标题。

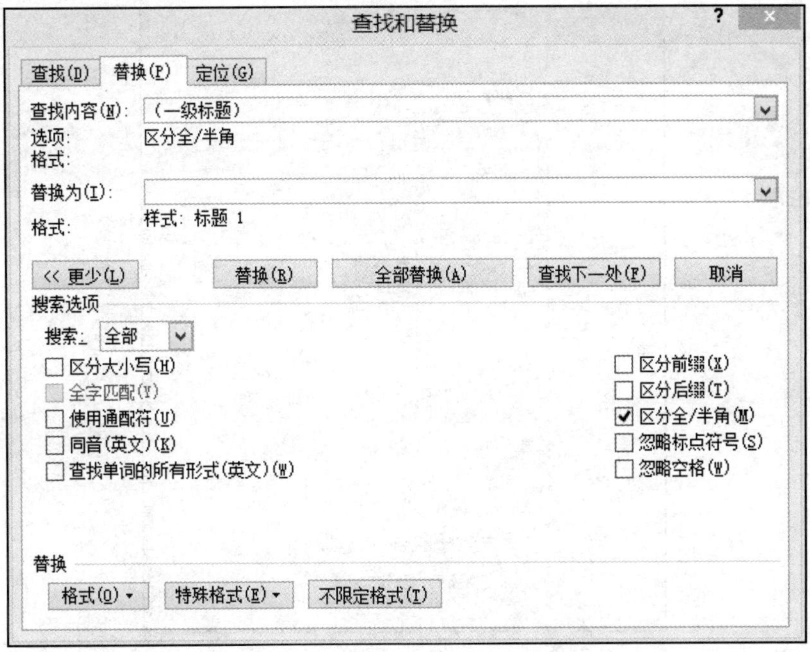

图 2-72　“查找和替换”对话框

再次将光标定位至“替换为”组合框中，单击“不限定格式”，将“替换为”下的“样式：标题 1”去掉；再单击“全部替换”按钮，可以将所有“(一级标题)”的文本删除。

（5）按步骤（4）同样的方法可以将包含“(二级标题)”的文本行设置成二级标题并删除“(二级标题)”文本，同样可以将包含“(三级标题)”的文本行设置成三级标题并删除“(三级标题)”文本。

（6）按步骤（2）和（3）的方法，按论文格式要求修改好一级标题、二级标题、三级标题、正文的样式。

5. 多级列表的定义

若要在标题的前面自动生成章节号，则需要对标题进行多级列表设置。

（1）在“开始”选项卡的“段落”选项组中单击“多级列表”下拉列表，选择“定义新的多级列表”选项，如图 2-73 所示，打开“定义新的多级列表”对话框，在其中单击“更多”按钮，效果如图 2-74 所示。

（2）在“定义新的多级列表”对话框左侧的级别列表框中选择“1”，在“输入编号的格式”栏中“1”前后分别输入“第”和“章”，在“将级别链接到样式”下拉列表框中选择“标题 1”，如图 2-75 所示。

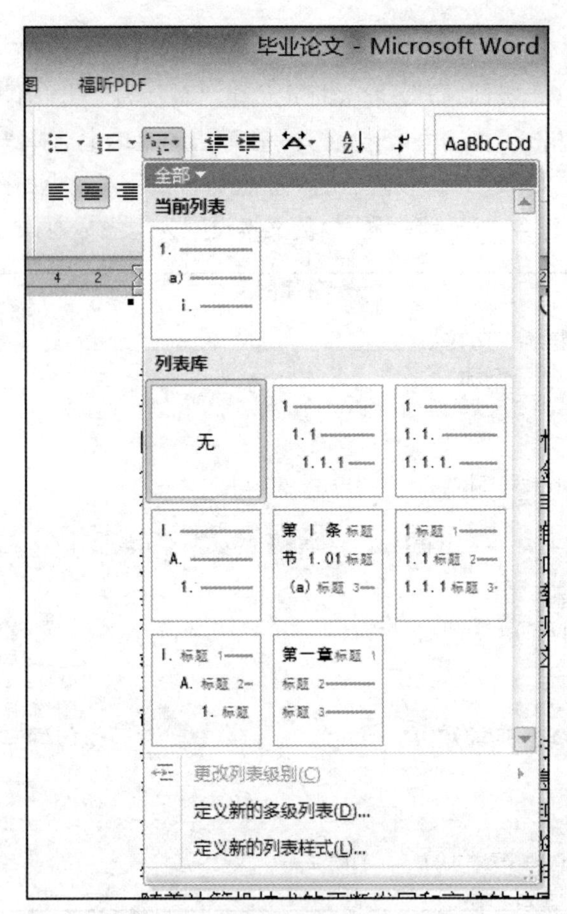

图 2-73　“多级列表”下拉菜单

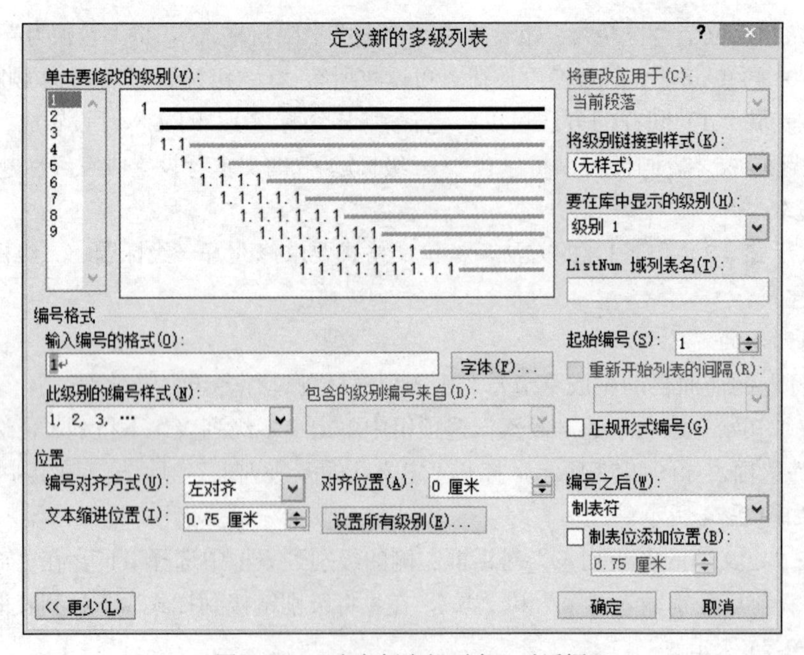

图 2-74　“定义新多级列表”对话框

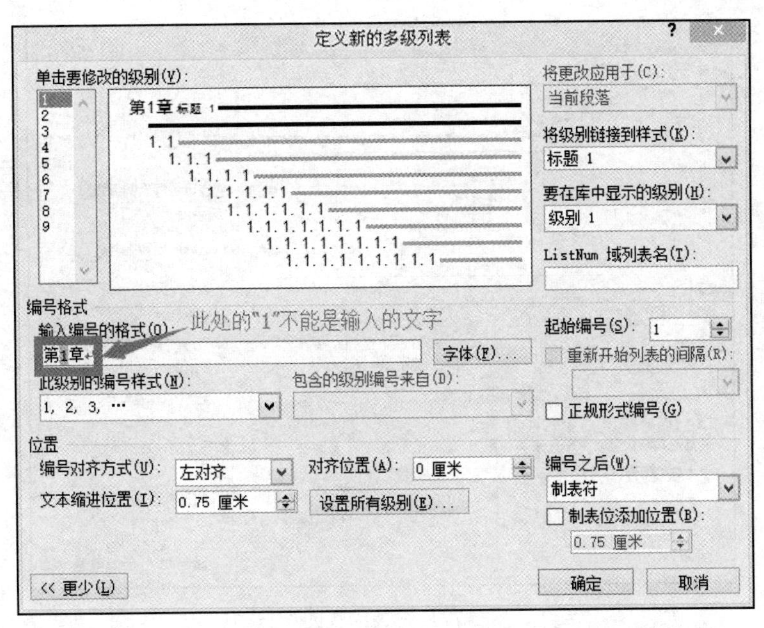

图 2-75　一级标题的设置

（3）在“定义新的多级列表”对话框左侧的级别列表框中选择“2”，在“输入编号的格式”栏中选择默认样式“1.1”，在“将级别链接到样式”下拉列表框中选择“标题 2”，如图 2-76 所示。

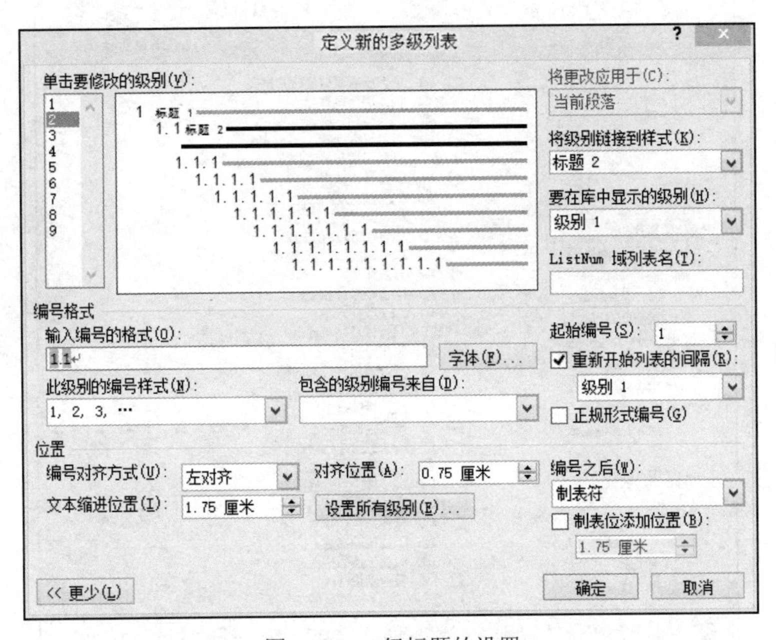

图 2-76　二级标题的设置

（4）在“定义新的多级列表”对话框左侧的级别列表框中选择“3”，在“输入编号的格式”栏中选择默认样式“1.1.1”，在“将级别链接到样式”下拉列表框中选择“标题 3”，如图 2-77 所示。

（5）单击“确定”按钮，一、二、三级标题设置效果如图 2-78 所示。

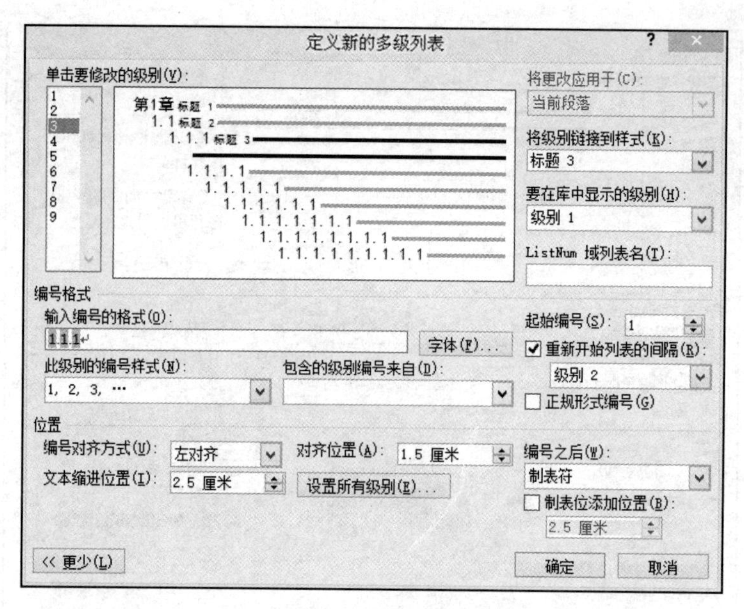

图 2-77　三级标题的设置

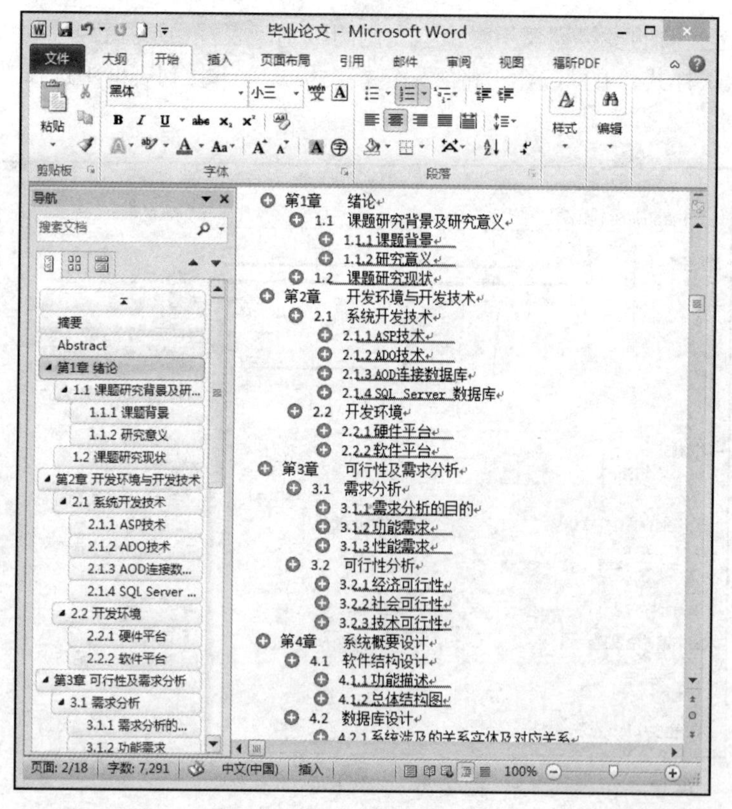

图 2-78　各标题的设置效果

6. 图表题注及交叉引用

（1）图表题注。

在毕业论文之类的长文档中，为了增强文档的可读性，往往需要为图片、表格、公式一类的对象编号，为它们建立带有编号的说明段落，称为“题注”。一般情况下，表格的“题注”置于表格的上方并居中，图片、公式的“题注”置于下方并居中。

操作如下：

1）将光标定位于“题注”说明文字（如“总体结构图”）的左侧。

2）选择“引用”选项卡，单击“题注”选项组中的“插入题注”按钮，打开“题注”对话框，在其中可以根据添加“题注”对象的不同在“标签”下拉列表框中选择不同的标签类型，如图 2-79 所示。

3）单击“新建标签”按钮，在弹出的“新建标签”对话框中输入“图”，单击“确定”按钮，如图 2-80 所示。

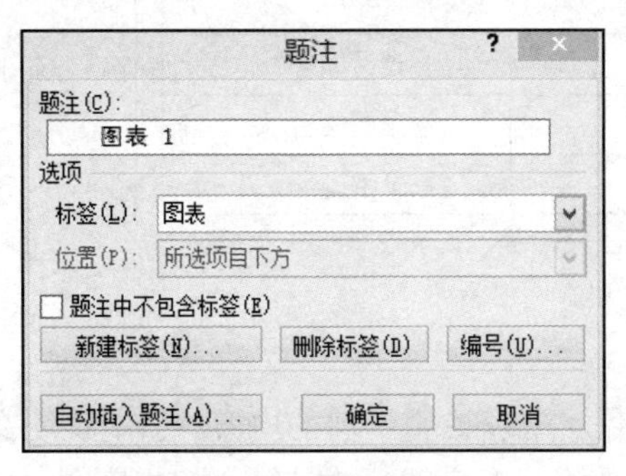

图 2-79　“题注”对话框

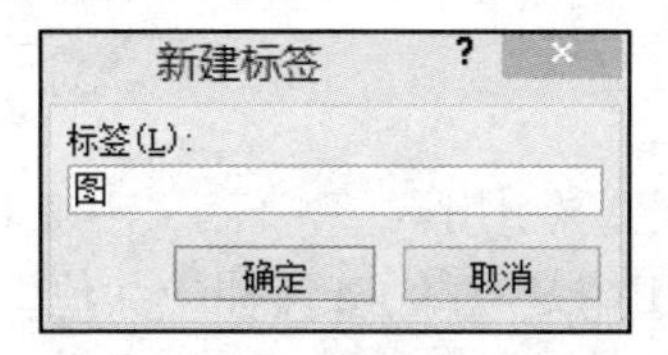

图 2-80　“新建标签”对话框

4）再单击“题注”对话框中的“编号”按钮，在弹出的对话框中勾选“包含章节号”。同时还可以设置章节起始样式为“标题 1”“标题 2”等，在“使用分隔符”下拉列表框中可以选择连接符，如图 2-81 所示。

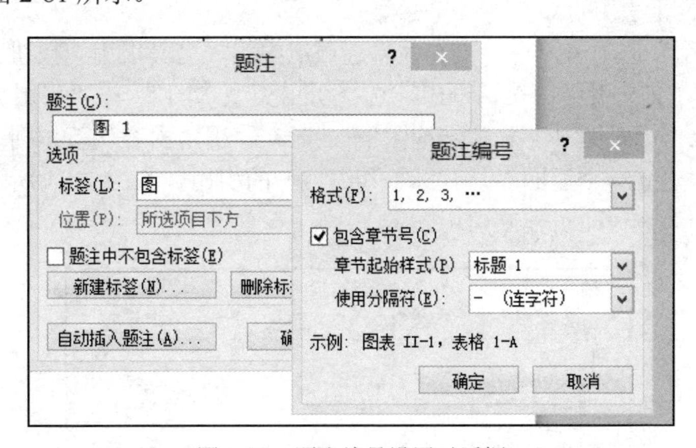

图 2-81　题注编号设置对话框

5）单击“题注编号”对话框中的“确定”按钮，则在题注对话框中显示“图 4-1”样式，单击“题注”对话框中的“确定”按钮则在相应的位置自动生成题注。文章中的其他图片只需将光标定位于图片说明文字之前，单击插入题注则在相应的图片下自动生成题注，如“图 4-2”、“图 4-3”……，效果如图 2-82 所示。

6）表格题注的设置方法与图的一样，只需把“图”改成“表”即可，生成效果如图 2-83 所示。

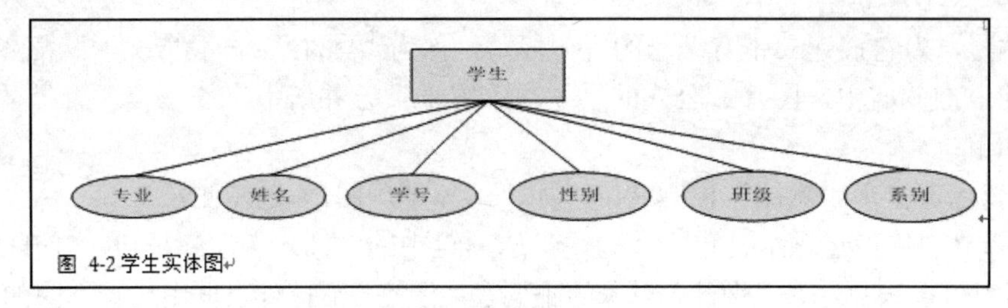

图 2-82　图的题注设置效果

表 4-1 管理员（admin）

字段号	数据类型	描述
a_id	char(10)	管理员编号
a_name	char(50)	管理员姓名
pass	char(20)	登录密码

图 2-83　表的题注设置效果

（2）交叉引用。

交叉引用是对 Word 文档中其他位置内容的引用，用以说明当前的内容。引用说明文字与被引用的图片、表格等对象的相关内容（如题注）是相互对应的，并且能够随相应图、表等对象在删除、插入操作后相关内容（如题注编号）的变化而变化，一次性更新，而不必手动一个个进行修改。

下面以“图 4-1 总体结构图”为例描述交叉引用的方法。

1）将光标定位于引用点。

2）选择“引用”选项卡，单击“脚注”选项组中的“交叉引用”按钮。

3）在打开的“交叉引用”对话框中，选择引用类型“图”，在“引用哪一个题注”列表框中选择目标对象，如“图 4-1 总体结构图”，同时在“引用内容”下拉列表框中选择合适的引用内容形式，如建立一个返回“只有标签和编号”的引用，如图 2-84 所示。最后依次单击“插入”和“关闭”按钮即可建立引用。

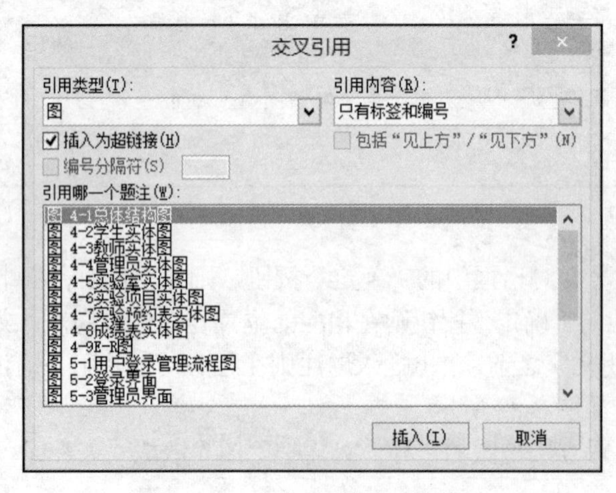

图 2-84　“交叉引用”对话框

7. 页眉页码的设置

（1）页眉的编辑。

1）将光标定位在“摘要”页，然后选择“插入”选项卡，单击“页眉和页脚”选项组中的“页眉”按钮，在弹出的下拉列表中选择“编辑页眉”，会出现页眉输入区。

2）单击“设计”选项卡“导航”选项组中的“链接到前一条页眉”按钮取消该按钮的选中状态，同时勾选“首页不同”和“奇偶页不同”两个复选项，如图 2-85 所示。

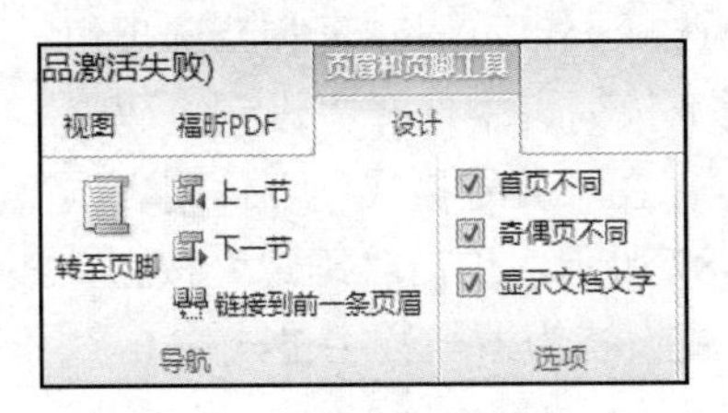

图 2-85　页眉和页脚的设置

3）在页眉编辑区中输入“湖南人文科技学院毕业设计”，设置字体为宋体小五号、倾斜、右对齐。再切换到“偶数页”页眉编辑区，同样输入“湖南人文科技学院毕业设计”，设置字体为宋体小五号、倾斜、左对齐。

4）将光标切换到正文第一章的页眉编辑区，单击“设计”选项卡“导航”选项组中的“链接到前一条页眉”按钮取消该按钮的选中状态。按步骤 3）的方法设置好奇数页和偶数页页眉。

（2）页码的设置。

1）将光标切换到“摘要”页页脚编辑区，单击“设计”选项卡“导航”选项组中的“链接到前一条页眉”按钮取消该按钮的选中状态。单击“设计”选项卡“页眉和页脚”选项组中的“页码”按钮，在弹出的下拉列表中选择“页面底端”中的“普通数字 3”选项，则在页面底部右侧插入了页码，如图 2-86 所示。

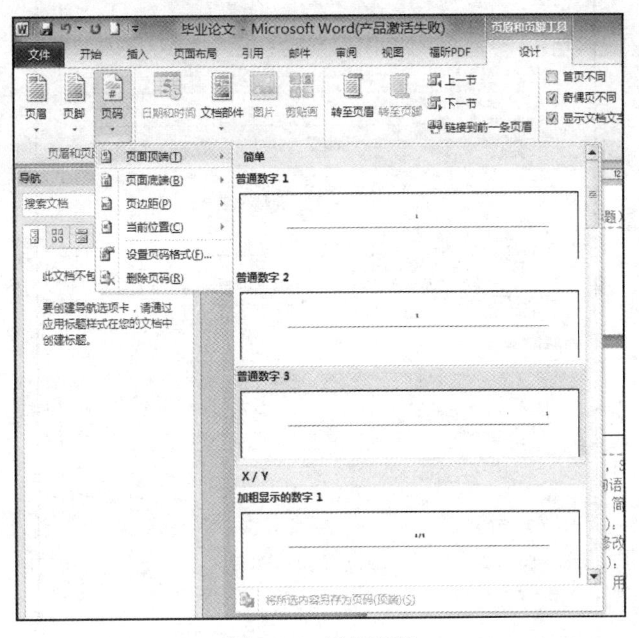

图 2-86　插入页码

2）将光标切换到下一偶数页页脚编辑区，单击“设计”选项卡“页眉和页脚”选项组中的“页码”按钮，在弹出的下拉列表中选择“页面底端”中的“普通数字 1”，则在页面底部左侧插入了页码。

3）将光标切换到“第一章”页脚编辑区，按步骤 1）的方法设置好正文中的页码。

4）修改中、英摘要的页码格式。将光标定位于“摘要”页页脚编辑区，单击“设计”选项卡“页眉和页脚”选项组中的“页码”按钮，在弹出的下拉列表中选择“设置页码格式”，弹出“页码格式”对话框，在“编号格式”下拉列表框中选择罗马数字格式，如图 2-87 所示，单击“确定”按钮，可将中、英文摘要页的页码格式设置为罗马数字格式。

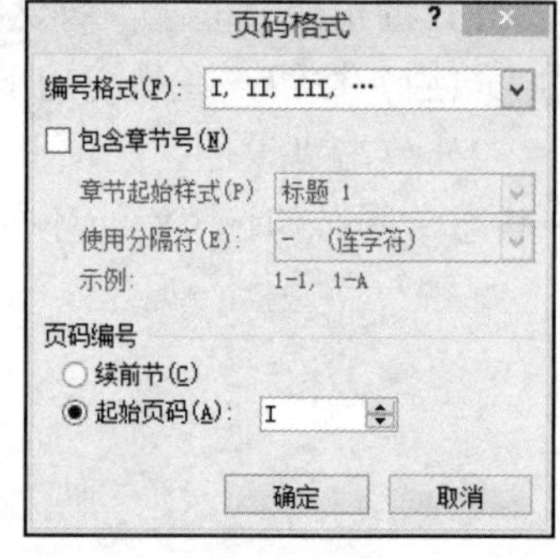

图 2-87 页码格式的设置

8. 目录的生成

在摘要和封面页之间插入新的一页并分节，使其成为单独的一节，再利用 Word 提供的内置“目录库”功能插入目录。

（1）将光标定位到刚插入的新页的页首，即目录放置位置。

（2）打开“引用”选项卡，在“目录”选项组中单击“目录”按钮，打开如图 2-88 所示的下拉列表，此时展示了 Word 内置“目录库”的编排方式和显示效果。

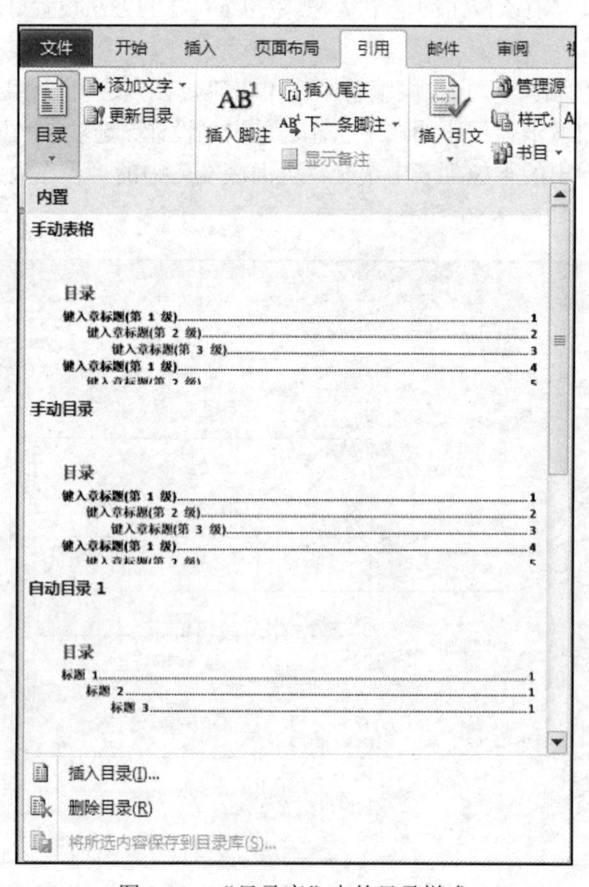

图 2-88 “目录库”中的目录样式

（3）选择“自动目录 1”的目录样式，目录就自动生成了，如图 2-89 所示。

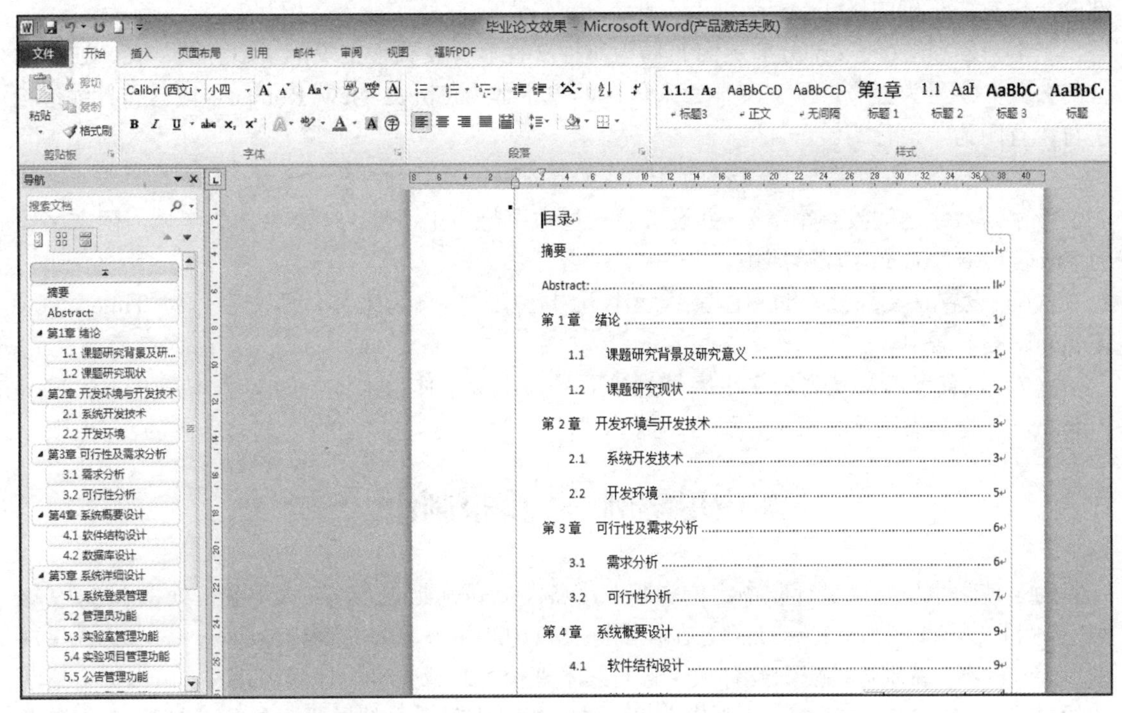

图 2-89　自动生成目录效果图

张老师撰写了一篇学术论文，拟投稿于大学学报，发表之前需要根据学报论文格式要求完成论文样式排版。具体要求如下：

（1）设置论文页面为 A4 幅面，页面上、下边距分别为 2.5 厘米和 2.2 厘米，左、右边距为 2.5 厘米。论文页面指定行网格（每页 42 行），页脚距边界 1.4 厘米，在页脚居中位置设置论文页码。该论文最终排版不超过 5 页，可参考“论文正样 1.jpg”至“论文正样 5.jpg”示例。

（2）将论文中不同颜色的文字设置为标题格式，要求如表 2-1 所示。设置完成后，需要将最后一页的“参考文献”段落设置为无多级编号。

表 2-1　标题格式设置

文字颜色	样式	字号	字体颜色	字体	对齐方式	段落行距	段落间距	大纲级别	多级项目编号格式
红色文字	标题 1	三号	黑色	黑体	居中			1 级	
黄色文字	标题 2	四号			左对齐	最小值 30 磅		2 级	1、2、3…
蓝色文字	标题 3	五号			左对齐	最小值 18 磅	段前 3 磅 段后 3 磅	3 级	2.1、2.2、… 3.1、3.2…

（3）依据“论文正样 1_格式.jpg”中的标注提示设置论文正文前的段落和文字格式，并

参考“论文正样 1.jpg”示例将作者姓名后面的数字和作者单位前面的数字（含中文、英文两部分）设置成正确的格式。

（4）设置论文正文部分的页面布局为对称 2 栏，并设置正文段落（不含图、表、独立成行的公式）字号为五号，中文字体为宋体，西方字体为 Times New Roman，段落首行缩进 2 字符，行距为单倍行距。

（5）设置正文中“表 1”“表 2”与对应表格的交叉引用关系（注意：“表 1”“表 2”的“表”字与数字之间没有空格），并设置表的标注字号为小五号，中文字体为黑体，西文字体为 Times New Roman，段落居中。

（6）设置正文部分中的图注字号为小五号，中文字体为宋体，西文字体为 Times New Roman，段落居中。

（7）设置参考文献列表文字字号为小五号，中文字体为宋体，西文字体为 Times New Roman，并为其设置项目编号，编号格式为“[序号]”。

应用案例一　海报制作

为了使学生更好地进行职场定位和职业准备，提高就业能力，某大学学工处将于 2019 年 4 月 26 日（星期五）19:30～21:30，在校国际会议中心举办题为“领慧讲堂——大学生人生规划”就业讲座，特别邀请资深媒体人、著名艺术评论家赵蕈先生担任演讲嘉宾。请根据上述活动的描述，利用 Microsoft Word 制作一份宣传海报（宣传海报的样式请参考“Word-海报参考样式.docx”文件），要求如下：

（1）将“Word 素材.docx”文件另存为 Word.docx，后续操作均基于此文件。

（2）调整文档版面，要求页面高 35 厘米，宽 27 厘米，页边距上、下为 5 厘米，左、右为 3 厘米，并将考生文件夹下的图片“Word-海报背景图片.jpg”设置为海报背景。

（3）根据“Word-海报参考样式.docx”文件调整海报内容文字的字号、字体和颜色。

（4）根据页面布局需要调整海报内容中“报告题目”“报告人”“报告日期”“报告时间”和“报告地点”信息的段落间距。

（5）在“报告人：”位置后面输入报告人姓名（赵蕈）。

（6）在“主办：校学工处”位置后另起一页，并设置第 2 页的页面纸张大小为 A4 篇幅，纸张方向为“横向”，页边距为“普通”页边距定义。

（7）在新页面的“日程安排”段落下面复制本次活动的日程安排表（请参考“Word-活动日程安排.xlsx”文件），要求表格内容引用 Excel 文件中的内容，如果 Excel 文件中的内容发生变化，Word 文档中的日程安排信息随之发生变化。

（8）在新页面的“报名流程”段落下面，利用 SmartArt 制作本次活动的报名流程（学工处报名、确认坐席、领取资料、领取门票）。

（9）设置“报告人介绍”段落下面的文字排版布局为参考示例文件中所示的样式。

（10）更换报告人照片为考生文件夹下的 Pic2.jpg 照片，将该照片调整到适当位置，并且不要遮挡文档中的文字内容。

操作解析：

（1）的考核要点：本题主要考核文件另存为操作。

（在考生文件夹中，打开“Word 素材.docx”文件，然后单击“文件”菜单，在弹出的菜单中选择“另存为”命令，然后将文件名称中的“Word 素材”修改成 Word，单击“保存”按钮。注意，不能删除文件后缀“.docx”。

（2）的考核要点：本题主要考核页面格式、页面背景的设置。

1）设置页面格式。在“页面布局”选项卡的“页面设置”组中单击对话框启动器，打开“页面设置”对话框，在“纸张”选项卡中设置页面高度和宽度，在“页边距”选项卡中设置页边距的具体数值。

2）设置页面背景。

①单击“页面布局”选项卡“页面背景”组中的“页面颜色”按钮，在展开的下拉列表中选择“填充效果”命令，打开“填充效果”对话框。

②切换到“图片”选项卡，单击“选择图片”按钮，打开“选择图片”对话框，选择路径为考生文件夹，选中“Word-海报背景图片.jpg”，单击“插入”按钮返回到上一对话框中，单击“确定”按钮完成操作。

（3）的考核要点：本题主要考核字体格式设置。

通过“开始”选项卡“字体”组中的相应按钮可进行字体格式的相关设置。设置文本格式时，要先选中对应的文本内容。

观察“Word-海报参考样式.docx”文件，注意文档的字号、字体，不要求具体的值，但一定要大于默认的字号（五号），不能是宋体；某些文字的颜色不要求具体的颜色值，但一定不能是黑色。

（4）的考核要点：本题主要考核段落格式的设置。选取正文中相应的段落，启动段落对话框，设置“段前”和“段后”间距。

在“开始”选项卡的“段落”组中单击段落对话框启动器，打开“段落”对话框，对文档中的内容设置段落行间距和段前、段后间距等格式。

（5）的考核要点：本题主要考核文字的输入，重点是“蕈”字。如果能掌握该字的发音（xùn），使用拼音输入法可以轻松输入，否则只能使用五笔输入法输入。

（6）的考核要点：本题主要考核分页、页面设置等操作。

1）分页和设置页面。本题看似两项操作，其实可以将分页、页面设置在一步中完成。

①将光标置入将要分页之处，单击“页面布局”选项卡“页面设置”组中的对话框启动器，打开“页面设置”对话框。

②切换到“纸张”选项卡，在“纸张大小”下拉列表框中选择 A4，注意一定要在“应用于”下拉列表框中选择“插入点之后”选项。

③切换到“页边距”选项卡，在“纸张方向”选项组中选择“横向”图标，在“应用于”下拉列表框中保持默认选择“插入点之后”，单击“确定”按钮即可插入一个已调整完页面设置的新页。

2）设置页边距样式。将光标置入第 2 页中，单击“页面布局”选项卡“页面设置”组中的“页边距”按钮，展开页边距样式列表，从中选择“普通”选项。

（7）的考核要点：本题主要考核选择性粘贴操作。

1）打开 Excel 文件“Word-活动日程安排.xlsx”，选择相应的单元格区域，执行复制操作。

2）在 Word 文档中，将光标置入“日程安排”段落下面。

①在“开始”选项卡的“剪贴板”组中，单击“粘贴”按钮的下拉按钮，在展开的“粘贴选项”列表中选择“链接与保留源格式”或“链接与使用目标格式”选项。为了使表格美观些，可适当调整表格。

②选中表格，然后单击“表格工具/布局”选项卡“单元格大小”组中的“自动调整”按钮，再单击“根据内容自动调整表格”命令。

单击“表格工具/设计”选项卡，在“表格样式”组中选择一种样式。

（8）的考核要点：本题主要考核 SmartArt 图形的操作。

1）将光标置入相应的位置，切换到“插入”选项卡，在“插图”组中单击 SmartArt 按钮，打开“选择 SmartArt 图形”对话框。

2）在对话框的左侧列表中选择“流程”选项，在右侧选择“基本流程”图标，单击“确定”按钮。

3）插入的“基本流程”默认有 3 组图形，选择最后一组图形，在“SmartArt 工具/设计”选项卡的“创建图形”组中单击“添加形状”右侧的下拉按钮，在展开的列表中单击“在后面添加形状”将在最后一个图形右侧添加一个新的图形，这样就变成了 4 组图形。选择第一组图形，按不同的标题级别输入不同的内容。再选择其他图形，依次输入内容。

4）切换到“设计”选项卡，在“SmartArt 样式”组中单击“更改颜色”按钮，展开颜色样式列表，从中选择一种即可。

可通过快速样式修改外观。

（9）的考核要点：本题主要考核设置首字下沉的操作。

观察示例文件，此段落明显特点就是字体颜色（非黑色）和首字下沉。

1）将光标置入此段落中，在“插入”选项卡的“文本”组中单击“首字下沉”按钮，在展开的列表中单击“首字下沉”选项，打开“首字下沉”对话框。

2）在“位置”选项组中选择“下沉”，在“下沉行数”数值框中选择“3”，单击“确定”按钮完成操作。

（10）的考核要点：本题主要考核插入图片操作。

1）插入图片。

①右击文档中的图片，在弹出的快捷菜单中选择“更改图片”命令，弹出“插入图片”对话框。

②设置文件路径为考生文件夹，选择图片 Pic2.jpg，单击“插入”按钮更换图片。

2）设置图片。

①右击新图片，在弹出的快捷菜单中选择“大小和位置”命令，弹出“布局”对话框。

②切换到“文字环绕”选项卡，在“环绕方式”选项组中单击“四周型”图标，再单击“确定”按钮。

③选定图片，移动到最后一段的最右端。

应用案例二　文档编排

2018 级企业管理专业的张玲同学选修了“物流管理”课程，并撰写了题目为《物流中的库存管理研究》的课程论文。论文的排版和参考文献还需要进一步修改，根据以下要求帮助张玲对论文进行完善：

（1）在考生文件夹下，将文档“Word 素材.docx”另存为 Word.docx（“.docx”为扩展名），此后所有操作均基于该文档，否则不得分。

（2）为论文创建封面，将论文题目、作者姓名和作者专业放置在文本框中，并居中对齐；文本框的环绕方式为四周型，在页面中的对齐方式为左右居中。在页面的下侧插入图片“图片 1.jpg”，环绕方式为四周型，并应用一种映像效果。整体效果可参考示例文件“封面效果.docx”。

（3）对文档内容进行分节，使得“封面”“目录”“图表目录”“摘要”“1.引言”“2.库存管理的原理和方法”“3.传统库存管理存在的问题”“4.物流管理环境下的常用库存管理”“5.结论”“参考书目”和“专业词汇索引”各部分的内容都位于独立的节中，且每节都从新的一页开始。

（4）修改文档中样式为“正文文字”的文本，使其首行缩进 2 字符，段前和段后的间距为 0.5 行；修改“标题 1”样式，将其自动编号的样式修改为“第 1 章，第 2 章，第 3 章，……”；修改标题 2.1.2 下方的编号列表，使用自动编号，样式为“1）、2）、3）、……”；复制考生文件夹下“项目符号列表.docx”文档中的“项目符号列表”样式到论文中，并应用于标题 2.2.1 下方的项目符号列表。

（5）将文档中的所有脚注转换为尾注，并使其位于每节的末尾；在“目录”节中插入“流行”格式的目录，替换“请在此插入目录！”文字；目录中需包含各级标题和“摘要”“参考书目”以及“专业词汇索引”，其中“摘要”“参考书目”和“专业词汇索引”在目录中需要和标题 1 同级别。

（6）使用题注功能修改图片下方的标题编号，以便其编号可以自动排序和更新，在“图表目录”节中插入格式为“正式”的图表目录；使用交叉引用功能修改图表上方正文中对于图表标题编号的引用（已经用黄色底纹标记），以便这些引用能够在图表标题的编号发生变化时可以自动更新。

（7）将文档中所有的文本“ABC 分类法”都标记为索引项；删除文档中文本“物流”的索引项标记；更新索引。

（8）在文档的页脚正中插入页码，要求封面页无页码，目录和图表目录部分使用“Ⅰ、Ⅱ、Ⅲ、……”格式，正文、参考书目和专业词汇索引部分使用“1、2、3、……”格式。

（9）删除文档中的所有空行。

操作解析：

（1）考核要点：打开考生文件夹下的“Word 素材.docx”文件，在“文件”选项卡下单击“另存为”按钮，打开“另存为”对话框，输入文件名 Word.docx（注意：“.docx”为扩展名，请查看本机是否隐藏了扩展名）并将保存的路径设置为考生文件夹，单击“保存”按钮。

（2）的考核要点：

1）将光标定位在“目录”上方的自动换行符处，单击“插入”选项卡“页”组中的“空白页”按钮，即可添加一个新的空白页面。

单击“文本”组中“文本框”的下拉按钮，在下拉列表中选择“绘制文本框”，此时光标会变成黑十字状，在空白页面中适当的位置画出一个文本区域，参考考生文件夹下的“页面效果.docx”文件将论文题目、作者姓名、作者专业放入文本框中并调整字体、字号，在“开始”选项卡的“段落”组中设置文本格式为居中对齐。

2）选择文本框，在“绘图工具/格式”选项卡的“形状样式”组中单击“形状轮廓”下拉按钮，在下拉列表中选择“无轮廓”选项。

在“排列”组中单击“位置”下拉按钮，在下拉列表中选择“其他布局选项”，打开“布局”对话框，在“文字环绕”选项卡中选择“四周型”选项，单击“确定”按钮；再单击“排列”组中的“对齐”按钮并选择“左右居中”命令。

3）将光标定位在页面下方，单击“插入”选项卡“插图”组中的“图片”按钮，打开“插入图片”对话框，选择考生文件夹下的“图片 1.jpg”，单击“插入”按钮。

选中插入的图片，在“绘图工具/格式”选项卡的“排列”组中单击“位置”下拉按钮，在下拉列表中选择“其他布局选项”，打开“布局”对话框，在“文字环绕”选项卡中选择“四周型”选项。

在“图片样式”组中单击“图片效果”下拉按钮，在下拉列表的“映像”组中选择一种映像效果即可。参考考生文件夹下的“页面效果.docx”文件对整体效果进行适当调整。

（3）的考核要点：将光标定位于“目录”上方的自动换行符处，在“页面布局”选项卡“页面设置”组中“分隔符”的下拉按钮，在下拉列表中选择“分节符”区域中的“下一页”选项。同理设置其他部分的分节。

（4）的考核要点：

1）将光标定位在“正文文字”段落中，然后右击“开始”选项卡“样式”组中“快速样式”选项卡中的“正文文字”样式，在下拉菜单中选择“修改”命令，弹出“修改样式”对话框，在其中单击“格式”按钮，在下拉菜单中单击“段落”命令，弹出“段落”对话框，在其中设置段前间距为 0.5 行、段后间距为 0.5 行、首行缩进为 2 字符，然后单击两次“确定”按钮即可完成设置。

2）选中“标题 1”样式文字，在“开始”选项卡“样式”组中的“标题 1”样式上右击，在弹出的快捷菜单中选择“修改”选项，打开“修改样式”对话框，单击“格式”下拉按钮，在下拉列表中选择“编号”选项，打开“编号和项目符号”对话框。

单击“定义新编号格式”选项，打开“定义新编号格式”对话框，在“编号格式”中输入文字“第章”，将光标定位于两个文字中间，在“编号样式”中选择“1,2,3,……”样式，依次单击“确定”按钮。

3）选中标题“2.1.2”下方的列表，在“开始”选项卡的“段落”组中单击“编号”下拉按钮，在下拉列表中选择“1)、2)、3)、……”样式。

4）单击“文件”选项卡中的“选项”按钮，打开“Word 选项”对话框；单击“加载项”按钮，在“管理”中选择“模板”；单击“转到”按钮，打开“模板和加载项”对话框；在“模板”选项卡下单击“管理器”按钮，打开“管理器”对话框；在“样式”组中单击左侧的“关闭文件”按钮，此时按钮会变成“打开文件”；单击“打开文件”，打开“打开”对话框；在“文件类型”选项卡中选择“Word 文档（*.docx）”选项，选择考生文件夹下的“项目符号列表.docx”文件，单击“打开”按钮；单击右侧的“关闭文件”按钮，此时按钮会变成“打开文件”，单击“打开文件”按钮，打开“打开”对话框，在“文件类型”选项卡中选择“Word 文档（*.docx）”选项，选择考生文件夹下的 Word.docx 文件，单击“打开”按钮；在左侧选中“项目符号列表”，单击“复制”按钮，依次单击“关闭”按钮。

此时在“开始”选项卡的“样式”组中会出现“项目符号列表”样式。选中标题“2.2.1”下方的项目符号列表，单击“样式”组中的“项目符号列表”样式。

（5）的考核要点：

1）将文档中的所有脚注转换为尾注，并使其位于每节的末尾，设置步骤如下：

①选中任意脚注并右击，在弹出的快捷菜单中选择“便笺选项”，然后在弹出的“脚注和尾注”对话框中单击“转换”按钮。

②在弹出的“转换注释”对话框中选中“脚注全部转换成尾注”选项，然后单击“确定”按钮；在“将更改应用于”下拉列表中选择“整篇文档”，最后单击“应用”按钮。

③选中任意尾注并右击，在弹出的快捷菜单中选择“便笺选项”；然后在弹出的“脚注和尾注”对话框的尾注下拉列表框中选中“节的结尾”选项；在“将更改应用于”下拉列表中选择“整篇文档”选项，然后单击“应用”按钮。

2）将光标定位在“摘要”段落并右击，在弹出的快捷菜单中选择“段落”命令，在弹出的“段落”对话框中设置段落大纲级别为“1 级”；用同样的方法将“参考书目”和“专业词汇索引”段落大纲级别设置为 1 级。

选中目录页中的文字“请在此插入目录！”，在“引用”选项卡的“目录”组中单击“目录”下拉按钮，在下拉列表中选择“插入目录”命令，打开“目录”对话框，在“目录”选项卡中设置格式为“流行”，设置显示级别为“3”，然后单击“确定”按钮。

（6）的考核要点：

1）找到正文中的第一张图片，删除图注中的“图 1”字样。在“引用”选项卡的“题注”组中单击“插入题注”按钮，打开“题注”对话框，在“标签”文本框中输入文字“图”，单击“确定”按钮，则会在图注文字前自动生成“图 1”字样。同理，设置其他图片的文字。

2）将光标定位在“图表目录”下方，在“引用”选项卡的“题注”组中单击“插图表目录”按钮，打开“图表目录”对话框；在“图表目录”选项卡下，将“格式”设置为“正式”、“题注标签”为“图”，单击“确定”按钮；删除下方黄色底纹的文字。

3）找到正文中黄色底纹的“图 1”字样，将其删除；将光标定位于原“图 1”位置，单击“引用”选项卡“题注”组中的“交叉引用”按钮，打开“交叉引用”对话框；设置“引用类型”为“图”、“引用内容”为“只有标题和编号”，在“引用哪一个图注”选项卡中选择“图 1 库存的分类”选项，单击“插入”按钮。同理，设置其他图注的交叉引用。

（7）的考核要点：

1）在“开始”选项卡“编辑”组中单击“替换”按钮，打开“查找和替换”对话框；在“替换”选项卡的“查找内容”文本框中输入文字“ABC 分类法”，将光标定位在“替换为”文本框中并输入文字“ABC 分类法”；单击“格式”按钮，在打开的列表中选择“字体”选项，打开“查找字体”对话框，为字体选择一种颜色，单击“确定”按钮，再单击“全部替换”按钮，关闭对话框。选择“ABC 分类法”字样，在“引用”选项卡的“索引”组中单击“标记索引项”按钮，打开“标记索引项”对话框，在“主索引项”文本框中输入文字“ABC 分类法”，单击“标记全部”按钮。

2）①如果文档中的索引项没有显示出来，单击“常用”选项项组中的“显示/隐藏编辑标记”按钮，此时所有标记都显示出来了。

②按 Ctrl+H 组合键，打开“查找和替换”对话框，在“查找内容”文本框中输入“物流^d”，在“替换为”文本框中输入“物流”；单击“全部替换”按钮，单击“确定”按钮，单击“关闭”按钮。

（8）的考核要点：

1）在“插入”选项卡的“页眉和页脚”组中单击“页码”下拉按钮，在下拉列表中选择“页面底端”中的“普通数字 2”，即可在页脚正中插入页码。在“页眉和页脚工具/设计”选项卡的“选项”组中勾选“首页不同”即可去除封面页码。

2）选中“目录页”页码，在“页眉和页脚工具/设计”选项卡的“导航”组中单击“链接到前一条页眉”按钮，取消其选中的状态；在“页眉和页脚”组中单击“页码”下拉按钮，在下拉列表中选择“设置页码格式”选项，打开“设置页码格式”对话框；在“编号格式”中选择“Ⅰ，Ⅱ，Ⅲ，……”样式，“起始页码”为“Ⅰ”，单击“确定”按钮。

3）选中图表目录页的页码，在“页眉和页脚工具/设计”选项卡的“导航”组中单击“链接到前一条页眉”按钮，取消其选中的状态；在“页眉和页脚”组中单击“页码”下拉按钮，在下拉列表中选择“设置页码格式”选项，打开“设置页码格式”对话框；在“编号格式”中选择“Ⅰ，Ⅱ，Ⅲ，……”样式，选中“续前节”单选按钮，单击“确定”按钮。

4）选中正文第一页的页码，在“页眉和页脚工具/设计”选项卡的“导航”组中单击“链接到前一条页眉”按钮，取消其选中的状态；在“页眉和页脚”组中单击“页码”下拉按钮，在下拉列表中选择“设置页码格式”选项，打开“设置页码格式”对话框；在“编号格式”中选择“1，2，3，……”样式，“起始页码”为“1”，单击“确定”按钮。

如果在分节处出现页码从 1 开始，则选中错误页码，在“页眉和页脚工具/设计”的“导航”组中单击“链接到前一条页眉”按钮，取消其选中的状态；单击“页眉和页脚”组中的“页码”下拉按钮，选择“设置页码格式”选项，打开“设置页码格式”对话框；在“编号格式”中选择“1，2，3，……”样式，选中“续前节”单选按钮，单击“确定”按钮。

（9）的考核要点：

1）按 Ctrl+H 组合键，然后将光标定位在“查找内容”文本框中，单击“特殊格式”按钮中的“段落标记”命令，再一次单击“特殊格式”按钮中的“段落标记”命令。

2）将光标定位在“替换为”文本框中，单击“特殊格式”按钮中的“段落标记”命令；连续 3 次单击“全部替换”按钮，即可删除所有空白段落。

应用案例三　邮件合并

小李正在为单位报考注册会计职称的考生准备相关通知及准考证，利用考生文件夹下提供的相关素材，按下列要求帮助小李完成文档的编排：

（1）打开一个空白 Word 文档，利用文档“准考证素材及示例.docx”中的文本素材并参考其中的示例图制作准考证主文档，以“准考证.docx”为文件名保存在考生文件夹下（“.docx”为文件扩展名），以下操作均基于此文件，否则不得分。具体制作要求如下：①准考证表格整体水平、垂直方向均位于页面的中间位置；②表格宽度根据页面自动调整，为表格添加任一图案样式的底纹，以不影响阅读其中的文字为宜；③适当加大表格第一行中标题文本的字号、字符间距；④“考生须知”四字竖排且水平、垂直方向均在单元格内居中，“考生须知”下包含的文本以自动编号排列。

（2）为指定的考生每人生成一份准考证，要求如下：①在主文档“准考证.docx”中，将表格中的红色文字替换为相应的考生信息，考生信息保存在考试文件夹下的 Excel 文档“考生名单.xlsx”中；②标题中的考试级别信息根据考生所报考科目自动生成，“考试科目”为“高级注册会计实务”时，考试级别为“高级”，否则为“中级”；③在“考试时间”栏中，令中级三个科目名称（素材中的蓝色文本）均等宽占用 6 个字符宽度；④表格中的文本字体均采用“微软雅黑”、黑色，并选用适当的字号；⑤在“贴照片处”插入考生照片（提示，只有部分考生有照片）；⑥为所属“门头沟区”且报考中级全部三个科目（中级注册会计实务、财务管理、经济法）或报考高级科目（高级注册会计实务）的考生每人生成一份准考证，并以“个人准考证.docx”为文件名保存到考生文件夹下，同时保存主文档“准考证.docx”的编辑结果。

（3）打开考生文件夹下的文档“Word 素材.docx”，将其另存为 Word.docx，以下所有的操作均基于此文件，否则不得分；①将文档中的所有手动换行符（软回车）替换为段落标记（硬回车）；②在文号与通知标题之间插入高 2 磅、宽 40%、标准红色、居中排列的横线；③用文档“样式模板.docx”中的样式“标题、标题 1、标题 2、标题 3、正文、项目符号、编号”替换本文档中的同名样式；④参考素材文档中的示例将其中的蓝色文本转换为一个流程图，选择适当的颜色及样式，之后将示例图删除；⑤将文档最后的两个附件标题分别超链接到考生文件夹下的同名文档，修改超链接的格式，使其访问前为标准紫色，访问后变为标准红色；⑥在文档的最后以图标形式将“个人准考证.docx”嵌入到当前文档中，任何情况下单击该图标即可开启相关文档。

操作解析：

（1）的考核要点：双击打开考生文件夹下的“准考证素材及示例.docx”文件，单击“文件”菜单，在其下拉菜单中选择“另存为”，在打开的“另存为”对话框中的“文件名”文本框中输入“准考证”，文件的类型设置为“.docx”。

步骤 1：选中文档中第 1 页的所有文字，然后单击“插入”选项卡“表格”组中的“表格”按钮，在弹出的下拉列表中单击“文本转换成表格”命令。

步骤 2：在弹出的“将文字转换成表格”对话框中，选中“自动调整操作”中的“根据窗口调整表格”和“文字分隔位置”中的“制表符”单选按钮，并将“表格尺寸”中的“列数”设置为“3”，然后单击“确定”按钮。参照准考证示例图修改表格结构。

选中表格第 1 行的三个单元格并右击，在弹出的快捷菜单中选择“合并单元格”命令。

选中表格第二、三、四、五行第三列的四个单元格并右击，在弹出的快捷菜单中选择“合并单元格”命令。

选中表格第六行第二、三列的两个单元格并右击，在弹出的快捷菜单中选择“合并单元格”命令。

选中第八至十一行的第一和第二列，然后剪切内容并粘贴到第八至十一行的第二和第三列。

步骤 3：选中第七行的第一列内容，剪贴到第八行第一列，选中第七行并删除该行。

步骤 4：选中表格新的第七至十行的第一列的 4 个单元格并右击，在弹出的快捷菜单中选择“合并单元格”命令。

步骤 5：选中第七至九行的第 2 列的 3 个单元格并右击，在弹出的快捷菜单中选择“合并单元格”命令。

步骤 6：选中第七至九行的第 3 列的 3 个单元格并右击，在弹出的快捷菜单中选择“合并单元格”命令。

步骤 7：删除倒数 3 行的第一列内容。

步骤 8：选中倒数第 4 行的第 1 列内容，剪贴到倒数第 1 行第 1 列。

步骤 9：删除倒数第四行。

步骤 10：选中最后 3 行的第 1 列单元格并右击，在弹出的快捷菜单中选择“合并单元格”命令。

步骤 11：选中最后 3 行的第 2 和 3 列单元格并右击，在弹出的快捷菜单中选择“合并单元格”命令。

①**步骤 1**：选中整张表格，然后单击“表格工具/布局”选项卡“表”组中的“属性”按钮。

步骤 2：在弹出的“表格属性”对话框中，选中“文字环绕”中的“环绕”选项，单击“定位”按钮，此时会弹出“表格定位”对话框。

步骤 3：在其中设置“水平”位置为“居中”，相对于为“页面”，“垂直”位置为“居中”，相对于“页面”，然后单击“确定”按钮。

②**步骤 1**：选中整张表格，然后单击“表格工具/布局”选项卡“单元格大小”分组中的“自动调整”下拉按钮，在下拉列表中选择“根据窗口自动调整表格”命令。

步骤 2：选中整张表格并右击，选择“表格属性”命令，打开“表格属性”对话框；在“表格”选项卡中单击“边框和底纹”按钮，打开“边框和底纹”对话框，单击“底纹”选项卡，在“图案”选项的“样式”下拉列表框中选择一种样式（例如 80%），在“颜色”下拉列表框中选择一种颜色（例如水绿色、强调文字颜色 5、80%）。

步骤 3：选中整张表格，参照“准考证示例图”中的示例设置字号（例如设置字号为“小四号”）。

步骤 4：参照“准考证示例图”中的示例适当调整单元格宽度和高度（例如设置上高为 1.2 厘米）。

步骤 5：参照“准考证示例图”中的示例设置各个单元格对齐方式。

③**步骤 1**：选中表格中的第一行单元格中的文字。

步骤 2：单击“开始”选项卡，在“字体”组中参考“准考证示例图”中的示例设置（例如设置字号为“小二号”，字体为“微软雅黑”，字形为“加粗”）。

步骤 3：单击字体启动器，打开“字体”对话框，单击“高级”选项卡，在“字符间距”中设置字符间距（例如设置间距为“加宽”，磅值为“2.5 磅”）。

④**步骤 1**：选中表格最后一行第一个单元格中的文字（考生须知）。

步骤 2：单击“页面布局”选项卡“页面设置”组中“文字方向”的向下箭头，在下拉列表中单击“垂直”命令。

步骤 3：在继续选中“考生须知”单元格的情况下，单击“表格工具/布局”选项卡“对齐方式”组中的“中部居中”按钮。

步骤 4：选中“考生须知”后面单元格中的内容，单击“开始”选项卡“段落”组中“编号”的向下箭头，在下拉列表中选择“文档编号格式”中的编号格式（注意是带点的数字格式“1.”）。

（2）的考核要点：

①**步骤 1**：将光标定位于“填写考试级别”单元格的文字上，单击“邮件”选项卡“开始邮件合并”组中的“开始邮件合并”按钮。

步骤 2：在下拉列表中选择“邮件合并分步向导”，弹出“邮件合并”任务窗格。

步骤 3：在“选择文档类型”栏中选中“信函”选项，然后单击“下一步：正在启动文档”

按钮。

步骤 4：在“选择开始文档”栏中选中“使用当前文档”选项，单击“下一步：选择收件人”按钮。

步骤 5：在“选择收件人”栏中选中“使用现有列表”选项，在“使用现有列表”栏中单击“浏览”按钮，打开“选取数据源”对话框。

步骤 6：在其中找到考生文件夹下的“考生名单.xlsx”文件，选中该文件并单击“打开”按钮。在弹出的“选择表格”对话框中单击“确定”按钮，弹出“邮件合并收件人”对话框，再次单击“确定”按钮。

②**步骤 1**：选中“填写考试级别”，单击“邮件”选项卡“编写与插入域”组中的“规则”按钮，选中“如果...那么....否则”按钮，打开“插入 Word 域：IF”对话框。在“域名”下拉列表框中选择“考试科目”，在“比较条件”下拉列表框中选择“等于”，在“比较对象”文本框中输入“高级注册会计实务”，在“则插入此文字”文本框中输入“高级”，在“否则插入此文字”中输入“中级”，单击“确定”按钮。

步骤 2：选中“填写准考证号”，单击“邮件”选项卡中“插入合并域”的向下箭头，在下拉列表中选择“准考证号”域。

步骤 3：选中“填写考生姓名”，单击“邮件”选项卡中“插入合并域”的向下箭头，在下拉列表中选择“考生姓名”域。

步骤 4：选中“填写证件号码”，单击“邮件”选项卡中“插入合并域”的向下箭头，在下拉列表中选择“证件号码”域。

步骤 5：选中“填写考试科目”，单击“邮件”选项卡中“插入合并域”的向下箭头，在下拉列表中选择“考试科目”域。

步骤 6：选中“填写考试地点”，单击“邮件”选项卡中“插入合并域”的向下箭头，在下拉列表中选择“考试地点”域。

③依次选中“财务管理”“经济法”和“中级注册会计实务”，单击“开始”选项卡，“段落”组中的“中文版式”按钮，在下拉列表中选择“调整宽度”选项，在弹出的“调整宽度”对话框中设置值为 6 个字符。

④选中表格中的所有文字，单击“开始”选项卡中的“字体”，设置为“微软雅黑”，颜色为“黑色”。设置“考生须知”后面的文字为两端对齐。

⑤将光标定位于“贴照片处”单元格中，单击“邮件”选项卡中“插入合并域”的向下箭头，在下拉列表中选择“照片”域。删除文档最后的“准考证示例图：”文字以及图片。

⑥**步骤 1**：在“邮件合并”任务窗格的“使用现有列表”中，单击“编辑收件人列表”按钮，打开“邮件合并收件人”对话框，在“调整收件人列表”选项中单击“筛选”按钮，打开“筛选和排序”对话框。

步骤 2：将第一行“域：”设置为“考生所属区域”，“比较关系：”设置为“等于”，在“比较对象”文本框中输入“门头沟区”。

步骤 3：将第二行关系设置为“与”，“域：”设置为“考试科目”，“比较关系：”设置为“等于”，在“比较对象”文本框中输入“中级注册会计实务、财务管理、经济法”。

步骤 4：将第三行关系设置为“或”，“域：”设置为“考生所属区域”，“比较关系：”设置为“等于”，在“比较对象”文本框中输入“门头沟区”。

步骤 5：将第四行关系设置为“与”，“域：”设置为“考试科目”，“比较关系：”设置为“等于”，在“比较对象”文本框中输入“高级注册会计实务”，连续单击两次“确定”按钮。

步骤 6：单击“邮件”选项卡“完成”组中的“完成合并”按钮，在下拉列表中单击“编辑单个文档”命令，弹出“合并到新文档”对话框，在“合并记录”选项卡中选择“全部”选项，单击“确定”按钮。

步骤 7：打开文件名为“准考证.docx”的文件，单击“文件”菜单，在下拉列表中选择“保存”命令，打开“另存为”对话框，在“文件名”文本框中输入“个人准考证”，文件类型选择“.docx”，单击“保存”按钮关闭“个人准考证”文件。

步骤 8：关闭并保存“准考证.docx”文档。

（3）的考核要点：双击打开考生文件夹下的“Word 素材.docx”文件，单击“文件”菜单，在下拉列表中选择“另存为”，弹出“另存为”对话框，在“文件名”文本框中修改文件名为 Word.docx，单击“保存”按钮。

①**步骤 1**：在“开始”选项卡的“编辑”组中单击“替换”按钮（也可以直接按 Ctrl+F 组合键）。

步骤 2：在打开的“查找和替换”对话框中，确认“替换”选项卡为当前选项卡。单击“更多”按钮，单击“查找内容”文本框，再单击“特殊格式”按钮，在打开的“特殊格式”列表中单击“手动换行符”命令。

步骤 3：单击“替换为”文本框 “特殊格式”按钮，在打开的“特殊格式”列表中单击“段落标记”命令。

步骤 4：在“查找和替换”对话框中单击“全部替换”按钮。

步骤 5：用“查找和替换”工具将“手动换行符”替换成段落标记，完成替换后单击“确定”按钮。

②**步骤 1**：单击“插入”选项卡，在“插图”组的“形状”中选择“线条”中的直线，在文号与通知标题之间划一条直线。

步骤 2：右击这条直线，在弹出的快捷菜单中单击“其他布局选项”命令，在弹出的“布局”对话框中，单击“位置”选项卡。在“水平”组中，将“水平对齐方式”设置为“居中”，相对于“栏”。

步骤 3：单击“大小”选项卡，在“宽度”组中将“宽度”设置为相对值“40%”，相对于“页面”，单击“确定”按钮。

步骤 4：再次右击直线，在弹出的快捷菜单中单击“设置形状格式”命令，弹出“设置形状格式”对话框，单击“线条颜色”选项，然后设置颜色为“标准红色”；单击“线型”选项，设置宽度为“2 磅”，单击“关闭”按钮。

③**步骤 1**：将光标置于文中的任意一行，单击“开始”选项卡“样式”组中的启动器，打开样式任务栏，单击最下面的“管理样式”按钮，打开“管理样式”对话框。

步骤 2：单击“导入/导出”按钮，打开“管理器”对话框。在“样式”选项卡中，单击右侧的“关闭文件”按钮，使其变为“打开文件”按钮。单击该按钮，弹出“打开”对话框，通过“打开”对话框找到考生文件夹下的“样式模板.docx”，单击“打开”按钮。

步骤 3：依次选中“样式模板.docx”中的“标题、标题 1、标题 2、标题 3、正文、项目符号、编号”，然后单击“复制”按钮，在弹出的“是否要改写现有的样式词条编号”对话框中单击“全是”按钮，单击“管理器”对话框中的“关闭”按钮。

④**步骤 1**：将光标定位于文中蓝字的后面，单击“插入”选项卡“插图”组中的 SmartArt 按钮。

步骤 2：在弹出的“选择 SmartArt 图形”对话框中选中“流程”选项，然后在列表中选择“分段流程”选项，单击“确定”按钮。

步骤 3：选中插入的分段流程图，单击“SmartArt 工具/设计”选项卡“创建图形”组中“添加形状”的向下箭头，在下拉列表中单击“在前面添加形状”，然后再次单击“添加形状”的向下箭头，在下拉列表中单击“在下方添加形状”命令。

步骤 4：参照“流程图示例：”将前 3 个形状中多余的一个“文本”删除。

步骤 5：参照“流程图示例：”将文档中的蓝色文字依次复制到相应的流程图的相应位置。

步骤 6：选中分段流程图，单击“SmartArt 工具/设计”选项卡“SmartArt 样式”组中“更改颜色”的向下箭头，在下拉列表中选择一个合适的彩色分类（例如彩色-强调文字颜色）。

步骤 7：单击“SmartArt 工具/设计”选项卡“SmartArt 样式”组中的“其他”启动器，在下拉列表中选择一个合适的样式（例如三维立体中的“优雅”样式）。

步骤 8：适当调整分段流程图高度，选中“流程图实例：”图片并删除。

⑤**步骤 1**：选中文中附件 1 的标题文字“1.北京市注册会计专业技术中、高级资格考试报名条件”并右击，在弹出的快捷菜单中选择“超链接”命令，打开“插入超链接”对话框，在“查找范围”中找到并选中考生文件夹中的“附件 1：北京市注册会计专业技术中、高级资格考试报名条件.docx”文件，单击“确定”按钮。

步骤 2：选中文中附件 2 的标题文字“2.北京市注册会计专业技术中、高级资格考试现场审核地点”并右击，在弹出的快捷菜单中选择“超链接”命令，打开“插入超链接”对话框，在“查找范围”中找到并选中考生文件夹中的“附件 2：北京市注册会计专业技术中、高级资格考试现场审核地点.docx”文件，单击“确定”按钮。

步骤 3：单击“页面布局”选项卡“主题”组中的“主题颜色”按钮，并在打开的主题颜色列表中选择“新建主题颜色”命令。

步骤 4：在打开的“新建主题颜色”对话框中，单击“超链接”后面的下拉三角按钮，在颜色面板中选择标准紫色。然后单击“已访问的超链接”后面的下拉三角按钮，在颜色面板中选择标准红色。完成设置后单击“保存”按钮。

⑥**步骤 1**：选中文档中最后一栏文字“在此链接准考证”，单击“插入”选项卡“文本”组中的“对象”按钮，打开“对象”对话框。

步骤 2：在其中单击“由文件创建”选项卡，单击“浏览”按钮，打开“浏览”对话框。找到考生文件夹下的“个人准考证.docx”，单击“插入”按钮。

步骤 3：勾选“链接到文件”和“显示为图标”两个复选框，单击“确定”按钮。

步骤 4：删除“在此链接准考证”文字。

保存并关闭 Word.docx 文档。

应用案例四　论文排版

某编辑部收到了一篇科技论文的译文审校稿，并希望将其发表在内部刊物上。现需要根据专家意见进行文档修订与排版，具体要求如下：

（1）在考生文件夹下，为“Word 素材.docx”文件中的全部译文内容创建一个名为Word.docx 的文件（“.docx”为文件扩展名），并保留原素材文档中的所有译文内容、格式设置、修订批注等，后续操作均基于此文件，否则不得分。

（2）设置文档的标题为“语义网格的研究现状与展望”。

（3）设置文档的纸张大小为“信纸”（宽 27.94cm×高 21.59cm），纸张方向为“纵向”，页码范围为多页的“对称页边距”；设置上、下页边距均为 2 厘米，内侧页边距为 2 厘米，外侧页边距为 2.5 厘米，页眉和页脚距边界均为 1.2 厘米；设置仅指定文档行网格，每页 41 行。

（4）删除文档中所有空行和以黄色突出显示的注释性文字，将文档中所有标记为红色字体的文字修改为黑色。

（5）根据文档批注中指出的引注缺失或引注错误修订文档，并确保文档中所有引注的方括号均为半角的“[]”，修订结束后将文档中的批注全部删除。

（6）将文档中“关键词”段落之后的所有段落分为两栏，栏间距为 2 字符，并带有分隔线。

（7）设置文档中的紫色字体文本为论文标题，作者行为副标题，黄色字体文本为节标题，绿色字体文本为小节标题，蓝色字体文本为原文引用内容。依据文章层次，将节标题和小节标题设置为对应的多级标题编号（例如第 4 节的编号为 4，第 4 节第 2 小节的编号为 4.2）。上述各部分格式设置如表 2-2 和表 2-3 所示。

表 2-2 格式设置

内容	大纲级别	字体	字形	字号
论文标题	1 级（样式：标题）	宋体（中文） Cambria(西文)	加粗	四号
副标题	正文文本	微软雅黑(中文) Cambria(西文)	常规	五号
节标题	1 级（样式：标题 1）	微软雅黑（中文） Cambria(西文)	加粗	小四
小节标题	2 级（样式：标题 2）	楷体（中文） Cambria(西文)	加粗	五号

表 2-3 格式设置

内容	字体颜色	对齐方式	段落缩进	段落间距
论文标题	黑色	居中对齐	无	段前 0.5 行 段后 0.5 行
副标题	黑色	居中对齐	无	
节标题	黑色	左对齐	无	段前 0.5 行 段后 0.5 行
小节标题	黑色	左对齐	无	段前 0.2 行 段后 0.2 行
原文引用	黑色	两端对齐	首行缩进 2 字符 左侧 0.2 厘米 右侧 0.2 厘米	段前 0.2 行 段后 0.2 行

（8）依据表 2-4 所示，设置文档中的摘要部分和关键词部分的段落格式。

表 2-4　段落格式

内容	大纲级别	字号	字体颜色	对齐方式	段落缩进
摘要	正文文本	五号	黑色	两端对齐	无
关键词	正文文本	五号	黑色	两端对齐	无

（9）该文档的起始页码为 19。设置文档奇数页页眉内容包含文档标题和页码，之间用空格隔开，如“语义网格的研究现状与展望 19”；偶数页页眉内容为页码和“前沿技术”，之间用空格隔开，如“20 前沿技术”；页眉的格式设置如表 2-5 所示。

表 2-5　页眉的格式设置

内容	大纲级别	字体	字形	字号
页眉	正文文本	仿宋(中文) Times New Roman (西文)	常规	小五
内容	字体颜色	对齐方式	段落缩进	
页眉	黑色	奇数页右对齐 偶数页左对齐	无	

（10）调整文档中插图的宽度略小于段落宽度，插图图注与正文中对应的“图 1，图 2，……”建立引用关系；参考文献列表编号与论文中对应的图注建立引用关系（仅建立前 10 篇参考文献的引用关系）；图注和参考文献的格式设置如表 2-6 所示。

表 2-6　图注和参考文献的格式设置

内容	大纲级别	字体	字形	字号
图注	正文文本	宋体（中文） Times New Roman (西文)	常规	小五
参考文献列表	正文文本	宋体（中文） Times New Roman (西文)	常规	小五
内容	字体颜色	对齐方式	段落缩进	段落间距
图注	黑色	居中对齐	无	段前 0 行 段后 0.2 行
参考文献列表	黑色	两端对齐	无	

（11）设置文档中的其他文字内容段落为正文格式，格式设置如表 2-7 所示。

表 2-7　格式设置

内容	大纲级别	字体	字形	字号
正文	正文文本	宋体（中文） Times New Roman (西文)	常规	五号
内容	字体颜色	对齐方式	段落缩进	段落间距
正文	黑色	两端对齐	首行缩进 2 字符	段前 0 行 段后 0 行

（12）将第 7 节中 10 个研究方向的名称设置为小节标题，编号为多级编号对应的自动编号，“：”后面的内容仍保持正文格式，并将“：”删除。

操作解析：

（1）的考核要点：

步骤 1：在考生文件夹中打开“Word 素材.docx”文件，然后单击“文件”选项卡中的“另存为”按钮，将“文件名”文本框中的“Word 素材”修改成 Word，然后单击“确定”按钮。注意不用添加文件后缀“.docx”。

步骤 2：选中第一列单元格并右击，在弹出的快捷菜单中选择“删除列”命令。

步骤 3：选中整个表格，单击“布局”选项卡“数据”组中的“转换为文本”按钮，打开“表格转换成文本”对话框。

步骤 4：单击“文字分隔符”中的“段落标记”选项卡，选中“转换嵌套表格”复选框，单击“确定”按钮。

（2）的考核要点：

步骤 1：单击“文件”选项卡“信息”组“属性”的下拉按钮，在下拉列表中选择“高级属性”命令，打开“Word.docx 属性”对话框。

步骤 2：单击“摘要”选项卡，将“标题”内容改为“语义网格的研究现状与展望”，单击“确定”按钮。

（3）的考核要点：

步骤 1：单击“页面布局”选项卡“页面设置”组中的对话框启动器，打开“页面设置”对话框。

步骤 2：单击“纸张”选项卡，设置宽度为“27.94 厘米”，高度为“21.59 厘米”。

步骤 3：单击“页边距”选项卡，选中“纸张方向”中的“纵向”，设置页码范围为“对称页边距”，设置上、下页边距为“2 厘米”，内侧页边距为“2 厘米”，外侧页边距为“2.5 厘米”。

步骤 4：单击“版式”选项卡，设置距边界中的页眉和页脚均为“1.2 厘米”。

步骤 5：单击“文档网格”选项卡，选中网格中的“只指定行网格”按钮，行数中的每页设置为“41”行，单击“确定”按钮。

（4）的考核要点：

步骤 1：按 Ctrl+H 组合键将查找内容中的内容删除，单击“格式”下拉列表中的“突出显示”命令，删除“替换为”中的内容，单击“全部替换”按钮，再单击“确定”按钮。

步骤 2：将光标定位在“查找内容”文本框中，单击“特殊格式”下拉列表中的“段落标记”命令，再次单击“特殊格式”下拉列表中的“段落标记”命令。

步骤 3：将光标定位在“替换为”文本框中，单击“特殊格式”下拉列表中的“段落标记”命令。

步骤 4：单击“全部替换”按钮，再单击“全是”按钮，最后单击“关闭”按钮。

步骤 5：连续多次单击“全部替换”按钮，直到替换数字为 0 结束。

步骤 6：将光标定位于“查找内容”文本框中，单击“不限定格式”按钮，单击“格式”下拉列表中的“字体”命令，打开“字体”对话框，将“字体”选项卡中的“字体颜色”设置为标准色中的“红色”，单击“确定”按钮。

步骤 7：将光标定位于"替换为"文本框中，单击"格式"下拉列表中的"字体"命令，打开"字体"对话框，将"字体"选项卡中的"字体颜色"设置为标准色中的"黑色"，单击"确定"按钮。

步骤 8：单击"全部替换"按钮，再单击"确定"按钮，最后单击"关闭"按钮。

（5）的考核要点：

步骤 1：单击"审阅"选项卡"批注"组中的"下一条"按钮，找到第一条批注，将引注改成"[2]"。

步骤 2：单击"下一条"找到第 2 条批注，在文字"交互方法中"后面插入引注"[16]"。

步骤 3：单击"下一条"找到第 3 条批注，在文字"语义网描述"后面插入引注"[25]"。

步骤 4：单击"下一条"找到第 4 条批注，在文字"项目"后面插入引注"[37]"。

步骤 5：单击"审阅"选项卡"批注"组中"删除"的下拉按钮，在下拉列表中单击"删除文档中的所有批注"命令。

步骤 6：按 Ctrl+H 组合键，在"查找内容"文本框中输入全角中括号"［"，在"替换为"文本框中输入半角中括号"["，单击"全部替换"按钮，再单击"全是"按钮，最后单击"关闭"按钮。

步骤 7：在"查找内容"文本框中输入全角中括号"］"，在"替换为"文本框中输入半角中括号"]"，单击"全部替换"按钮，再单击"全是"按钮，最后单击"关闭"按钮。

（6）的考核要点：

步骤 1：选中"关键词"段落之后的所有段落，单击"页面布局"选项卡"页面设置"组中"分栏"的下拉按钮，在下拉列表中单击"更多分栏"命令，打开"分栏"对话框。

步骤 2：选中"预设"中的"两栏"和"分隔线"复选框，将间距设置为"2 字符"，单击"确定"按钮。

（7）的考核要点：

①**步骤 1**：选中紫色字文本"语义网格的研究现状与展望"，选中"开始"选项卡"样式"组中快速样式中的"标题"样式。

步骤 2：单击"开始"选项卡"字体"组中的对话框启动器，打开"字体"对话框，在"字体"选项卡中设置中文字体为"宋体"，西文字体为 Cambria，设置字形为"加粗"，字号为"四号"，颜色为"黑色"，单击"确定"按钮。

步骤 3：单击"开始"选项卡"段落"分组中的对话框启动器，打开"段落"对话框，在"缩进和间距"选项卡中设置对齐方式为"居中"，大纲级别为"1 级"，设置段前和段后间距为"0.5 行"。

②**步骤 1**：选中作者文字，选中"开始"选项卡"样式"组中快速样式中的"副标题"样式。

步骤 2：单击"开始"选项卡"字体"组中的对话框启动器，打开"字体"对话框，在"字体"选项卡中设置中文字体为"微软雅黑"，西文字体为 Cambria，设置字形为"常规"字号为"五号"，字体颜色为"黑色"，单击"确定"按钮。

步骤 3：单击"开始"选项卡"段落"组中的对话框启动器，在"缩进和间距"选项卡中设置对齐方式为"居中"，大纲级别为"正文文本"。

③**步骤 1**：选中一组黄色文字，单击"开始"选项卡"编辑"组中"选择"的下拉按钮，在下拉列表中选择"选择格式相似的文本"命令，选中所有黄色文字。

步骤 2：选中“开始”选项卡“样式”组中快速样式中的“标题 1”样式。

步骤 3：单击“开始”选项卡“字体”组中的对话框启动器，打开“字体”对话框，在“字体”选项卡中设置中文字体为“微软雅黑”，西文字体为 Cambria，设置字形为“加粗”字号为“小四”，字体颜色为“黑色”，单击“确定”按钮。

步骤 4：单击“开始”选项卡“段落”组中的对话框启动器，打开“段落”对话框，在“缩进和间距”选项卡中设置对齐方式为“左对齐”，大纲级别为“1 级”，设置段前和段后间距为“0.5 行”。

④**步骤 1**：选中一组绿色文字，单击“开始”选项卡“编辑”组中“选择”的下拉按钮，在下拉列表中选择“选择格式相似的文本”命令，选中所有绿色文字。

步骤 2：单击“开始”选项卡“样式”组中的对话框启动器，打开“样式”对话框，单击“选项”按钮，打开“样式窗格选项”对话框。

步骤 3：在选择要显示的样式中选中“所有样式”，单击“确定”按钮，此时在“样式”对话框中会显示所有样式，选中“标题 2”样式，关闭“样式”对话框。

步骤 4：单击“开始”选项卡“字体”组中的对话框启动器，打开“字体”对话框，在“字体”选项卡中设置中文字体为“微软雅黑”，西文字体为 Cambria，设置字形为“加粗”，字号为“五号”，字体颜色为“黑色”，单击“确定”按钮。

步骤 5：单击“开始”选项卡“段落”组中的对话框启动器，打开“段落”对话框，在“缩进和间距”选项卡中设置对齐方式为“左对齐”，大纲级别为“2 级”，设置段前和段后间距为“0.2 行”。

注意，这个方法在本文档中只会选中第 4 节及之前的和第 5 节及之后的，要再次使用上述操作过程进行设置。

⑤**步骤 1**：选中原文引用部分文字（注：3 段蓝色文字）。

步骤 2：单击“开始”选项卡“字体”组中的对话框启动器，打开“字体”对话框，在“字体”选项卡中设置中文字体为“仿宋”，西文字体为 Times New Roman，设置字形为“常规”，字号为“小五”，字体颜色为“黑色”，单击“确定”按钮。

步骤 3：单击“开始”选项卡“段落”组中的对话框启动器，打开“段落”对话框，在“缩进和间距”选项卡中设置对齐方式为“两端对齐”，大纲级别为“正文文本”，设置特殊格式为“首行缩进”，设置左、右侧缩进均为“0.2 厘米”，设置段前、段后间距均为“0.2 行”。

⑥**步骤 1**：将光标定位于一个节标题段落，单击“开始”选项卡“段落”组中“多级列表”的下拉按钮，在下拉列表中选中“定义新的多级列表”打开“定义新多级列表”对话框。

步骤 2：单击“更多”按钮，在“要修改的级别”中选中“1”，在“将级别连接到样式”中选中“标题 1”，在“要在库中显示的级别”中选中“级别 1”，设置文本缩进为“0 厘米”。

步骤 3：在“要修改的级别”中选中“2”，在“将级别连接到样式”中选中“标题 2”，在“要在库中显示的级别”中选中“级别 2”，设置文本缩进为“0 厘米”，设置对齐位置为“0 厘米”；在单击要修改的级别中选中“1”，在“要在库中显示的级别”中选中“级别 1”，单击“确定”按钮。

步骤 4：按 Ctrl+H 组合键打开“查找和替换”对话框，将光标定位于“查找内容”文本框中，单击“格式”下拉列表中的“样式”，打开“查找样式”对话框，选中“标题 1”样式，单击“确定”按钮。

步骤 5：单击"特殊格式"下拉列表中的"任意数字"命令，在插入的任意数字符号"^#"之后输入一个空格。

步骤 6：单击"全部替换"按钮，在弹出的对话框中单击"确定"按钮。

步骤 7：将光标定位于"查找内容"文本框中，单击"格式"下拉列表中的样式，打开"查找样式"对话框，选中"标题 2"样式，单击"确定"按钮。

步骤 8：在插入的任意数字符号"^#"之后输入"."，单击"特殊格式"下拉列表中的"任意数字"命令，在插入的任意数字符号"^#"之后输入一个空格，此时输入框中变成"^#.^#"。

步骤 9：单击"全部替换"按钮，在弹出的对话框中单击"确定"按钮。单击"关闭"按钮关闭对话框。

（8）的考核要点：

①**步骤 1**：选中文中的"摘要"段落，单击"开始"选项卡"字体"组中"字号"的下拉按钮，设置字号为"五号"，单击"字体颜色"的下拉按钮，设置颜色为"黑色"。

步骤 2：单击"开始"选项卡"段落"组中的对话框启动器，打开"段落"对话框，在"缩进和间距"选项卡中设置对齐方式为"两端对齐"，大纲级别为"正文文本"，单击"确定"按钮。

②**步骤 1**：选中文中的"关键字"段落，单击"开始"选项卡"字体"组中"字号"的下拉按钮，设置字号为"五号"，单击"字体颜色"下拉按钮，设置颜色为"黑色"。

步骤 2：单击"开始"选项卡"段落"组中的对话框启动器，打开"段落"对话框，在"缩进和间距"选项卡中设置对齐方式为"两端对齐"，大纲级别为"正文文本"，单击"确定"按钮。

（9）的考核要点：

①**步骤 1**：单击"插入"选项卡"页眉和页脚"组中"页眉"的下拉按钮，在下拉列表中单击"空白"页眉。

步骤 2：删除页眉中的对象空间，然后单击"页眉和页脚"组中"页码"的下拉按钮，在下拉列表中选择"当前位置"中的"普通数字 1"页码。

步骤 3：单击"页码"下拉列表中的"设置页码格式"命令，打开"页码格式"对话框，在"页码编号"中选中"起始页码"，设置起始页码为 19，单击"确定"按钮。

步骤 4：将光标定位于页码前面，按空格键，再将光标定位于空格前面，单击"设计"选项卡"插入"组中"文档部件"的下拉按钮，在下拉列表中单击"文档属性"级联菜单中的"标题"命令。

步骤 5：选中页眉内容，单击"开始"选项卡"字体"组中的对话框启动器，打开"字体"对话框，设置中文字体为"仿宋"，西文字体为 Times New Roman，设置字形为"常规"，字号为"小五"，字体颜色为"黑色"，单击"确定"按钮。

步骤 6：单击"段落"组中的"右对齐"按钮。

②**步骤 1**：选中"设计"选项卡"选项"组中的"奇偶页不同"复选框。

步骤 2：将光标定位于偶数页页眉中，单击"页眉和页脚"组中"页码"的下拉按钮，在下拉列表中选择"当前位置"中的"普通数字 1"页码。

步骤 3：将光标定位于页码之后，按空格键键，再输入内容"前沿技术"。

步骤 4：选中页眉内容，单击"开始"选项卡"字体"组中的对话框启动器，打开"字体"

对话框，设置中文字体为“仿宋”，西文字体为 Times New Roman，设置字形为“常规”，字号为“小五”，字体颜色为“黑色”，单击“确定”按钮。

步骤 5：单击“段落”组中的“左对齐”按钮，单击“设计”选项卡“关闭”组中的“关闭页眉和页脚”按钮。

（10）的考核要点：

①**步骤 1**：选中文档中的图 1 插图，然后拖动图片对角线进行缩放，将图片缩放到合适大小，采用同样方法设置其他 3 张图片。

步骤 2：选中 5.3 节上方的图注内容中的“图 1”并删除，单击“引用”选项卡“题注”组中的“插入题注”按钮，打开“题注”对话框。

步骤 3：单击“新建标签”按钮，打开“新建标签”对话框，在“标签”文本框中输入“图”，单击“确定”按钮，单击“题注”对话框中的“确定”按钮。

步骤 4：选中新插入的图注“图 1”，按<Ctrl+C>组合键复制，找到图 2 位置并选中图注中的“图 2”，按 Ctrl+V 组合键粘贴，在新粘贴的图注上右击，在弹出的快捷菜单中选择“更新域”命令，此时粘贴的图注自动变成“图 2”。

步骤 5：重复步骤 4，为图 3 和图 4 添加图注。

步骤 6：选中图 1 上方段落中的“图 1”并删除，单击“引用”选项卡“题注”组中的“交叉引用”按钮，打开“交叉引用”对话框，在引用类型中选中“图”，在引用内容中选中“只有标签和编号”，在“引用哪一个题注”中选中“图 1.CoAKTinG 中结构与细节的关系”，单击“插入”按钮。

步骤 7：同理为其他 3 张图插入交叉引用。

步骤 8：选中图 1 图注，单击“开始”选项卡“字体”组中的对话框启动器，打开“字体”对话框，在“字体”选项卡中，设置中文字体为“宋体”，西文字体为 Times New Roman，设置字形为“常规”，字号为“小五”，字体颜色为“黑色”，单击“确定”按钮。

步骤 9：单击“开始”选项卡“段落”组中的对话框启动器，在“缩进和间距”中设置对齐方式为“居中”，大纲级别为“正文文本”，设置段前和段后间距均为“0.2 行”，单击“确定”按钮。

②**步骤 1**：选中参考文献中的所有内容，单击“开始”选项卡“段落”组中“编号”的下拉按钮，在下拉列表中选中“[1]”编号格式。

步骤 2：按 Ctrl+H 组合键打开“查找和替换”对话框，在“查找内容”文本框中输入“[]”，将光标定位于中括号之间，单击“特殊格式”下拉列表中的“任意数字”，此时查找内容为“[^#]”，单击搜索中的“向下”按钮，将光标定位于“参考文献”标题后方，单击“替换”按钮，逐个替换。

步骤 3：替换到“[9]”之后，将“查找内容”修改为“[^#^#]”，继续单击“替换”按钮，直到替换了所有文献中的原始编号。

步骤 4：找到文档中的“[1]”（将光标定位于文档开始位置，按 Ctrl+F 组合键，在“查找”文本框中输入“[1]”，按回车键）。

步骤 5：选中找到的“[1]”，单击“引用”选项卡“题注”组中的“交叉引用”按钮打开“交叉引用”对话框，在“引用类型“中选中“编号项”，在“引用内容“中选中“段落编号”，在“引用哪一个编号项”中选中“[1]…”，单击“插入”按钮。

步骤 6：采用同样的方法，为[2]~[10]引注建立引用关系。

步骤 7：选中参考文献内容，单击“开始”选项卡“字体”组中的对话框启动器，打开“字体”对话框，在“字体”选项卡中，设置中文字体为“宋体”，西文字体为 Times New Roman，设置字形为“常规”，字号为“小五”，字体颜色为“黑色”，单击“确定”按钮。

步骤 8：单击“开始”选项卡“段落”组中的对话框启动器，打开“段落”对话框，在“缩进和间距”中设置对齐方式为“两端对齐”,大纲级别为“正文文本”，单击“确定”按钮。

（11）的考核要点：

步骤 1：将光标定位在任意一正文段落中，单击“开始”选项卡“编辑”组中“选择”的下拉按钮，在下拉列表中选中“选择格式相似的文本”。

步骤 2：单击“开始”选项卡“字体”组中的对话框启动器，打开“字体”对话框，设置中文字体为“宋体”，西文字体为 Times New Roman，设置字形为“常规”，字号为“五号”，字体颜色为“黑色”，单击“确定”按钮。

步骤 3：单击“开始”选项卡“段落”组中的对话框启动器，打开“段落”对话框，设置对齐方式为“两端对齐”，大纲级别为“正文文本”，设置“特殊格式”为“首行缩进”“2 字符”，设置段前和段后间距为 0，单击“确定”按钮。

（12）的考核要点：

步骤 1：将光标定位于第 7 节中的“1)虚拟组织的自动生成和管理：”后面，然后按回车键，删除前面的“1)”和后面的“：”。

步骤 2：采用同样的方法将其他 9 段小节标题分成独立段。

步骤 3：选中第 5 节中的一个小节标题，双击“开始”选项卡“字体”组中的格式刷。

步骤 4：在新分成的段落上单击鼠标左键，即可将这些段落设置为小节标题并自动设置为多级编号。

保存并关闭 Word.docx 文档。

第3章　Excel 电子表格应用

Excel 2010 是目前应用最广泛的电子表格处理程序。Excel 功能强大，使用起来方便灵活，可以用来制作电子表格，完成复杂的数据运算，进行数据分析和预测。Excel 还提供了强大的函数库，具有强大的数据组织、计算和分析统计功能，可通过图表、图形、透视表等多种形式显示处理结果。同时，它还可以与 Office 的其他组件相互调用，实现数据共享。

3.1　Excel 的基本操作

- 熟练掌握工作簿的新建、打开、保存、另存为、关闭等基本操作。
- 熟练掌握工作表的插入、删除、移动、复制、重命名等操作。
- 熟练掌握工作表中的数据输入、数据有效性的设置、外部数据导入、单元格格式设置、工作表表格样式设置、条件格式的设置等操作。

现在需要将每位学生的基本信息情况利用 Excel 建立一个学生信息表，如图 3-1 所示，便于后期的管理。

A	B	C	D	E	F	G
学号	姓名	性别	民族	家庭地址	身份证号	生源地
20180101	梁吉	女	汉族	湖南省长沙市	888888199110290001	湖南
20180102	韦彪	女	汉族	湖南省常德市	888888199206250006	湖南
20180103	黄福	女	汉族	湖南娄底市娄	888888198911130007	湖南
20180104	廖丽丹	女	汉族	湖南省永州市	888888199207050008	湖南
20180105	黄金逢	男	汉族	湖南省永州市	888888199011090018	湖南
20180106	覃海达	男	土家族	湖南省怀化市	888888199004260019	湖南
20180107	罗胜茂	女	苗族	湖南省湘维有	888888199202110020	湖南
20180108	莫彩小	女	汉族	湖南省怀化市	888888199103300021	湖南
20180201	黄康	女	满族	河北承德平泉	888888199103170022	河北
20180202	黄彩玉	女	满族	河北秦皇岛青	888888199104170028	河北
20180203	黄日用	女	汉族	江西省宜春市	888888199203110043	江西

图 3-1　学生信息表

主要完成以下几方面的工作：

（1）了解 Excel 2010 窗口的组成。

（2）完成 Excel 2010 工作簿及工作表的相关操作。

（3）了解 Excel 中数据的分类并完成不同类型数据的输入。

（4）完成 Excel 中数据的快速输入及数据有效性的设置。

（5）完成 Excel 表格中的格式设置。

3.1.1　Excel 2010 窗口的组成

当初次启动 Excel 时，系统会自动打开一个空白的工作簿，如图 3-2 所示。窗口由快速访问工具栏、标题栏、选项卡、名称框、编辑栏、列标签、行标签、工作区、工作表标签、滚动条等部分组成。

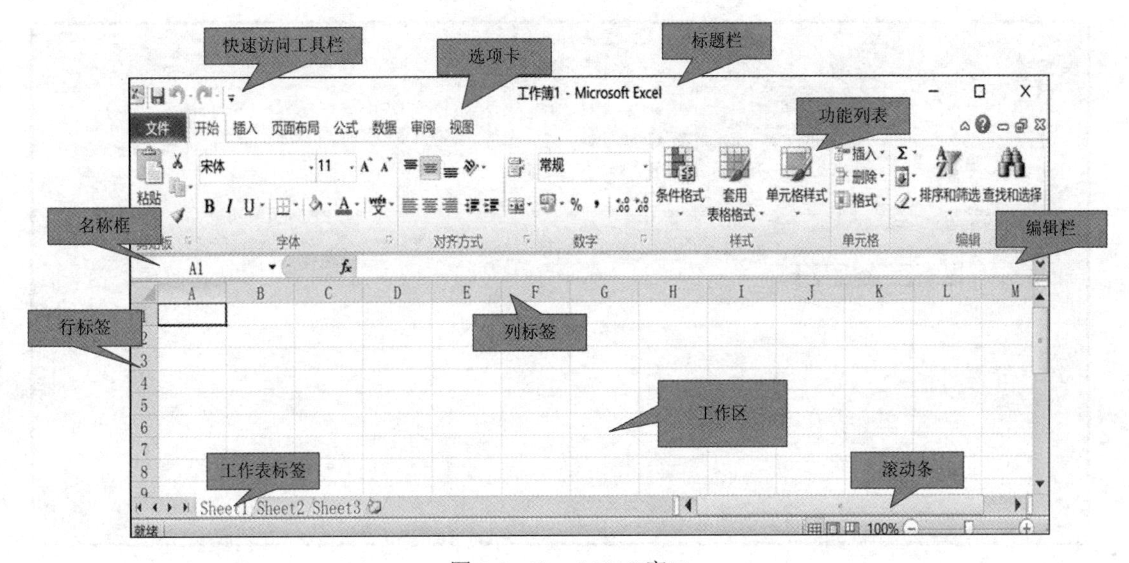

图 3-2　Excel 2010 窗口

Excel 窗口界面与 Word 窗口界面的风格一致，但也有其自身独有的元素，如工作簿、工作表、名称框、编辑栏、单元格等。

1. 工作簿

当 Excel 启动时会自动创建一个工作簿，工作簿可以由一个或多个工作表组成，默认情况下，一个工作簿包含三个工作表，分别命名为 Sheet1、Sheet2 和 Sheet3。工作簿中可以通过点击工作表标签来完成工作表之间的切换，也可通过右击工作表标签实现工作表的创建、移动、复制、删除、重命名等操作。

2. 工作表

工作表是 Excel 完成工作的基本单位，由行号、列号和网格线组成。行号从上至下按数字 1～1048576 进行编号，列号从左至右由字母 A～XFD 进行编号。Excel 是通过工作表对数据进行处理和分析的，它可以在一张工作表中对来自不同工作表的数据进行处理，也可以同时处理不同工作表中的数据。

3. 单元格

单元格是工作表的最小单位，也是存储数据的基本单位。单元格由列号和行号进行定位标识，例如 A 列第 1 行的单元格用 A1 表示。当单击某个单元格时，该单元格边框呈加粗显示，称该单元格为活动单元格。活动单元格的右下角会出现一个控制句柄，称之为填充柄。当将鼠标移动到填充柄上时，指针变成实心十字状，可拖动填充柄进行数据的填充。

4. 名称框

名称框是 Excel 独有的元素之一，默认情况下，它表示当前所用单元格的行号和列号，即单元格的地址。若选择某个区域时，会显示该区域的第一个单元格地址。也可利用名称框为单元格或单元格区域进行命名，即选择需要命名的单元格或单元格区域后，在名称框里输入名称后回车，则该单元格或单元格区域被命名。再次选择该单元格或单元格区域时，名称框不再显示单元格地址，而是显示所命名的名称，如图 3-3 所示。名称也可以在“公式”选项卡下的名称管理器中进行查看、新建、删除和编辑。

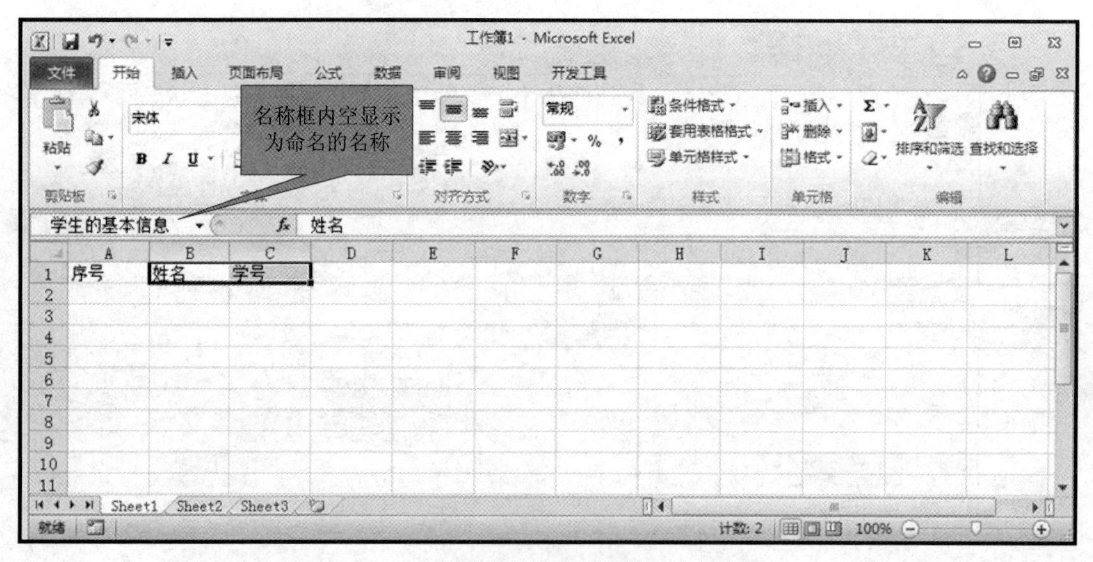

图 3-3　利用名称框为单元格区域命名

5. 编辑栏

编辑栏也是 Excel 独有的元素之一。编辑栏主要用于显示、输入、编辑活动单元格中的数据。对活动单元格进行数据输入时，编辑栏也会同步显示。

3.1.2 工作簿的操作

本案例包括工作簿的创建、打开、保存、关闭及保护操作。

1. 工作簿的创建

一个工作簿就是一个扩展名为.xlsx 的 Excel 文件。默认情况下当 Excel 2010 启动后，系统将自动创建一个新的工作簿并命名为工作簿 1。一个工作簿中可包含若干工作表，默认情况为三个工作表，可选择“文件”选项卡“选项”组中的“常规”命令对默认工作表数目进行修改。

创建一个新的工作簿除利用 Excel 2010 启动后自动创建外，还可以采用其他方法来创建。

（1）使用选项卡。选择“文件”选项卡中的“新建”功能可以创建新的工作簿。在“新建”功能中可以创建空白工作簿，也可根据内容需求选择相应的模板来创建。

（2）使用快速访问工具栏。单击快速访问工具栏边上的下拉按钮，在出现的下拉菜单中选择“新建”命令，可将“新建”命令添加至快速访问工具栏中，单击该按钮也可完成工作簿的创建。

（3）组合键。直接按组合键 Ctrl+N 也可创建工作簿。

2. 工作簿的打开、保存和关闭

工作簿的打开、保存和关闭操作都有多种方法来实现，下面仅介绍几种常用的方法。

（1）工作簿的打开。

- 使用选项卡。选择“文件”选项卡中的“打开”功能，在“打开”对话框中找到文件所在的位置，单击“打开”按钮。
- 打开最近使用过的工作簿。选择“文件”选项卡中的“最近所使用”功能，从中选择最近打开过的工作簿。

（2）工作簿的保存。

- 使用选项卡。选择“文件”选项卡中的“保存”功能。
- 使用快速访问工具栏。选择快速访问工具栏中的“保存”按钮。

（3）工作簿的关闭。

- 使用选项卡。选择“文件”选项卡中的“关闭”功能。
- 使用关闭按钮。单击工作簿右上角第二行的“关闭”按钮可关闭当前工作簿。单击工作簿右上角第一行的“关闭”按钮退出整个 Excel 系统。

3. 工作簿的保护

工作簿设置保护，可以防止他人非法打开工作簿或对工作簿内的数据进行编辑修改。

（1）限制打开、修改工作簿。可通过设置限制工作簿的打开、修改权限来实现对工作簿的保护，具体方法为：选择“文件”选项卡中的“另存为”命令，打开“另存为”对话框，单击对话框中的“工具”按钮，选择下拉列表中的“常规选项”选项，在弹出的对话框中设置“打开权限密码”和“修改权限密码”。当密码确认保存生效后，只有输入正确的密码才能打开和修改工作簿。

（2）对工作簿、工作表和窗口的保护。如果要限制对工作表或工作簿窗口的操作，可单击“审阅”选项卡“更改”选项组中的“保护工作簿”按钮，可弹出“保护结构和窗口”对话框。其中“结构”复选框可以保护工作簿的结构不会改变，“窗口”复选框可让工作簿窗口被限制，无法进行移动等操作。

3.1.3 工作表的操作

在 Excel 中，用户最终都是在工作表中对数据进行处理。工作表的基本操作包括工作表的选择、工作表的插入与重命名、工作表的删除、工作表的移动与复制、工作表标签设置与背景设置、工作表的隐藏与恢复、工作表的拆分与冻结等。

1. 工作表的选择

工作表的选择可分为单个工作表的选择和多个工作表的选择，单个工作表可通过直接单击相应的工作表标签来完成选择；多个工作表可在单击第一个工作表后按下 Ctrl 键再单击其他所需选择的工作表标签来完成选择。当完成多个工作表的选择后，工作簿的名字变更为“工作簿[工作组]”，此时在这些工作表中可实现同时输入数据等操作。

2. 工作表的插入与重命名

工作表的插入有多种方法来实现，最简单的方法就是单击工作表标签右侧的“插入工作表”按钮，此时 Excel 会生成一个新工作表。

Excel 中工作表默认的工作表表名以 Sheet1、Sheet2、Sheet3、……的规则进行命名，为了便于对工作表的管理，可对工作表进行重命名操作。右击工作表标签，在弹出的快捷菜单（如图 3-4 所示）中选择“重命名”命令，输入新的工作表名后按 Enter 键。

图 3-4 工作标签快捷菜单

3. 工作表的删除

若需要删除某个工作表时，先选择要删除的工作表，右击该工作表标签，在弹出的快捷菜单中选择“删除”命令。值得注意的是，工作表一但被删除便不能再恢复。

4. 工作表的移动与复制

选择需要移动或复制的工作表，右击该工作表标签，在弹出的快捷菜单中选择“移动或复制”命令，在弹出的“移动或复制工作表”对话框中根据实际需要选择工作簿和工作表，若选择了“建立副本”选项则执行复制操作。

5. 工作表标签设置与背景设置

为了便于管理工作表，除对工作表进行重命名操作外，还可以设置工作表标签颜色：右击工作表标签，在弹出的快捷菜单中选择“工作表标签颜色”命令，在展开的颜色列表中单击一种颜色即可，如图 3-5 所示。

如果需要美化工作表，可对整张工作表进行背景设置：选中需要进行背景设置的工作表，单击“页面布局”选项卡“页面设置”选项组中的“背景”按钮，在弹出的“工作表背景”对话框中可以插入图片作为工作表的背景，如图 3-6 所示。

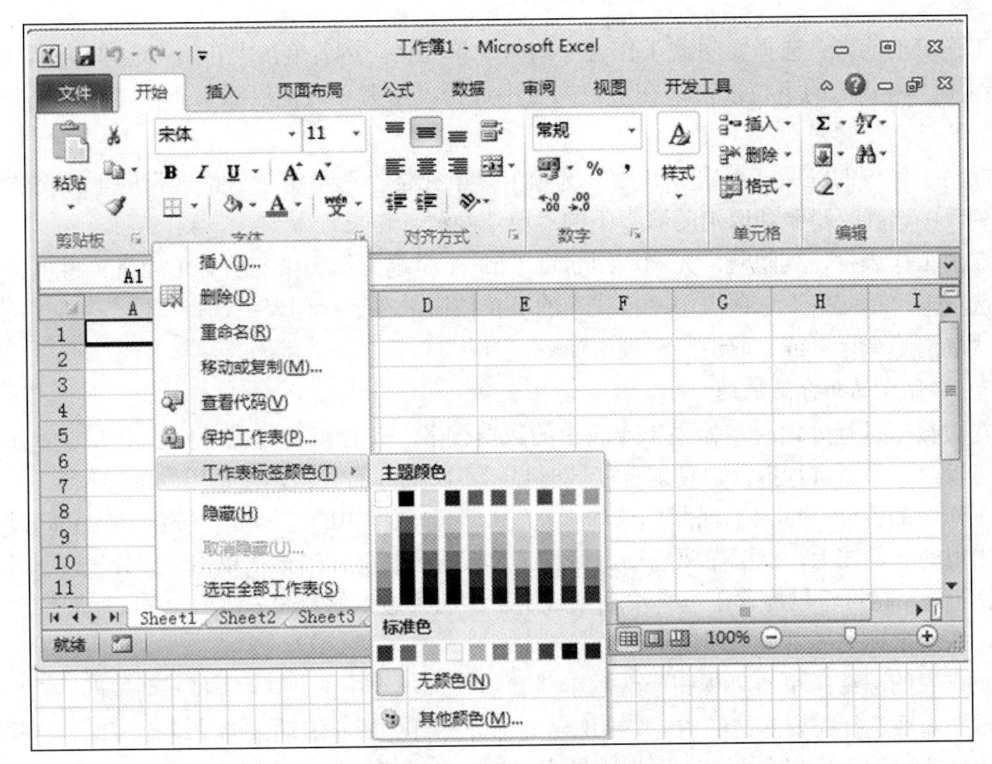

图 3-5　工作表标签颜色设置

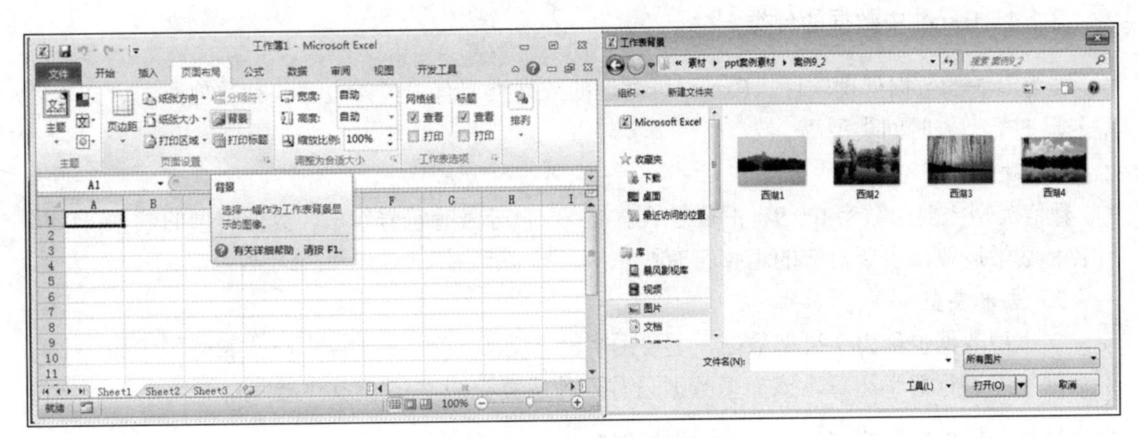

图 3-6　工作表背景设置

6. 工作表的隐藏与恢复

为了在对数据进行处理时避免对固定数据的误操作，保护工作表不被破坏，除了可以设置工作表的保护之外，还可以将工作表设置为隐藏。

工作表的隐藏操作包含了对工作表的行、列及工作表的隐藏。

工作表行的隐藏：选择要隐藏行中的某个单元格，然后单击“开始”选项卡“单元格”选项组中“格式”的下拉按钮，在下拉列表中选择“隐藏和取消隐藏”下的“隐藏行”命令。

工作表列的隐藏：选择要隐藏列中的某个单元格，然后单击“开始”选项卡“单元格”选项组中“格式”的下拉按钮，在下拉列表中选择“隐藏和取消隐藏”下的“隐藏列”命令。

工作表的隐藏：选择要隐藏工作表中的某个单元格，然后单击“开始”选项卡“单元格”选项组中“格式”的下拉按钮，在下拉列表中选择“隐藏和取消隐藏”下的“隐藏工作表”命令。

取消工作表的隐藏：单击“开始”选项卡“单元格”选项组中“格式”的下拉按钮，在下拉列表中选择“隐藏和取消隐藏”下的“取消隐藏工作表”命令。

取消工作表行、列隐藏：先利用组合键 Ctrl+A 全选工作表中的所有单元格，再单击“开始”选项卡“单元格”选项组中“格式”的下拉按钮，在下拉列表中选择“隐藏和取消隐藏”下的“取消隐藏行”或“取消隐藏列”命令。

7. 工作表的拆分与冻结

在对数据进行处理时，如果工作表中的数据较多，并且需要对比工作表中不同部分的数据，可以对工作表进行拆分，使屏幕能同时显示不同部分的数据，便于用户的操作。

工作表的拆分：单击“视图”选项卡“窗口”选项组中的“拆分”按钮，将鼠标置于窗口中出现的分割线上，根据需要拖动鼠标将工作表进行拆分；当再次单击“拆分”按钮时，可以取消拆分。也可将鼠标置于垂直滚动条或水平滚动条边上的▯/▭按钮上，当鼠标形状发生变化时，拖动鼠标也可以将工作表进行拆分。

工作表的冻结：单击“视图”选项卡“窗口”选项组中的“冻结窗口”按钮，在下拉列表中根据需要选择需要冻结的内容。被冻结的部分不再会随着滚动条的滚动而滚动。当再次单击“冻结窗口”下拉列表中的“取消冻结窗口”命令时可取消被冻结的部分。

3.1.4 Excel 中数据的分类

作为专业的数据处理软件，Excel 可处理的数据类型有很多，主要包括数值类型、文本类型、日期类型、时间类型等。

1. 数值类型

数值类型主要由数字 0～9、正负号、小数点、百分号等符号组成，数值类型的数据可以进行各种数学运算，主要对应的运算符有：+、-、*、/等。

2. 文本类型

文本型数据也称为字符型数据，主要由字母、汉字、空格、数字、标点符号等组成。字符型数据不能进行数学运算，该类型数据只有一种运算符即“&”，其主要功能是将字符或字符串进行首位拼接，从而得到一个新的字符串。

3. 日期类型

日期类型数据在 Excel 中以整数形式进行存储，取值范围为 1～2958465，其所对应的日期为 1900 年 1 月 1 日至 9999 年 12 月 31 日。日期型数据可以进行加、减法运算，即两个日期型数据相减，得到一个表示两个日期相差天数的整数；一个日期加上或减去一个整数，得到一个表示若干天后或若干天前的日期。

4. 时间类型

Excel 将时间类型的数据以小数形式进行存储，0 对应 0，1/24 对应 1 时，1/12 对应 2 时，依此类推。时间类型数据的运算与日期类型数据的运算类似。

3.1.5　Excel 中不同类型数据的输入

Excel 中有着丰富的数据类型，各种类型的数据在进行输入时规则也不完全相同。本案例要求完成文本、数据、日期及特殊字符等类型数据的输入。

1. 文本类型数据的输入

文本类型数据的输入一般直接输入，文本型数据输入后默认为“左对齐方式”。当输入的数据长度超出了单元格的宽度时，超出的部分将在相邻的单元格内进行显示，此时内容仍然会存储在当前单元格内。若相邻单元格内已有数据存在，则超出的部分不会被显示，可以在“开始”选项卡中单击“数字”选项组右下角的开启按钮，在弹出的“设置单元格格式”对话框中选择“对齐”选项卡，在“文本控制”中选择“自动换行”选项。

如果输入的文本数据由纯数字组成，如电话号码、学号等，可在输入数据之前输入前导符“'”，则 Excel 会强制将数字转换成文本，例如：'010-8188888。

2. 数值类型数据的输入

在 Excel 中，输入的数值型数据默认为“右对齐”方式，并且单元格的宽度为 11 位。当输入的数值长度超过了 11 位时，系统将以科学记数法显示该数值。若数值长度超过了单元格宽度时，数据将以一串“#”显示，此时可通过改变单元格宽度来显示出全部的数据。

数值类型的数据输入需要注意负数与分数的输入。

负数的输入：可以直接输入负号及数字，也可以用圆括号来现实负数的输入，如（1024）则会显示为-1024。

分数的输入：分数在输入之前需要先输入一个“0”和一个空格，然后再输入分数。如果直接输入分数，系统会将其强制转换成日期型数据，例如输入“0 9/10”系统会显示为“9/10”，如果输入成“9/10”则系统会显示为“9 月 10 日”。

3. 日期时间型数据的输入

日期型数据的输入格式为“年-月-日”，年的取值范围为 1900～9999，月的取值范围为 1～12，日的取值范围为 1～31。如要获取当前系统日期可按 Ctrl+;组合键来实现。

时间型数据的输入格式为“时:分:秒”，系统默认为 24 小时制。若要采用 12 小时制，要在时间输入后输入一个空格以及 AM（代表上午）或 PM（代表下午）。若要获取当前系统时间可按 Ctrl+Shift+;组合键来实现。

4. 特殊符号的输入

一些无法从键盘直接获取的特殊符号可以单击“插入”选项卡“符号”选项组的“符号”按钮，从打开的“符号”对话框中选取所需的符号，再单击“插入”按钮实现输入。

3.1.6　Excel 中数据的快速输入

Excel 主要进行的是数据的处理，本案例需要掌握利用填充柄、数列填充、自定义数列、外部数据导入等快捷方法来提高数据录入的效率。

1. 填充柄的使用

填充柄是 Excel 中最常用的一种快速输入数据的工具，位于当前单元格右下角，将鼠标移至填充柄上时鼠标指针变成实心十字形，此时拖动鼠标可以在连续的单元格中填充相同或是有规律的数据。

2. 相同数据的快速输入

相同数据的快速输入分为连续单元格和非连续单元格两种情况。

（1）连续单元格：在第一个单元各内输入数据后，将填充柄向某个方向拖动。

（2）不连续的单元格：选定需要输入数据的区域，输入数据后按 Ctrl+Enter 组合键可实现在选定区域中输入相同的数据。

3. 等差序列的填充

（1）利用填充柄实现等差序列的填充：在第一个单元格内输入序列的第一个数值，然后在第二个单元格内输入序列的第二个数值，选中这两个单元格后拖动填充柄可实现等差序列的填充。

（2）利用功能对话框实现等差序列的填充：在第一个单元格内输入数据后，单击“开始”选项卡“编辑”选项组中的“填充”按钮，在下拉列表中选择“系列”选项，在打开的“序列”对话框中根据需要进行设置类型、步长值、终止值等参数。

4. 自定义序列

Excel 中内置了一部分的序列，比如“一月、二月、三月……”“日、一、二、三……”等，用户也可以根据自己的需要自定义一些序列。

选择“文件”选项卡中的“选项”命令，在弹出的“Excel 选项”对话框的左侧选择“高级”选项卡，在右侧单击“常规”区域中的“编辑自定义列表”按钮，如图 3-7 所示，在弹出的“自定义序列”对话框（如图 3-8 所示）中进行序列的自定义。

图 3-7 “Excel 选项”对话框

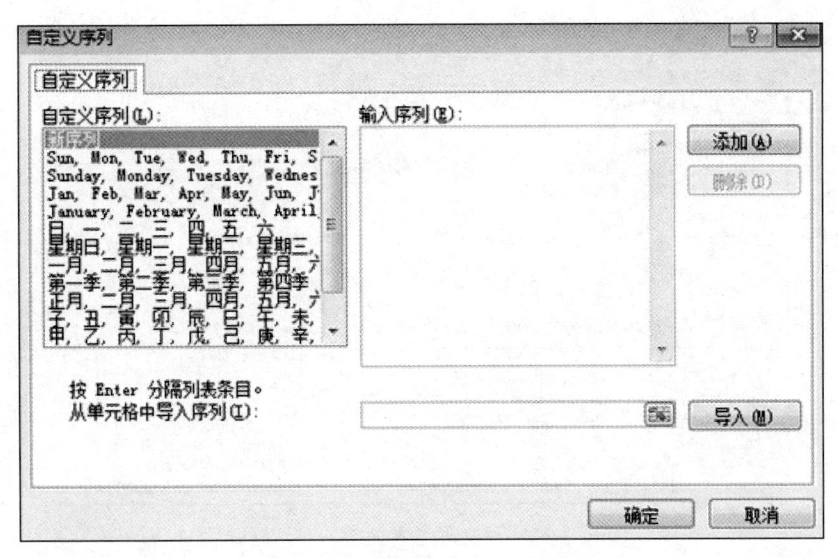

图 3-8　“自定义序列”对话框

5. 外部数据的导入

Excel 中的数据除了可以直接输入外，还可以将外部的数据导入至 Excel 中。外部数据的导入有两种方法：一种是直接利用复制操作；另一种是使用 Excel 所提供的数据导入功能。

Excel 的数据导入功能可以将文本文件、网页文件、Access 数据库等文件中的数据直接导入至 Excel 中，操作方法大同小异，下面以文本文件数据和网页数据的导入为例进行介绍。

（1）文本文件数据导入。

单击“数据”选项卡“获取外部数据”选项组中的“自文本”按钮，弹出“导入文本文件”对话框，如图 3-9 所示。在其中找到需要导入的文本文件后单击“打开”按钮，进入“文本导入向导”，如图 3-10 所示。根据向导提示可设置导入数据的语言、数据分隔符和每列的数据类型，单击“完成”按钮可完成数据的导入。

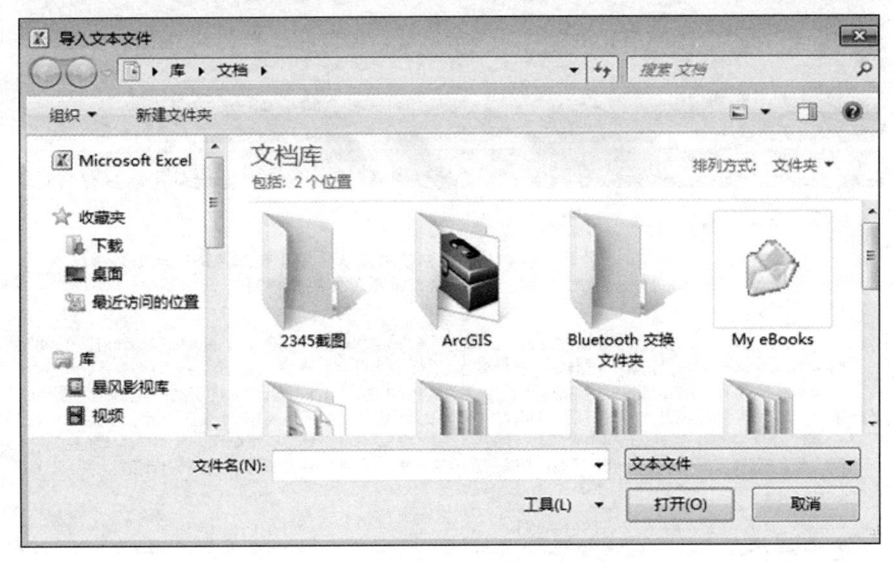

图 3-9　“导入文本文件”对话框

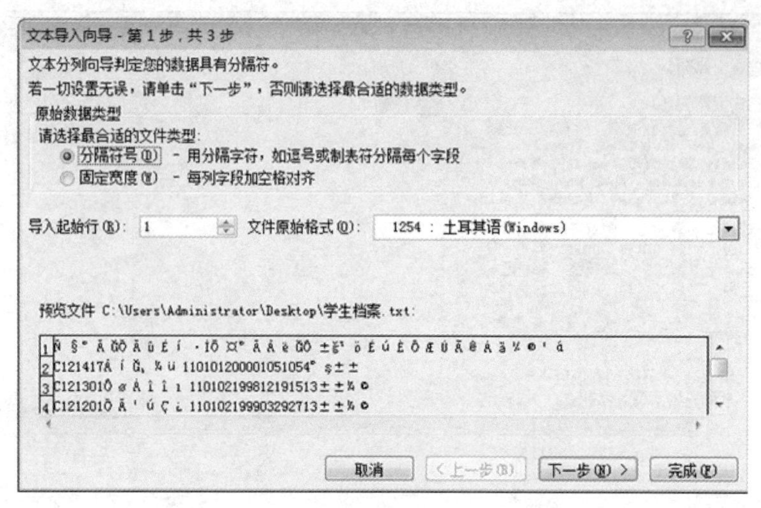

图 3-10 “文本导入向导”对话框

（2）网站数据导入。

首先打开需要导入的网站并复制 URL（网址），然后单击“数据”选项卡“获取外部数据”选项组中的“自网站”按钮，打开“新建 Web 查询”对话框。将事先复制的 URL 粘贴到地址栏中并单击“转到”按钮，对话框会打开 URL 所对应的网站，如图 3-11 所示。网页中左侧所对应范围内的数据都是可以导入至 Excel 中的，单击所需导入数据左侧的按钮，此时变成，其所对应的数据高亮度显示，如图 3-12 所示。单击对话框右下角的“导入”按钮，在弹出的“导入数据”对话框中确定导入数据的起始单元格位置，单击“确定”按钮后可将数据导入至 Excel 中。

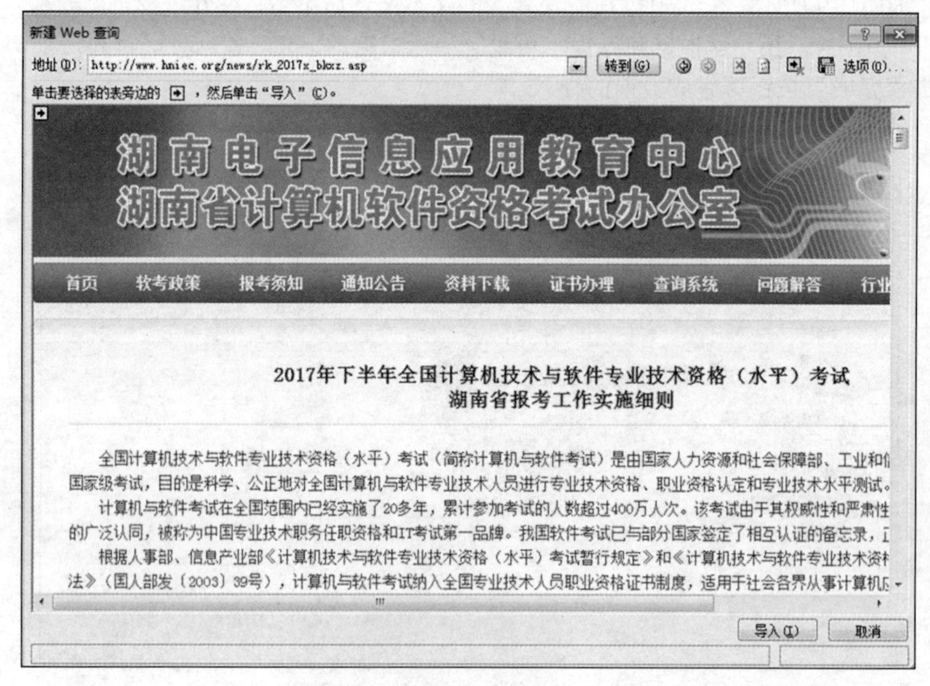

图 3-11 “新建 Web 查询”对话框

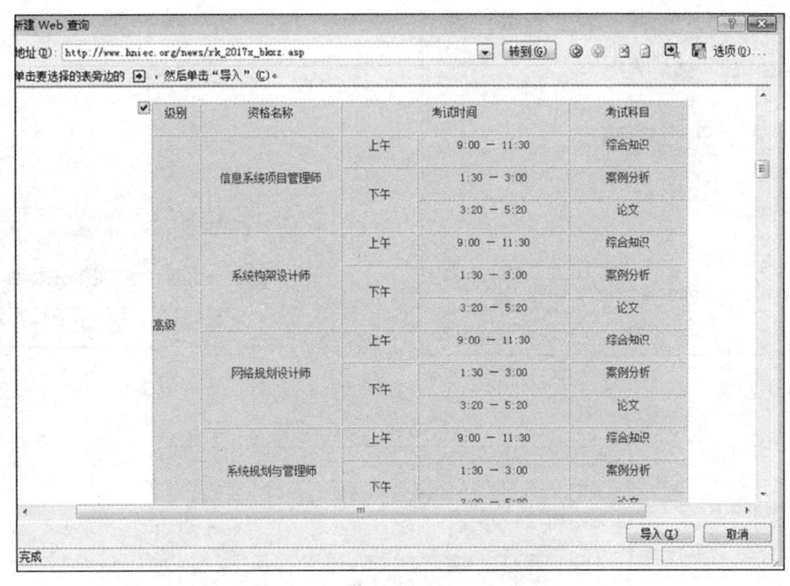

图 3-12　选择所需导入的数据

3.1.7　Excel 中数据有效性设置

为了提高录入数据的工作效率，保证录入数据的正确，Excel 提供了数据的有效性设置。用户可以通过对数据的有效性进行设置来控制单元格中输入数据的类型及取值范围。当输入的数据不满足设置要求时，Excel 会弹出对话框进行提示。

本案例要求掌握利用数据的有效性设置来完成身份证长度的设置和下拉菜单的设置。

（1）利用数据有效性设置身份证的长度。

在数据输入时，如身份证号码、电话号码等数据的长度是规定不可更改的，为了减少输入时的错误，可利用数据有效性功能进行设置。具体步骤如下：首先选择需要进行设置的单元格区域，然后选择“数据”选项卡“数据工具”选项组中的“数据有效性”选项，在下拉列表中选择“数据有效性”命令，弹出“数据有效性”对话框。例如，现在需要对所输入的身份证号码信息进行长度设置。选择对话框中“设置”选项卡中“允许”区域中“文本长度”选项，然后在“数据”下拉列表框中选择“等于”选项，在“长度”栏中输入身份证号码的长度“18”，如图 3-13 所示。同时，为了给用户一个有效信息的提示，可选择“出错警告”选项卡，输入相关的警示信息。单击“确定”按钮即可完成有效性设置。当输入的身份证号码长度不符合要求时，Excel 会自动弹出报错信息，如图 3-14 所示。

（2）利用数据有效性设置制作下拉菜单。

在数据输入时为了防止数据输入错误，如职称、信别、专业等信息，可以提前限定数据的输入范围，在数据输入时，可通过下拉菜单对数据进行选择，从而确保数据的正确性。

首先选择需要进行设置的单元格区域，然后选择“数据”选项卡“数据工具”选项组中的“数据有效性”选项，在下拉列表中选择“数据有效性”命令，弹出“数据有效性”对话框。例如，现在需要对“性别”一栏中的数据限定其数据范围为男和女，则选择对话框中“设置”选项卡“允许”下拉列表框中的“序列”选项，在“来源”栏中输入“男,女”（注意：男与女之间必须采用英文状态下的逗号进行分隔），单击“确定”按钮即可完成有效性设置，如图 3-15 所示。

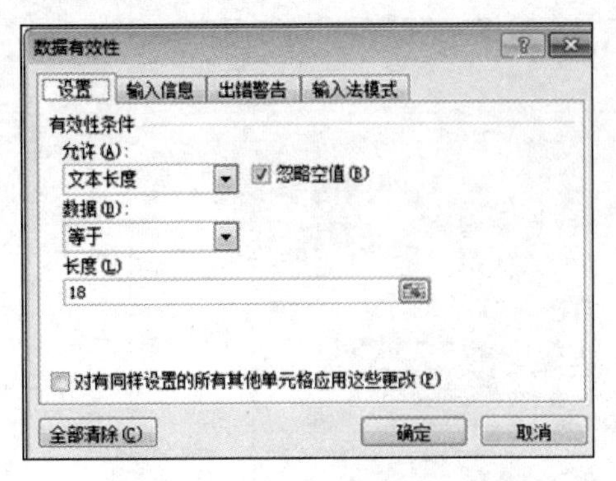

图 3-13 “数据有效性”对话框

图 3-14 报错信息

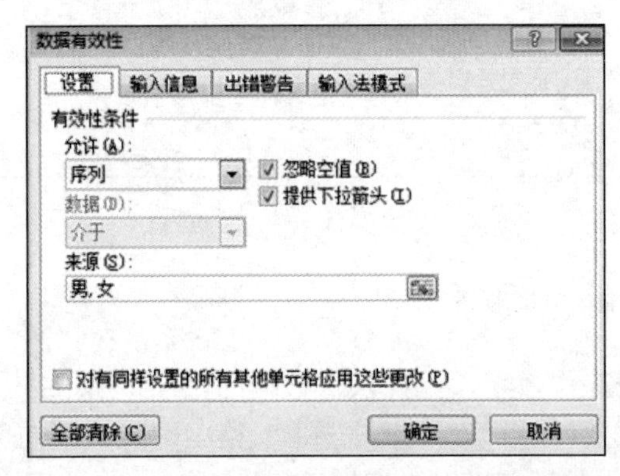

图 3-15 “数据有效性”对话框的“设置”选项卡

当输入性别数据时，会自动出现一个下拉按钮，单击该按钮会发现只有男和女两个数据选项，如图 3-16 所示。当用户输入其他数据选择时，Excel 会自动给出错误信息，如图 3-17 所示。

	A	B	C	D	E	F
1	学号	性别	姓名	民族	家庭地址	身份证号
4	18322103		黄福	汉族	湖南娄底市娄	888888199911130007
5	18322104	男	丽丹	汉族	湖南省永州市	888888200007050008
6	18322105	女	黄金逢	汉族	湖南省永州市	888888199811090018
7	18322106		覃海达	土家族	湖南省怀化市	888888199804260019
8	18322107		罗胜茂	苗族	湖南省湘维有	888888200002110020

图 3-16 性别数据栏中的下拉菜单

图 3-17 报错信息

3.1.8 Excel 中格式的设置

本案例要求完成对 Excel 单元格的格式设置、表格的格式设置、条件格式设置等操作。

1. 单元格格式设置

单元格格式设置包括对单元格数据类型的设置、数据对齐方式和文字方向的设置、字体字号的设置、边框与底纹的设置。这些设置都可以通过“设置单元格格式”对话框的不同选项卡中的选项设置来完成。具体步骤为：选择需要设置的单元格或单元格区域并右击，在弹出的快捷菜单中选择“设置单元格格式”选项，在弹出的“设置单元格格式”对话框中按要求进行设置即可，如图 3-18 所示。

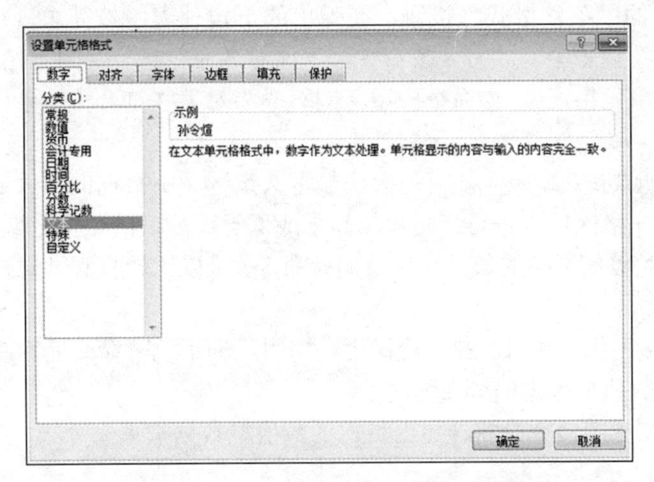

图 3-18　“设置单元格格式”对话框

2. 表格格式设置

Excel 中提供了很多表格样式，用户可以直接使用这些自带的表格样式。首先选择需要设置格式的表格区域，然后单击“开始”选项卡“样式”选项组中的“套用表格格式”按钮，在弹出的下拉列表中选择所需的表格样式，如图 3-19 所示。

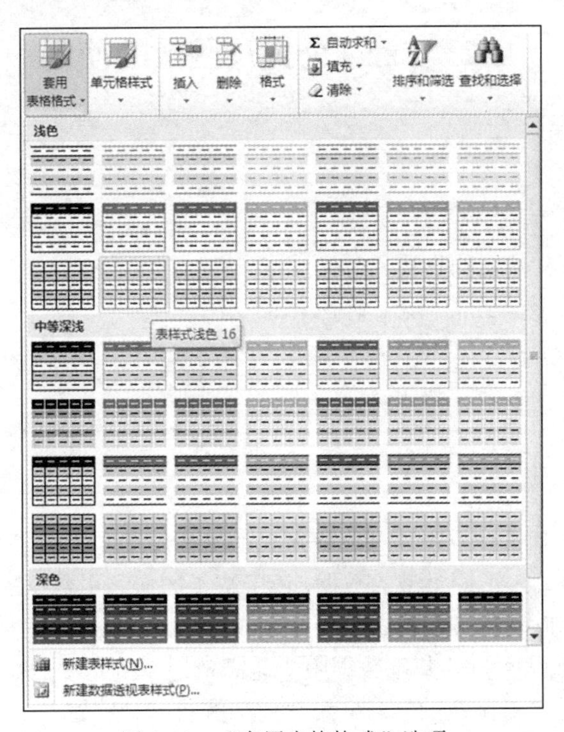

图 3-19　“套用表格格式”选项

3. 条件格式设置

条件格式是指将符合某个特定条件的数据以指定的格式进行显示，使用条件格式能比较直观地查看和分析数据。

条件格式的设置步骤如下：选中需要使用条件格式的单元格区域，单击“开始”选项卡“样式”选项组中的“条件格式”按钮，在弹出的下拉列表中按需求进行相应命令的选择。

条件格式的下拉列表中一共有 8 条命令，下面对各命令进行简单介绍。

- 突出显示单元格规则：该命令应用范围一般为对某些符合特定条件的单元格应用特殊的格式。
- 项目选取规则：该命令主要可以突出显示选定区域中数据的最大或最小的一部分数据所在的单元格区域，也可指定显示高于或低于平均值的数据区域。
- 数据条：对数值类型的数据使用数据条命令，可以比较直观地对选定区域内的数值进行观察分析。
- 色阶：Excel 提供了 12 种色阶供用户使用，利用色阶命令能帮助用户快速地了解所选区域中数值型数据的分布情况。
- 图标集：图标集命令是将选定区域内的数值型数据按大小分级，再根据级别采用图标进行标识。
- 新建规则：如果需要对系统提供的条件格式设置进行更高级的条件设置时，可采用该命令。
- 管理规则：管理规则的主要功能是修改条件格式的规则。
- 清除规则：可以一次性清除所选单元格区域所设置的条件格式规则。

3.2 Excel 公式及函数的使用

- 熟练掌握 Excel 数据的查找、替换操作。
- 熟练掌握函数及公式的概念、单元格的引用。
- 熟练掌握 SUM、AVERAGE、RANK、MAX、MIN、VLOOKUP 等函数的使用。

在上一节中，我们通过建立学生基本情况表的操作，全面了解了 Excel 2010 窗口的组成，以及在 Excel 工作表中输入不同类型的数据，还了解了如何利用数据的有效性设置等操作来完成数据的快速输入，同时利用条件格式等操作完成对 Excel 工作表的格式设置。基础数据的采集录入已经完成，如何从大量的基础数据中快速高效地得到想要的结果是我们更加关注的问题。在本节中，我们通过对函数的学习，可有效地解决这一问题。

本节案例：在建立的学生表（如图 3-20 所示）的基础上，需要对每位学生的学习成绩进行一系列的相关操作。

	A	B	C	D	E	F	G	H
1	班级	学号	姓名	性别	民族	家庭地址	身份证号	生源地
2	软件工程B201801	20180101	梁吉	女	汉族	湖南省长沙市	888888199110290001	湖南
3	软件工程B201801	20180102	韦彪	女	汉族	湖南省常德市	888888199206250006	湖南
4	软件工程B201801	20180103	黄福	女	汉族	湖南娄底市娄	888888198911130007	湖南
5	软件工程B201801	20180104	廖丽丹	女	汉族	湖南省永州市	888888199207050008	湖南
6	软件工程B201801	20180105	黄金逢	男	汉族	湖南省永州市	888888199011090018	湖南
7	软件工程B201801	20180106	覃海达	男	土家族	湖南省怀化市	888888199004260019	湖南
8	软件工程B201801	20180107	罗胜茂	女	苗族	湖南省湘维有	888888199202110020	湖南
9	软件工程B201801	20180108	莫彩小	女	汉族	湖南省怀化市	888888199103300021	湖南
10	网络工程B201801	20180201	黄康	女	满族	河北承德平泉	888888199103170022	河北
11	网络工程B201801	20180202	黄彩玉	女	满族	河北秦皇岛青	888888199104170028	河北
12	网络工程B201801	20180203	黄日用	女	汉族	江西省宜春市	888888199203110043	江西

学生基本情况表 / 语文 / 数学 / 英语 / 计算机 / 物理 / 化学 / 品德 / 历史 / 期末总成绩

图 3-20　学生表

主要完成以下几方面的工作：

（1）在 Excel 工作表中完成数据的查找、替换、转到操作。

（2）了解 Excel 中四大类运算符的优先级规则。

（3）了解 Excel 中单元格不同的引用方法。

（4）掌握 Excel 中函数输入的规则。

（5）在 Excel 工作表中完成如 SUMIF、AVERAGEIF 等数值型函数的操作。

（6）在 Excel 工作表中完成如 COUNT、RANK 等统计型函数的操作。

（7）在 Excel 工作表中完成如 VLOOKUP、IF 等查询与逻辑型函数的操作。

3.2.1　Excel 中数据的查找与替换

为了更好地处理数据，Excel 提供了强大的查找与替换功能，利用查找与替换功能可以快速地在工作表中查找出指定数据所在的位置，也可将指定数据统一替换为新的数据，同时还可快速地选择某些特定的单元格。

Excel 的查找与替换功能集合在一个命令按钮中，启用该功能的方法为：单击“开始”选项卡“编辑”选项组中的“查找和替换”按钮，然后在弹出的下拉菜单中按需求进行选择。

1．查找

打开“查找和替换”对话框的“查找”选项卡，如图 3-21 所示。在“查找内容”文本框中输入需要查找的数据后，可以快速地在指定的区域中查找出指定的数据。还可以在“查找”选项卡中指定查找的范围、方向、查找数据的类型以及匹配方式等。

打开“查找”选项卡的组合键为 Ctrl+F。

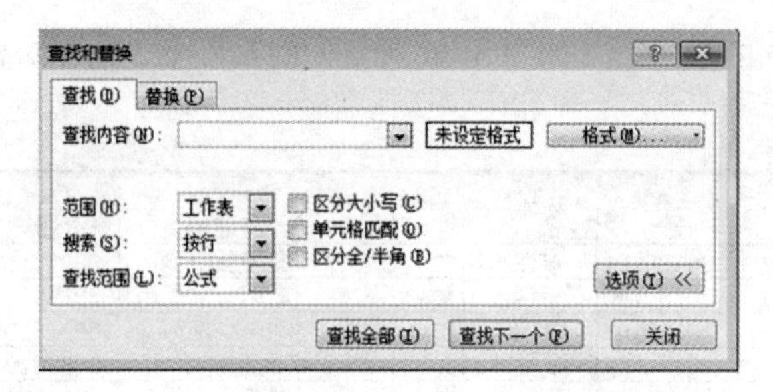

图 3-21　“查找和替换”对话框的“查找”选项卡

2. 替换

打开“查找和替换”对话框的“替换”选项卡，在“查找内容”文本框中输入需要查找的数据，在“替换为”文本框中输入需要替换的数据，可以快速地在指定的区域中将指定的数据替换为其他的数据。还可在“替换”选项卡中对替换的数据进行查找范围、方向、查找数据的类型、匹配方式及格式等的设置。

打开“查找”选项卡的组合键为 Ctrl+H。

3. 转到

使用“转到”命令可以打开“定位”对话框，如图 3-22 所示。在其中将地址输入到“引用位置”栏中，可快速选中指定的地址。地址可以是本工作表，也可以是其他的工作表。单击对话框中的“定位条件”按钮，可打开“定位条件”对话框进行定位条件的设置，如图 3-23 所示。

地址输入的格式为：[工作簿名称]工作表名称!单元格地址。

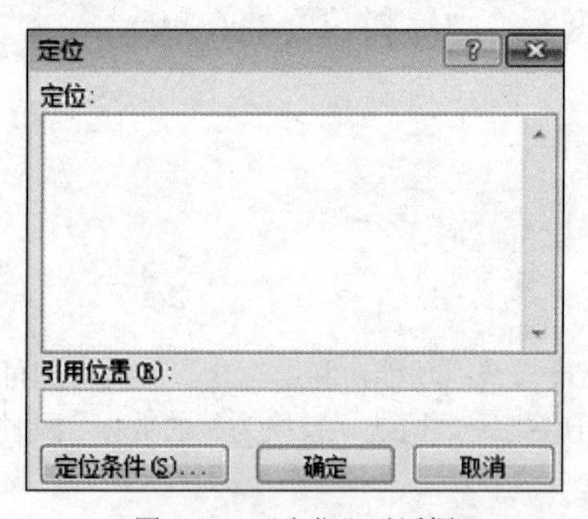

图 3-22　“定位”对话框

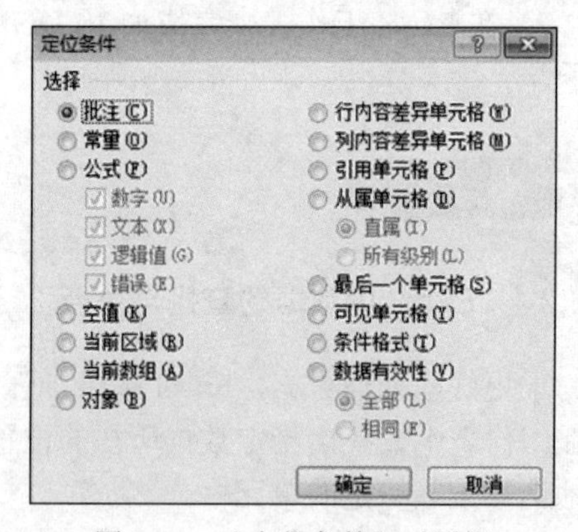

图 3-23　“定位条件”对话框

3.2.2 Excel 中运算符与单元格的引用

公式是 Excel 处理数据的重要工具之一，能帮助用户快速地进行数据的计算。Excel 中公式的表达形式为“=表达式”。公式必须用“=”开始，表达式与数学中的表达式相似，由操作数与运算符组成，其中操作数可以是函数、单元格引用、常量等。

1. 运算符

Excel 中运算符主要有四大类，按运算符优先级从高到低排列主要有引用运算符、算术运算符、字符运算符、关系运算符，如表 4.1 所示。

表 4.1　运算符

优先级		运算符	说明	运算结果
↑	引用运算符	:	区域运算符，运算符两边单元格作为对角线顶点的矩形区域所包含的单元格集合	引用单元格区域
		(空格)	交叉运算符，生成一个同时属于两个引用的单元格集合	
		,	联合运算符，将多个引用合并为一个引用	
	算术运算符	%	百分比	数值类型
		^	乘方	
		*和/	乘法和除法	
		+和-	加法和减法	
	字符运算符	&	将两个字符型数据进行连接产生一个新的字符型数据	文本类型
	关系运算符	=、>、<、>=、<=、<>	等于、大于、小于、大于等于、小于等于、不等于	真或假（TRUE/FALSE）

2. 单元格的引用

在公式和函数的使用中，经常需要对单元格区域进行引用，公式和函数的灵活性也是通过单元格的引用来实现的。引用的作用在于表示工作表上的单元格或单元格区域，能指明公式或函数中所使用数据的格式。单元格的引用主要分为三类：相对引用、绝对引用和混合引用。

（1）相对引用。相对引用是指当把一个含有单元格引用的公式或函数复制或填充到一个新的位置时，公式或函数中的单元格引用的位置会随着目标位置的变化而产生相对的变化。在 Excel 中单元格的引用默认为相对引用。

相对引用的格式为：列标行号。例如 A1，则表示引用的单元格位置为 A 列与第 1 行交叉处的单元格。

相对引用不但可以在同一工作表中粘贴其他单元格的引用地址，还可以粘贴其他工作表或工作簿的引用地址。

（2）绝对引用。绝对引用是指当把一个含有单元格引用的公式或函数复制或填充到一个新的位置时，公式或函数中的单元格引用的位置不会随着目标位置的变化而产生相对的变化。绝对引用的格式为：$列标$行号。

（3）混合引用。混合引用是指一个单元格地址的引用中既有相对引用又有绝对引用。其格式为：$列标行号 或 列标$行号。

（4）跨工作表、工作簿间的引用。跨工作表、工作簿的引用可分为两种情况进行分析。

- 同工作簿不同工作表间的单元格引用。引用格式为：工作表名![$]列标[$]行号。
- 不同工作簿间的单元格引用。引用格式为：[工作簿文件名]工作表名![$]列标[$]行号。

3.2.3　Excel 中函数的应用

函数的应用使得 Excel 具有强大的数据处理功能，Excel 中的函数是预先定义好的表达式。函数的基本格式为：函数名(参数列表)，其中函数名表示函数的功能与用途，参数列表提供了函数执行相关操作的数据来源或依据。参数列表可以有多个参数，参数与参数之间采用英文状态下的逗号分隔。参数可以是常量、数值、单元格的引用，也可以是另外的函数。

Excel 中提供了很多类函数，比较常用的有数学和三角函数、查找与引用函数、统计函数、时间和日期函数、文本函数等。

1. 函数的输入

Excel 中函数的输入分为手工输入和利用函数向导输入两种方式。

（1）手工输入方式。采用手工输入方式输入函数，必须在输入的单元格或编辑栏内先输入英文状态下的“=”号，然后再输入函数名和参数。这种方法要求用户对所使用函数的功能比较熟悉。

（2）使用函数向导方式。为了方便用户使用，Excel 提供了函数输入向导功能。单击编辑栏中的“插入函数”按钮或“公式”选项卡中的“插入函数”按钮f_x，弹出“插入函数”对话框，如图 3-24（a）所示。在该对话框中，用户可在“选择函数”列表框中选择所需函数名并单击“确定”按钮。在弹出的“函数参数”对话框（如图 3-24（b）所示）中根据向导提示输入相关的参数，从而完成函数的输入。

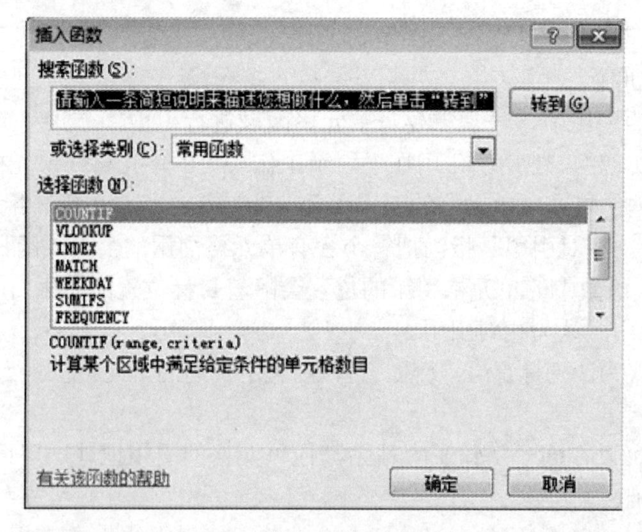

（a）“插入函数”对话框

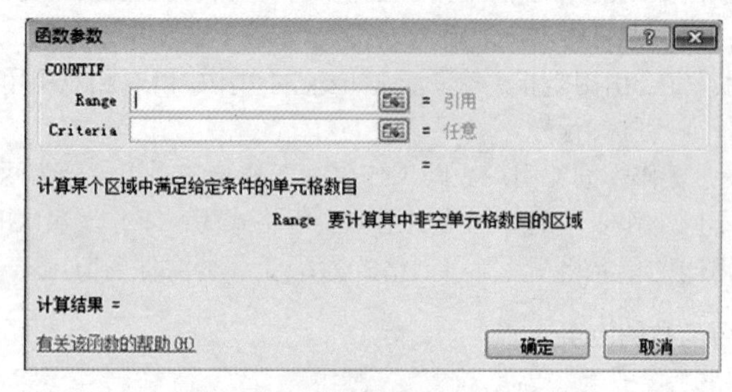

（b）“函数参数”对话框

图 3-24 函数的输入

2. 数值型函数

（1）ABS 函数。

语法格式：ABS(Number)。

函数功能：ABS 函数返回 Number 的绝对值。

参数说明：Number 为需要计算绝对值的数值。

结果演示：=ABS(-5)，其输出结果为 5。

（2）SUM 函数。

语法格式：SUM(Number1,Number2,…)。

函数功能：SUM 函数返回所有 Number 的和。

参数说明：参与运算的 Number1，Number2，……可以是不连续的，也可以是连续的，参数之间需要用“,”进行分隔。

案例要求：如图 3-25 所示，求出计算机科目成绩总和，结果填入 E17 单元格内。

	A	B	C	D	E	F	G
1	班级	学号	姓名	性别	期末成绩	班级名次	期末总评
2	软件工程B201801	20180101	梁吉	女	90		
3	软件工程B201801	20180102	韦彪	女	117		
4	软件工程B201801	20180103	黄福	女	100		
5	软件工程B201801	20180107	罗胜茂	女	104		
6	软件工程B201801	20180108	莫彩小	女	89		
7	网络工程B201801	20180201	黄康	女	83		
8	网络工程B201801	20180202	黄彩玉	女	81		
9	网络工程B201801	20180203	黄日用	女	101		
10	网络工程B201801	20180208	覃小色	男	96		
11	网络工程B201801	20180209	韦文等	男	77		
12	网络工程B201801	20180210	施恒	男	101		
13	通信工程B201801	20180211	黄超龙	男	117		
14	通信工程B201801	20180301	韦飞云	男	84		
15	通信工程B201801	20180302	韦凯朝	男	116		
16	通信工程B201801	20180303	韦联响	女	99		
17				SUM函数			
18				SUMIF函数			
19				SUMIFS函数			

图 3-25　计算机科目成绩表

对要求进行分析可以知道，需要利用 SUM 函数对 E2:E16 单元格区域内的数据求和，因此可以在 E17 单元格中输入“=SUM(E2:E16)”，输出结果为 1455，如图 3-26 所示。

E17　　fx　=SUM(E2:E16)

	A	B	C	D	E	F	G
1	班级	学号	姓名	性别	期末成绩	班级名次	期末总评
2	软件工程B201801	20180101	梁吉	女	90		
3	软件工程B201801	20180102	韦彪	女	117		
4	软件工程B201801	20180103	黄福	女	100		
5	软件工程B201801	20180107	罗胜茂	女	104		
6	软件工程B201801	20180108	莫彩小	女	89		
7	网络工程B201801	20180201	黄康	女	83		
8	网络工程B201801	20180202	黄彩玉	女	81		
9	网络工程B201801	20180203	黄日用	女	101		
10	网络工程B201801	20180208	覃小色	男	96		
11	网络工程B201801	20180209	韦文等	男	77		
12	网络工程B201801	20180210	施恒	男	101		
13	通信工程B201801	20180211	黄超龙	男	117		
14	通信工程B201801	20180301	韦飞云	男	84		
15	通信工程B201801	20180302	韦凯朝	男	116		
16	通信工程B201801	20180303	韦联响	女	99		
17				SUM函数	1455		
18				SUMIF函数			
19				SUMIFS函数			

图 3-26　SUM 函数演示结果示例

（3）SUMIF 函数。

语法格式：SUMIF(range,criteria,sum_range)。

函数功能：SUMIF 函数可对数据范围中符合指定条件的值进行求和，因此也称为条件求和函数。

参数说明：range 为条件所在的数据区域；criteria 为求和的条件，该条件可以是数值、逻辑表达式等；sum_range 为求和的区域。

案例要求：如图 3-25 所示，求出软件工程 B201801 班所有同学计算机科目的成绩之和，并将结果存放在 E18 单元格内。

对要求进行分析可以知道，求和条件为软件工程 B201801 班，其条件所在的数据区域为 A2:A16，求和的区域为 E2:E16。因此可以在 E18 单元格中输入“=SUMIF(A2:A16,"软件工程B201801",E2:E16)”，输出结果为 500，如图 3-27 所示。

E18 fx =SUMIF(A2:A16,"软件工程B201801",E2:E16)

	A	B	C	D	E	F	G
1	班级	学号	姓名	性别	期末成绩	班级名次	期末总评
2	软件工程B201801	20180101	梁吉	女	90		
3	软件工程B201801	20180102	韦彪	女	117		
4	软件工程B201801	20180103	黄福	女	100		
5	软件工程B201801	20180107	罗胜茂	女	104		
6	软件工程B201801	20180108	莫彩小	女	89		
7	网络工程B201801	20180201	黄康	女	83		
8	网络工程B201801	20180202	黄彩玉	女	81		
9	网络工程B201801	20180203	黄日用	女	101		
10	网络工程B201801	20180208	覃小色	男	96		
11	网络工程B201801	20180209	韦文等	男	77		
12	网络工程B201801	20180210	施恒	男	101		
13	通信工程B201801	20180211	黄超龙	男	117		
14	通信工程B201801	20180301	韦飞云	男	84		
15	通信工程B201801	20180302	韦凯朝	男	116		
16	通信工程B201801	20180303	韦联响	女	99		
17				SUM函数	1455		
18				SUMIF函数	500		
19				SUMIFS函数			

图 3-27 SUMIF 函数演示结果示例

（4）SUMIFS 函数。

语法格式：SUMIFS(sum_range,criteria_range1,criteria1, [criteria_range2, criteria2], ...)。

函数功能：SUMIFS 函数是 SUMIF 函数的加强版。使用该函数可对数据范围中符合多个条件单元格的数据进行求和，因此也称为多条件求和函数。

参数说明：sum_range 为求和的区域；criteria_range1 为条件 1 所在的数据区域；criteria1 为条件表达式 1；criteria_range 2 为条件 2 所在的数据区域；criteria2 为条件表达式 2。条件可根据需要增加，最多不能超过 127 个条件。值得注意的是 criteria_range 和 criteria 必须是成对出现。

案例要求：如图 3-25 所示，求出网络工程 B201801 班所有男同学计算机科目的成绩之和，并将结果存放在 E19 单元格内。

对要求进行分析可以知道，该题有两个条件分别为班级必须为网络工程 B201801，同时性别为男，因此必须采用 SUMIFS 多条件求和函数。其中条件网络工程 B201801 所在的数据区域为 A2:A16；条件“男”所在的数据区域为 D2:D16；需要求和的区域为 E2:E16。因此可以在 E19 单元格中输入“=SUMIFS(E2:E16,A2:A16,"网络工程 B201801",D2:D16,"男")”，输出结果为 263，如图 3-28 所示。

E19 =SUMIFS(E2:E16,A2:A16,"网络工程B201801",D2:D16,"男")

	A	B	C	D	E	F	G
1	班级	学号	姓名	性别	期末成绩	班级名次	期末总评
2	软件工程B201801	20180101	梁吉	女	90		
3	软件工程B201801	20180102	韦彪	女	117		
4	软件工程B201801	20180103	黄福	女	100		
5	软件工程B201801	20180107	罗胜茂	女	104		
6	软件工程B201801	20180108	莫彩小	女	89		
7	网络工程B201801	20180201	黄康	女	83		
8	网络工程B201801	20180202	黄彩玉	女	81		
9	网络工程B201801	20180203	黄日用	女	101		
10	网络工程B201801	20180208	覃小色	男	96		
11	网络工程B201801	20180209	韦文等	男	77		
12	网络工程B201801	20180210	施恒	男	101		
13	通信工程B201801	20180211	黄超龙	男	117		
14	通信工程B201801	20180301	韦飞云	男	84		
15	通信工程B201801	20180302	韦凯朝	男	116		
16	通信工程B201801	20180303	韦联响	女	99		
17				SUM函数	1455		
18				SUMIF函数	500		
19				SUMIFS函数	274		

图 3-28 SUMIFS 函数演示结果示例

（5）AVERAGE 函数。

语法格式：AVERAGE(Number1,Number2,…)。

函数功能：AVERAGE 函数返回所有 Number 的平均值。

参数说明：参与运算的 Number1，Number2，……可以是不连续的，也可以是连续的，参数之间需要用“,”进行分隔。

案例要求：如图 3-29 所示，求出计算机科目成绩平均值，结果填至 E17 单元格内。

	A	B	C	D	E	F	G
1	班级	学号	姓名	性别	期末成绩	班级名次	期末总评
2	软件工程B201801	20180101	梁吉	女	90		
3	软件工程B201801	20180102	韦彪	女	117		
4	软件工程B201801	20180103	黄福	女	100		
5	软件工程B201801	20180107	罗胜茂	女	104		
6	软件工程B201801	20180108	莫彩小	女	89		
7	网络工程B201801	20180201	黄康	女	83		
8	网络工程B201801	20180202	黄彩玉	女	81		
9	网络工程B201801	20180203	黄日用	女	101		
10	网络工程B201801	20180208	覃小色	男	96		
11	网络工程B201801	20180209	韦文等	男	77		
12	网络工程B201801	20180210	施恒	男	101		
13	通信工程B201801	20180211	黄超龙	男	117		
14	通信工程B201801	20180301	韦飞云	男	84		
15	通信工程B201801	20180302	韦凯朝	男	116		
16	通信工程B201801	20180303	韦联响	女	99		
17				AVERAGE函数			
18				AVERAGEIF函数			
19				AVERAGEIFS函数			

图 3-29 计算机科目成绩表

对要求进行分析可以知道，需要利用 AVERAGE 函数对 E2:E16 单元格区域内的数据求平均值，因此可以在 E17 单元格中输入“=AVERAGE(E2:E16)”，输出结果为 97，如图 3-30 所示。

E17	=AVERAGE(E2:E16)						
	A	B	C	D	E	F	G
1	班级	学号	姓名	性别	期末成绩	班级名次	期末总评
2	软件工程B201801	20180101	梁吉	女	90		
3	软件工程B201801	20180102	韦彪	女	117		
4	软件工程B201801	20180103	黄福	女	100		
5	软件工程B201801	20180107	罗胜茂	女	104		
6	软件工程B201801	20180108	莫彩小	女	89		
7	网络工程B201801	20180201	黄康	女	83		
8	网络工程B201801	20180202	黄彩玉	女	81		
9	网络工程B201801	20180203	黄日用	女	101		
10	网络工程B201801	20180208	覃小色	男	96		
11	网络工程B201801	20180209	韦文等	男	77		
12	网络工程B201801	20180210	施恒	男	101		
13	通信工程B201801	20180211	黄超龙	男	117		
14	通信工程B201801	20180301	韦飞云	男	84		
15	通信工程B201801	20180302	韦凯朝	男	116		
16	通信工程B201801	20180303	韦联响	女	99		
17				AVERAGE函数	97		
18				AVERAGEIF函数			
19				AVERAGEIFS函数			

图 3-30 AVERAGE 函数演示结果示例

（6）AVERAGEIF 函数。

语法格式：AVERAGEIF(range,criteria,average_range)。

函数功能：AVERAGEIF 函数可对数据范围中符合指定条件的值求算术平均值，因此也称为条件平均值函数。

参数说明：range 为条件所在的数据区域；criteria 为求平均值的条件，该条件可以是数值、逻辑表达式等；average_range 为实际求平均值的区域。

案例要求：如图 3-29 所示，求出软件工程 B201801 班所有同学计算机科目的成绩平均值，并将结果存放在 E18 单元格内。

对要求进行分析可以知道，条件为软件工程 B201801 班，其条件所在的数据区域为 A2:A16，平均值计算的区域为 E2:E16。因此可以在 E18 单元格中输入“=AVERAGEIF(A2:A16,"软件工程 B201801",E2:E16)”，输出结果为 100，如图 3-31 所示。

E18	=AVERAGEIF(A2:A16,"软件工程B201801",E2:E16)						
	A	B	C	D	E	F	G
1	班级	学号	姓名	性别	期末成绩	班级名次	期末总评
2	软件工程B201801	20180101	梁吉	女	90		
3	软件工程B201801	20180102	韦彪	女	117		
4	软件工程B201801	20180103	黄福	女	100		
5	软件工程B201801	20180107	罗胜茂	女	104		
6	软件工程B201801	20180108	莫彩小	女	89		
7	网络工程B201801	20180201	黄康	女	83		
8	网络工程B201801	20180202	黄彩玉	女	81		
9	网络工程B201801	20180203	黄日用	女	101		
10	网络工程B201801	20180208	覃小色	男	96		
11	网络工程B201801	20180209	韦文等	男	77		
12	网络工程B201801	20180210	施恒	男	101		
13	通信工程B201801	20180211	黄超龙	男	117		
14	通信工程B201801	20180301	韦飞云	男	84		
15	通信工程B201801	20180302	韦凯朝	男	116		
16	通信工程B201801	20180303	韦联响	女	99		
17				AVERAGE函数	97		
18				AVERAGEIF函数	100		
19				AVERAGEIFS函数			

图 3-31 AVERAGEIF 函数演示结果示例

（7）AVERAGEIFS 函数。

语法格式：AVERAGEIFS(average_range,criteria_range1,criteria1,criteria_range2,criteria2,...)。

函数功能：AVERAGEIFS 函数是 AVERAGEIF 函数的加强版，使用该函数可对数据范围中符合多个条件单元格的数据进行求平均值，因此也称为多条件平均值函数。

参数说明：average_range 为求平均值的区域；criteria_range1 为条件 1 所在的数据区域；criteria1 为条件表达式 1；criteria_range 2 为条件 2 所在的数据区域；criteria2 为条件表达式 2。可根据需要增加，最多不能超过 127 个条件。值得注意的是 criteria_range 和 criteria 必须是成对出现。

案例要求：如图 3-29 所示，求出网络工程 B201801 班所有男同学计算机科目的成绩平均值，并将结果存放在 E19 单元格内。

对要求进行分析可以知道，该题有两个条件分别为班级必须为网络工程 B201801，同时性别为男，因此必须采用 AVERAGEIFS 多条件平均值函数。其中条件网络工程 B201801 所在的数据区域为 A2:A16，条件“男”所在的数据区域为 D2:D16，平均值计算的区域为 E2:E16。因此可以在 E19 单元格中输入“=AVERAGEIFS(E2:E16,A2:A16,"网络工程 B201801",D2:D16,"男")”，输出结果为 91.33，如图 3-32 所示。

E19　=AVERAGEIFS(E2:E16,A2:A16,"网络工程B201801",D2:D16,"男")

	A	B	C	D	E	F	G
1	班级	学号	姓名	性别	期末成绩	班级名次	期末总评
2	软件工程B201801	20180101	梁吉	女	90		
3	软件工程B201801	20180102	韦彪	女	117		
4	软件工程B201801	20180103	黄福	女	100		
5	软件工程B201801	20180107	罗胜茂	女	104		
6	软件工程B201801	20180108	莫彩小	女	89		
7	网络工程B201801	20180201	黄康	女	83		
8	网络工程B201801	20180202	黄彩玉	女	81		
9	网络工程B201801	20180203	黄日用	女	101		
10	网络工程B201801	20180208	覃小色	男	96		
11	网络工程B201801	20180209	韦文等	男	77		
12	网络工程B201801	20180210	施恒	男	101		
13	通信工程B201801	20180211	黄超龙	男	117		
14	通信工程B201801	20180301	韦飞云	男	84		
15	通信工程B201801	20180302	韦凯朝	男	116		
16	通信工程B201801	20180303	韦联响	女	99		
17				AVERAGE函数	97		
18				AVERAGEIF函数	100		
19				AVERAGEIFS函数	91.333333		

图 3-32　AVERAGEIFS 函数演示结果示例

（8）ROUND 函数。

语法格式：ROUND(number,digits)。

函数功能：ROUND 函数是对参数中指定的 number 进行四舍五入操作，所保留的小数位由参数列表中的 digits 确定。其中如果 digits 大于 0，则四舍五入到指定的小数位；如果 digits 等于 0，则四舍五入到最接近的整数；如果 digtis 小于 0，在小数点左侧进行四舍五入。

参数说明：number 为要四舍五入的数，digits 是小数点后保留的位数。

案例要求：如图 3-33（a）所示，利用 Round 函数对期评成绩进行小数点后一位的四舍五入操作，结果填入 C 列中。

以 B2 单元格的数据为例，根据案例要求分析可以在 C2 单元格内输入“=ROUND(B2,1)”，输出结果为 90.3，然后利用填充柄完成函数的自动填充，如图 3-33（b）所示。

	A	B	C	D	E	F	G
1	学号	期评成绩	ROUND函数	ROUNDUP函数	ROUNDDOWN函数	TRUNC函数	INT函数
2	20180101	90.26					
3	20180102	117.42					
4	20180103	100.26					
5	20180107	104.35					
6	20180108	89.15					
7	20180201	83.33					
8	20180202	81.04					
9	20180203	101.46					
10	20180208	96.54					
11	20180209	77.00					
12	20180210	101.26					
13	20180211	117.38					
14	20180301	84.65					
15	20180302	116.34					
16	20180303	99.27					

（a）期评成绩表

C2 fx =ROUND(B2,1)

	A	B	C	D	E	F	G
1	学号	期评成绩	ROUND函数	ROUNDUP函数	ROUNDDOWN函数	TRUNC函数	INT函数
2	20180101	90.26	90.30				
3	20180102	117.42	117.40				
4	20180103	100.26	100.30				
5	20180107	104.35	104.40				
6	20180108	89.15	89.20				
7	20180201	83.33	83.30				
8	20180202	81.04	81.00				
9	20180203	101.46	101.50				
10	20180208	96.54	96.50				
11	20180209	77.00	77.00				
12	20180210	101.26	101.30				
13	20180211	117.38	117.40				
14	20180301	84.65	84.70				
15	20180302	116.34	116.30				
16	20180303	99.27	99.30				

（b）ROUND 函数演示结果示例

图 3-33　期评成绩表与 ROUND 函数演示结果示例

（9）ROUNDUP 函数。

语法格式：ROUNDUP(number,digits)。

函数功能：ROUNDUP 函数是对参数中指定的 number 进行向上的四舍五入操作，所保留的小数位由参数列表中的 digits 确定。ROUNDUP 函数与 ROUND 函数功能相似，所不同的在于 ROUNDUP 函数总是在向上进行四舍五入。

案例要求：如图 3-33（a）所示，利用 ROUNDUP 函数对期评成绩进行小数点后一位的操作，结果填入 D 列中。

以 B2 单元格的数据为例，根据案例要求分析可以在 D2 单元格内输入“=ROUNDUP(B2,1)”，输出结果为 90.3，然后利用填充柄完成函数的自动填充，通过与图 3-33（b）相对比，可以发现与 ROUND 函数的区别，如图 3-34 所示。

（10）ROUNDDOWN 函数。

语法格式：ROUNDDOWN(number,digits)。

函数功能：ROUNDDOWN 函数是对参数中指定的 number 进行向下的四舍五入操作，所保留的小数位由参数列表中的 digits 确定。ROUNDDOWN 函数与 ROUND 函数功能相似，所不同的在于 ROUNDDOWN 函数总是在向下进行四舍五入。

D2　=ROUNDUP(B2,1)

	A	B	C	D	E	F	G
1	学号	期评成绩	ROUND函数	ROUNDUP函数	ROUNDDOWN函数	TRUNC函数	INT函数
2	20180101	90.26	90.30	90.30			
3	20180102	117.42	117.40	117.50			
4	20180103	100.26	100.30	100.30			
5	20180107	104.35	104.40	104.40			
6	20180108	89.15	89.20	89.20			
7	20180201	83.33	83.30	83.40			
8	20180202	81.04	81.00	81.10			
9	20180203	101.46	101.50	101.50			
10	20180208	96.54	96.50	96.60			
11	20180209	77.00	77.00	77.00			
12	20180210	101.26	101.30	101.30			
13	20180211	117.38	117.40	117.40			
14	20180301	84.65	84.70	84.70			
15	20180302	116.34	116.30	116.40			
16	20180303	99.27	99.30	99.30			

图 3-34　ROUNDUP 函数演示结果示例

案例要求：如图 3-32（a）所示，利用 Rounddown 函数对期评成绩进行小数点后一位的操作，结果填入 E 列中。

以 B2 单元格的数据为例，根据案例要求分析可以在 E2 单元格内输入“=ROUNDDOWN(B2,1)”，输出结果为 90.2，然后利用填充柄完成函数的自动填充，通过与 ROUND 函数、ROUNDUP 函数相对比，可以分析出他们之间的区别，如图 3-35 所示。

E2　=ROUNDDOWN(B2,1)

	A	B	C	D	E	F	G
1	学号	期评成绩	ROUND函数	ROUNDUP函数	ROUNDDOWN函数	TRUNC函数	INT函数
2	20180101	90.26	90.30	90.30	90.20		
3	20180102	117.42	117.40	117.50	117.40		
4	20180103	100.26	100.30	100.30	100.20		
5	20180107	104.35	104.40	104.40	104.30		
6	20180108	89.15	89.20	89.20	89.10		
7	20180201	83.33	83.30	83.40	83.30		
8	20180202	81.04	81.00	81.10	81.00		
9	20180203	101.46	101.50	101.50	101.40		
10	20180208	96.54	96.50	96.60	96.50		
11	20180209	77.00	77.00	77.00	77.00		
12	20180210	101.26	101.30	101.30	101.20		
13	20180211	117.38	117.40	117.40	117.30		
14	20180301	84.65	84.70	84.70	84.60		
15	20180302	116.34	116.30	116.40	116.30		
16	20180303	99.27	99.30	99.30	99.20		

图 3-35　ROUNDDWON 函数演示结果示例

（11）TRUNC 函数。

语法格式：TRUNC(number,digits)。

函数功能：TRUNC 函数是对数字截取为整数或保留指定位数的小数，所保留的小数位由参数列表中的 digits 确定。TRUNC 函数与 ROUND 函数的区别在于 TRUNC 函数不会进行四舍五入操作。

参数说明：number 为要进行截取的数值，digits 为保留的指定位数。

案例要求：如图 3-32（a）所示，利用 TRUNC 函数对期评成绩进行小数点后一位的操作，结果填入 F 列中。

以 B2 单元格的数据为例，根据案例要求分析可以在 F2 单元格内输入“=TRUNC(B2,1)”，输出结果为 90.2，然后利用填充柄完成函数的自动填充，通过与 ROUND 函数、ROUNDUP 函数、ROUNDDOWN 函数相对比，可以分析出他们之间的区别，如图 3-36 所示。

F2 fx =TRUNC(B2,1)

	A	B	C	D	E	F	G
1	学号	期评成绩	ROUND函数	ROUNDUP函数	ROUNDDOWN函数	TRUNC函数	INT函数
2	20180101	90.26	90.30	90.30	90.20	90.20	
3	20180102	117.42	117.40	117.50	117.40	117.40	
4	20180103	100.26	100.30	100.30	100.20	100.20	
5	20180107	104.35	104.40	104.40	104.30	104.30	
6	20180108	89.15	89.20	89.20	89.10	89.10	
7	20180201	83.33	83.30	83.40	83.30	83.30	
8	20180202	81.04	81.00	81.10	81.00	81.00	
9	20180203	101.46	101.50	101.50	101.40	101.40	
10	20180208	96.54	96.50	96.60	96.50	96.50	
11	20180209	77.00	77.00	77.00	77.00	77.00	
12	20180210	101.26	101.30	101.30	101.20	101.20	
13	20180211	117.38	117.40	117.40	117.30	117.30	
14	20180301	84.65	84.70	84.70	84.60	84.60	
15	20180302	116.34	116.30	116.40	116.30	116.30	
16	20180303	99.27	99.30	99.30	99.20	99.20	

图 3-36 TRUNC 函数演示结果示例

（12）INT 函数。

语法格式：INT(number)。

函数功能：INT 函数是将数值向下取整到最接近的整数。

参数说明：number 为要取整的数值。

案例要求：如图 3-32（a）所示，利用 INT 函数对期评成绩进行取整操作，结果填入 G 列中。

以 B2 单元格的数据为例，根据案例要求分析可以在 G2 单元格内输入“=INT(B2)”，输出结果为 90.0，然后利用填充柄完成函数的自动填充，如图 3-37 所示。

G2 fx =INT(B2)

	A	B	C	D	E	F	G
1	学号	期评成绩	ROUND函数	ROUNDUP函数	ROUNDDOWN函数	TRUNC函数	INT函数
2	20180101	90.26	90.30	90.30	90.20	90.20	90.00
3	20180102	117.42	117.40	117.50	117.40	117.40	117.00
4	20180103	100.26	100.30	100.30	100.20	100.20	100.00
5	20180107	104.35	104.40	104.40	104.30	104.30	104.00
6	20180108	89.15	89.20	89.20	89.10	89.10	89.00
7	20180201	83.33	83.30	83.40	83.30	83.30	83.00
8	20180202	81.04	81.00	81.10	81.00	81.00	81.00
9	20180203	101.46	101.50	101.50	101.40	101.40	101.00
10	20180208	96.54	96.50	96.60	96.50	96.50	96.00
11	20180209	77.00	77.00	77.00	77.00	77.00	77.00
12	20180210	101.26	101.30	101.30	101.20	101.20	101.00
13	20180211	117.38	117.40	117.40	117.30	117.30	117.00
14	20180301	84.65	84.70	84.70	84.60	84.60	84.00
15	20180302	116.34	116.30	116.40	116.30	116.30	116.00
16	20180303	99.27	99.30	99.30	99.20	99.20	99.00

图 3-37 INT 函数演示结果示例

以上几个函数都可以对数值型数据进行截取操作，可以通过各演示示例中的函数结果进行仔细分析与对比，结合函数本身的意义找到其相互之间的区别。

3. 统计型函数

（1）MAX 函数。

语法格式：MAX(Number1,Number2,…)。

函数功能：MAX 函数返回参数列表中的最大值。

参数说明：参与运算的 Number1，Number2，……可以是不连续的，也可以是连续的，参数之间需要用“,”进行分隔。值得注意的是 MAX 函数会忽略逻辑值和文本型数据。

案例要求：如图 3-38 所示，求出计算机科目成绩的最高分，结果填入 E17 单元格内。

	A	B	C	D	E	F	G
1	班级	学号	姓名	性别	期末成绩	班级名次	期末总评
2	软件工程B201801	20180101	梁吉	女	90		
3	软件工程B201801	20180102	韦彪	女	117		
4	软件工程B201801	20180103	黄福	女	100		
5	软件工程B201801	20180107	罗胜茂	女	104		
6	软件工程B201801	20180108	莫彩小	女	89		
7	网络工程B201801	20180201	黄康	女	83		
8	网络工程B201801	20180202	黄彩玉	女	81		
9	网络工程B201801	20180203	黄日用	女	101		
10	网络工程B201801	20180208	覃小色	男	96		
11	网络工程B201801	20180209	韦文等	男	77		
12	网络工程B201801	20180210	施恒	男	101		
13	通信工程B201801	20180211	黄超龙	男	117		
14	通信工程B201801	20180301	韦飞云	男	84		
15	通信工程B201801	20180302	韦凯朝	男	116		
16	通信工程B201801	20180303	韦联响	女	99		
17				MAX函数			
18				MIN函数			
19				COUNT函数			
20				COUNTIF函数			
21				COUNTIFS函数			

图 3-38　计算机科目成绩表

对要求进行分析可以知道，需要利用 Max 函数求出 E2:E16 单元格区域内的数据最大值，因此可以在 E17 单元格中输入“=MAX(E2:E16)”，输出结果为 117，如图 3-39 所示。

E17　　fx　=MAX(E2:E16)

	A	B	C	D	E	F
1	班级	学号	姓名	性别	期末成绩	班级名次
2	软件工程B201801	20180101	梁吉	女	90	
3	软件工程B201801	20180102	韦彪	女	117	
4	软件工程B201801	20180103	黄福	女	100	
5	软件工程B201801	20180107	罗胜茂	女	104	
6	软件工程B201801	20180108	莫彩小	女	89	
7	网络工程B201801	20180201	黄康	女	83	
8	网络工程B201801	20180202	黄彩玉	女	81	
9	网络工程B201801	20180203	黄日用	女	101	
10	网络工程B201801	20180208	覃小色	男	96	
11	网络工程B201801	20180209	韦文等	男	77	
12	网络工程B201801	20180210	施恒	男	101	
13	通信工程B201801	20180211	黄超龙	男	117	
14	通信工程B201801	20180301	韦飞云	男	84	
15	通信工程B201801	20180302	韦凯朝	男	116	
16	通信工程B201801	20180303	韦联响	女	99	
17				MAX函数	117	
18				MIN函数		(Ctrl)
19				COUNT函数		
20				COUNTIF函数		
21				COUNTIFS函数		

图 3-39　MAX 函数演示结果示例

（2）MIN 函数。

语法格式：MIN(Number1,Number2,…)。

函数功能：MIN 函数返回参数列表中的最小值。

参数说明：参与运算的 Number1，Number2，……可以是不连续的，也可以是连续的，参数之间需要用“,”进行分隔。值得注意的是 MIN 函数会忽略逻辑值和文本型数据。

案例要求：如图 3-38 所示，求出计算机科目成绩的最低分，结果填入 E18 单元格内。

对要求进行分析可以知道，需要利用 Min 函数求出 E2:E16 单元格区域内的数据最小值，因此可以在 E17 单元格中输入“=MIN(E2:E16)”，输出结果为 77，如图 3-40 所示。

E18 =MIN(E2:E16)

	A	B	C	D	E	F
1	班级	学号	姓名	性别	期未成绩	班级名次
2	软件工程B201801	20180101	梁吉	女	90	
3	软件工程B201801	20180102	韦彪	女	117	
4	软件工程B201801	20180103	黄福	女	100	
5	软件工程B201801	20180107	罗胜茂	女	104	
6	软件工程B201801	20180108	莫彩小	女	89	
7	网络工程B201801	20180201	黄康	女	83	
8	网络工程B201801	20180202	黄彩玉	女	81	
9	网络工程B201801	20180203	黄日用	女	101	
10	网络工程B201801	20180208	覃小色	男	96	
11	网络工程B201801	20180209	韦文等	男	77	
12	网络工程B201801	20180210	施恒	男	101	
13	通信工程B201801	20180211	黄超龙	男	117	
14	通信工程B201801	20180301	韦飞云	男	84	
15	通信工程B201801	20180302	韦凯朝	男	116	
16	通信工程B201801	20180303	韦联响	女	99	
17				MAX函数	117	
18				MIN函数	77	
19				COUNT函数		
20				COUNTIF函数		
21				COUNTIFS函数		

图 3-40　MIN 函数演示结果示例

（3）COUNT 函数。

语法格式：COUNT (value1,value2, ...)。

函数功能：COUNT 函数主要是计算参数列表中的数字项的个数。

参数说明：value1,value2, ...是包含或引用各种类型数据的参数，最多可以有 30 项，但 COUNT 函数只能对数值型数据进行计算。

案例要求：如图 3-38 所示，求出参加计算机科目考试的人数，结果填入 E19 单元格内。

对要求进行分析可以知道，需要利用 COUNT 函数对 E2:E16 单元格区域内的数据进行计数操作，因此可以在 E19 单元格中输入“=COUNT(E2:E16)”，输出结果为 15，如图 3-41 所示。

E19 =COUNT(E2:E16)

	A	B	C	D	E	F
1	班级	学号	姓名	性别	期未成绩	班级名次
2	软件工程B201801	20180101	梁吉	女	90	
3	软件工程B201801	20180102	韦彪	女	117	
4	软件工程B201801	20180103	黄福	女	100	
5	软件工程B201801	20180107	罗胜茂	女	104	
6	软件工程B201801	20180108	莫彩小	女	89	
7	网络工程B201801	20180201	黄康	女	83	
8	网络工程B201801	20180202	黄彩玉	女	81	
9	网络工程B201801	20180203	黄日用	女	101	
10	网络工程B201801	20180208	覃小色	男	96	
11	网络工程B201801	20180209	韦文等	男	77	
12	网络工程B201801	20180210	施恒	男	101	
13	通信工程B201801	20180211	黄超龙	男	117	
14	通信工程B201801	20180301	韦飞云	男	84	
15	通信工程B201801	20180302	韦凯朝	男	116	
16	通信工程B201801	20180303	韦联响	女	99	
17				MAX函数	117	
18				MIN函数	77	
19				COUNT函数	15	
20				COUNTIF函数		
21				COUNTIFS函数		

图 3-41　COUNT 函数演示结果示例

（4）COUNTIF 函数。

语法格式：COUNTIF (range,criteria)。

函数功能：COUNTIF 函数可以对指定区域中符合指定条件的数据进行计数，因此也称为条件统计函数。

参数说明：range 为需要进行统计的非空单元格的数据区域；criteria 为以数字、表达式或文本形式定义的条件。

案例要求：如图 3-38 所示，求出计算机科目成绩中 90 分及以上的人数，结果填入 E20 单元格内。

对要求进行分析可以知道，需要利用 COUNTIF 函数对 E2:E16 单元格区域内的数据进行条件计数操作，其中需要进行统计的数据区域在 E2:E16 中，条件为“>=90”，因此可以在 E19 单元格中输入“=COUNTIF(E2:E16,">=90")”，输出结果为 10，如图 3-42 所示。

E20　fx　=COUNTIF(E2:E16,">=90")

	A	B	C	D	E	F
1	班级	学号	姓名	性别	期末成绩	班级名次
2	软件工程B201801	20180101	梁吉	女	90	
3	软件工程B201801	20180102	韦彪	女	117	
4	软件工程B201801	20180103	黄福	女	100	
5	软件工程B201801	20180107	罗胜茂	女	104	
6	软件工程B201801	20180108	莫彩小	女	89	
7	网络工程B201801	20180201	黄康	女	83	
8	网络工程B201801	20180202	黄彩玉	女	81	
9	网络工程B201801	20180203	黄日用	女	101	
10	网络工程B201801	20180208	覃小色	男	96	
11	网络工程B201801	20180209	韦文等	男	77	
12	网络工程B201801	20180210	施恒	男	101	
13	通信工程B201801	20180211	黄超龙	男	117	
14	通信工程B201801	20180301	韦飞云	男	84	
15	通信工程B201801	20180302	韦凯朝	男	116	
16	通信工程B201801	20180303	韦联响	女	99	
17				MAX函数	117	
18				MIN函数	77	
19				COUNT函数	15	
20				COUNTIF函数	10	
21				COUNTIFS函数		

图 3-42　COUNTIF 函演示结果示例

（5）COUNTIFS 函数。

语法格式：COUNTIFS (range1,criteria1, range2,criteria2,…)。

函数功能：COUNTIFS 函数是 COUNTIF 函数的扩展，可以实现多个条件同时计数，因此也称为多条件统计函数。

参数说明：range1 为第一个需要进行统计的非空单元格的数据区域；criteria1 为第一个区域中将被计算在内的条件；range2 为第二个需要进行统计的非空单元格的数据区域；criteria2 为第二个区域中将被计算在内的条件。

案例要求：如图 3-38 所示，求出网络工程 B201801 班中计算机科目成绩为 90 分及以上的人数，结果填入 E21 单元格内。

对要求进行分析可以知道，需要利用 COUNTIFS 函数对 E2:E16 单元格区域内的数据进行多条件计数操作。该题有两个条件：第一个条件为成绩“>=90”，所对应的数据区域为 E2:E16；第二个条件为班级为“网络工程 B201801”，所对应的数据区域为 A2:A16。因此可以在 E21 单元格中输入“=COUNTIFS(E2:E16,">=90",A2:A16,"网络工程 B201801")”，输出结果为 3，如图 3-43 所示。

E21 =COUNTIFS(E2:E16,">=90",A2:A16,"网络工程B201801")

	A	B	C	D	E	F	G
1	班级	学号	姓名	性别	期末成绩	班级名次	期末总评
2	软件工程B201801	20180101	梁吉	女	90		
3	软件工程B201801	20180102	韦彪	女	117		
4	软件工程B201801	20180103	黄福	女	100		
5	软件工程B201801	20180107	罗胜茂	女	104		
6	软件工程B201801	20180108	莫彩小	女	89		
7	网络工程B201801	20180201	黄康	女	83		
8	网络工程B201801	20180202	黄彩玉	女	81		
9	网络工程B201801	20180203	黄日用	女	101		
10	网络工程B201801	20180208	覃小色	男	96		
11	网络工程B201801	20180209	韦文等	男	77		
12	网络工程B201801	20180210	施恒	男	101		
13	通信工程B201801	20180211	黄超龙	男	117		
14	通信工程B201801	20180301	韦飞云	男	84		
15	通信工程B201801	20180302	韦凯朝	男	116		
16	通信工程B201801	20180303	韦联响	女	99		
17				MAX函数	117		
18				MIN函数	77		
19				COUNT函数	15		
20				COUNTIF函数	10		
21				COUNTIFS函数	3		

图 3-43 COUNTIFS 函数演示结果示例

（6）RANK 函数。

语法格式：RANK(number,ref,[order])。

函数功能：RANK 函数返回某一个数字在一列数字中相对于其他数值的大小排名。

参数说明：number 为需要排名的数值或数值所在的单元格名称；ref 为排名的参照数值区域；order 为排名的排序方式，为可选参数，当不输入时默认值为 0，按升序进行排列，当输入非 0 值时，按降序进行排列。

案例要求：如图 3-38 所示，要对计算机科目成绩进行降序排序，结果填入 F 列中。

分析要求可知，需要对 E 列的数据进行排序，以 E2 单元格内的数据为例，可在 E2 单元格内输入“=RANK(E2,$E$2:$E$16,0)”，然后再利用填充柄进行填充。值得注意的是，由于第二个参数为排名的参照数值区域，一般不能发生变化，需要对该区域进行绝对引用，其结果如图 3-44 所示。

F2 =RANK(E2,$E$2:$E$16,0)

	A	B	C	D	E	F
1	班级	学号	姓名	性别	期末成绩	班级名次
2	软件工程B201801	20180101	梁吉	女	90	10
3	软件工程B201801	20180102	韦彪	女	117	1
4	软件工程B201801	20180103	黄福	女	100	7
5	软件工程B201801	20180107	罗胜茂	女	104	4
6	软件工程B201801	20180108	莫彩小	女	89	11
7	网络工程B201801	20180201	黄康	女	83	13
8	网络工程B201801	20180202	黄彩玉	女	81	14
9	网络工程B201801	20180203	黄日用	女	101	5
10	网络工程B201801	20180208	覃小色	男	96	9
11	网络工程B201801	20180209	韦文等	男	77	15
12	网络工程B201801	20180210	施恒	男	101	5
13	通信工程B201801	20180211	黄超龙	男	117	1
14	通信工程B201801	20180301	韦飞云	男	84	12
15	通信工程B201801	20180302	韦凯朝	男	116	3
16	通信工程B201801	20180303	韦联响	女	99	8
17				MAX函数	117	
18				MIN函数	77	
19				COUNT函数	15	
20				COUNTIF函数	10	
21				COUNTIFS函数	3	
22				RANK函数		

图 3-44 RANK 函数演示结果示例

4. 文本类型函数

（1）MID 函数。

语法格式：MID(text,start_num,num_chars)。

函数功能：MID 函数可以对指定的字符型数据进行指定位数的截取。

参数说明：text 为将被截取的字符，start_num 为对 text 从左起第几位开始截取，num_chars 为从 start_num 开始向右边截取的位数。

案例要求：如图 3-45 所示，根据身份证号码求出每个人的出生日期，并将结果填入 F 列中。

	A	B	C	D	E	F	G	H	I
1	学号	姓名	民族	家庭地址	身份证号	出生日期	入学年龄	生源地	身份证信息隐藏
2	20180101	梁吉	汉族	湖南省长沙市	888888200010290001				
3	20180102	韦彪	汉族	湖南省常德市	888888199906250006				
4	20180103	黄福	汉族	湖南娄底市娄	888888199911130007				
5	20180104	廖丽丹	汉族	湖南省永州市	888888200107050008				
6	20180105	黄金逢	汉族	湖南省永州市	888888200011090018				
7	20180106	覃海达	土家族	湖南省怀化市	888888199904260019				
8	20180107	罗胜茂	苗族	湖南省湘维有	888888199802110020				
9	20180108	莫彩小	汉族	湖南省怀化市	888888200003300021				
10	20180201	黄康	满族	河北承德平泉	888888200103170022				
11	20180202	黄彩玉	满族	河北秦皇岛青	888888199904170028				
12	20180203	黄日用	汉族	江西省宜春市	888888200103110043				
13	20180204	韦永升	汉族	湖南省隆回县	888888200007170044				
14	20180205	陈恒	汉族	河北省邯郸市	888888200101010045				
15	20180206	韦利赛	汉族	山西省闻喜县	888888199912290049				
16	20180207	黄康双	汉族	江苏省淮安市	888888200010180050				

图 3-45　学生基本信息情况表

对要求进行分析，身份证号码共由 18 位组成，其中关于出生日期的信息存放在第 7 位到第 14 位，因此可以利用 MID 函数从身份证号码的左边第 7 位开始截取，一共截取 8 位。以 F2 单元格为例，可以在单元格内输入“=DATE(MID(E2,7,4),MID(E2,11,2),MID(E2,13,2))”，然后再利用填充柄进行填充。

在该案例中，利用 MID 函数分别从身份证号码中截取年、月、日三个部分，然后利用 DATE 函数将其转换为日期型格式，其结果如图 3-46 所示。

F2　fx　=DATE(MID(E2,7,4),MID(E2,11,2),MID(E2,13,2))

	A	B	C	D	E	F	G	H	I
1	学号	姓名	民族	家庭地址	身份证号	出生日期	入学年龄	生源地	身份证信息隐藏
2	20180101	梁吉	汉族	湖南省长沙市	888888200010290001	2000/10/29			
3	20180102	韦彪	汉族	湖南省常德市	888888199906250006	1999/6/25			
4	20180103	黄福	汉族	湖南娄底市娄	888888199911130007	1999/11/13			
5	20180104	廖丽丹	汉族	湖南省永州市	888888200107050008	2001/7/5			
6	20180105	黄金逢	汉族	湖南省永州市	888888200011090018	2000/11/9			
7	20180106	覃海达	土家族	湖南省怀化市	888888199904260019	1999/4/26			
8	20180107	罗胜茂	苗族	湖南省湘维有	888888199802110020	1998/2/11			
9	20180108	莫彩小	汉族	湖南省怀化市	888888200003300021	2000/3/30			
10	20180201	黄康	满族	河北承德平泉	888888200103170022	2001/3/17			
11	20180202	黄彩玉	满族	河北秦皇岛青	888888199904170028	1999/4/17			
12	20180203	黄日用	汉族	江西省宜春市	888888200103110043	2001/3/11			
13	20180204	韦永升	汉族	湖南省隆回县	888888200007170044	2000/7/17			
14	20180205	陈恒	汉族	河北省邯郸市	888888200101010045	2001/1/1			
15	20180206	韦利赛	汉族	山西省闻喜县	888888199912290049	1999/12/29			
16	20180207	黄康双	汉族	江苏省淮安市	888888200010180050	2000/10/18			

图 3-46　MID 函数演示结果示例

（2）DATEDIF 函数。

语法格式：DATEDIF(start_date,end_date,unit)。

函数功能：DATEDIF 函数是 Excel 中的隐藏函数，在帮助和插入公式里都找不到，该函数的主要功能是快速返回两个日期的年/月/日之间相隔的数值。

参数说明：start_date 为起始日期或时间段内的第一个日期，需要注意的是起始日期必须在 1900 年之后；end_date 为结束日期或时间段内的第二个日期；unit 为所需信息的返回类型，unit 参数可以有多种返回类型，常用的有：“Y”返回年数差、“M”返回月数差、“D”返回天数差。

案例要求：如图 3-45 所示，根据出生日期求出所有人入学的年龄（以 2018 年 9 月 1 日为入学日期），结果填入 G 列中。

分析要求可知，入学年龄可用系统的当前日期或是题目指定的日期减去出生年月，并求出整年数即可，由于求的是两者年数差，unit 参数可选择“Y”。以 G2 单元格为例，可在单元格内输入“=DATEDIF(F2,DATE(2018,9,1),"Y")”，然后再拖动填充柄进行结果填充。同理，需要利用 DATE 函数将（2018,9,1）转换成日期格式，以便于函数计算，其结果如图 3-47 所示。

G2 fx =DATEDIF(F2,DATE(2018,9,1),"Y")

	A	B	C	D	E	F	G	H	I
1	学号	姓名	民族	家庭地址	身份证号	出生日期	入学年龄	生源地	身份证信息隐藏
2	20180101	梁吉	汉族	湖南省长沙市	888888200010290001	2000/10/29	17		
3	20180102	韦彪	汉族	湖南省常德市	888888199906250006	1999/6/25	19		
4	20180103	黄福	汉族	湖南娄底市娄	888888199911130007	1999/11/13	18		
5	20180104	廖丽丹	汉族	湖南省永州市	888888200107050008	2001/7/5	17		
6	20180105	黄金逢	汉族	湖南省永州市	888888200011090018	2000/11/9	17		
7	20180106	覃海达	土家族	湖南省怀化市	888888199904260019	1999/4/26	19		
8	20180107	罗胜茂	苗族	湖南省湘维有	888888199802110020	1998/2/11	20		
9	20180108	莫彩小	汉族	湖南省怀化市	888888200003300021	2000/3/30	18		
10	20180201	黄康	满族	河北承德平泉	888888200103170022	2001/3/17	17		
11	20180202	黄彩玉	满族	河北秦皇岛青	888888199904170028	1999/4/17	19		
12	20180203	黄日用	汉族	江西省宜春市	888888200103110043	2001/3/11	17		
13	20180204	韦永升	汉族	湖南省隆回县	888888200007170044	2000/7/17	18		
14	20180205	陈恒	汉族	河北省邯郸市	888888200101010045	2001/1/1	17		
15	20180206	韦利赛	汉族	山西省闻喜县	888888199912290049	1999/12/29	18		
16	20180207	黄康双	汉族	江苏省淮安市	888888200010180050	2000/10/18	17		

图 3-47　DATEDIF 函数演示结果示例

（3）LEFT 函数。

语法格式：LEFT(text,num_chars)。

函数功能：LEFT 函数对指定的字符型数据从左边第一位开始进行指定位数的截取。

参数说明：text 为将被截取的字符，num_chars 为对 text 从左边第 1 位开始向右边截取的位数。

案例要求：如图 3-45 所示，根据学生家庭住址求出学生生源地，结果填入 H 列中。

分析要求可知，生源地为家庭地址信息列中的省份，通过对家庭地址信息列数据的分析，省份信息为该列字段数据的前三位，因此可用 LEFT 函数对家庭住址信息从左边开始截取三位。以 H2 单元格为例，在单元格内输入“=LEFT(D2,3)”，然后再拖动填充柄进行结果填充，结果如图 3-48 所示。

H2 =LEFT(D2,3)

	A	B	C	D	E	F	G	H	I
1	学号	姓名	民族	家庭地址	身份证号	出生日期	入学年龄	生源地	身份证信息隐藏
2	20180101	梁吉	汉族	湖南省长沙市	888888200010290001	2000/10/29	17	湖南省	
3	20180102	韦彪	汉族	湖南省常德市	888888199906250006	1999/6/25	19	湖南省	
4	20180103	黄福	汉族	湖南娄底市娄	888888199911130007	1999/11/13	18	湖南娄	
5	20180104	廖丽丹	汉族	湖南省永州市	888888200107050008	2001/7/5	17	湖南省	
6	20180105	黄金逢	汉族	湖南省永州市	888888200011090018	2000/11/9	17	湖南省	
7	20180106	覃海达	土家族	湖南省怀化市	888888199904260019	1999/4/26	19	湖南省	
8	20180107	罗胜茂	苗族	湖南省湘维有	888888199802110020	1998/2/11	20	湖南省	
9	20180108	莫彩小	汉族	湖南省怀化市	888888200003300021	2000/3/30	18	湖南省	
10	20180201	黄康	满族	河北承德平泉	888888200103170022	2001/3/17	17	河北承	
11	20180202	黄彩玉	满族	河北秦皇岛青	888888199904170028	1999/4/17	19	河北秦	
12	20180203	黄日用	汉族	江西省宜春市	888888200103110043	2001/3/11	17	江西省	
13	20180204	韦永升	汉族	湖南省隆回县	888888200007170044	2000/7/17	18	湖南省	
14	20180205	陈恒	汉族	河北省邯郸市	888888200101010045	2001/1/1	17	河北省	
15	20180206	韦利赛	汉族	山西省闻喜县	888888199912290049	1999/12/29	18	山西省	
16	20180207	黄康双	汉族	江苏省淮安市	888888200010180050	2000/10/18	17	江苏省	

图 3-48 LEFT 函数演示结果示例

（4）REPLACE 函数。

语法格式：REPLACE(old_text,start_num,num_chars,new_text)。

函数功能：REPLACE 可以根据指定的字符将部分文本字符串替换为不同的文本字符串。

参数说明：old_text 为要替换其中部分字符的文本，start_num 为 old_text 中需要进行替换的字符位置，num_chars 为 old_text 中需要进行字符替换的字符长度，new_text 为将替换 old_text 中字符的文本。

案例要求：如图 3-45 所示，为了保护学生个人身份信息不被泄露，要求对身份证中有关出生日期的用“*”代替，结果填入 I 列中。

分析要求可知，身份证号中的第七位到第十四位为出生日期信息，只需要以“*”替代即可达到要求。以 I2 单元格为例，在单元格内输入“=REPLACE(E2,7,7,"*******")”，然后再拖动填充柄进行结果填充，结果如图 3-49 所示。

I2 =REPLACE(E2,7,7,"*******")

	A	B	C	D	E	F	G	H	I
1	学号	姓名	民族	家庭地址	身份证号	出生日期	入学年龄	生源地	身份证信息隐藏
2	20180101	梁吉	汉族	湖南省长沙市	888888200010290001	2000/10/29	17	湖南省	888888*******90001
3	20180102	韦彪	汉族	湖南省常德市	888888199906250006	1999/6/25	19	湖南省	888888*******50006
4	20180103	黄福	汉族	湖南娄底市娄	888888199911130007	1999/11/13	18	湖南娄	888888*******30007
5	20180104	廖丽丹	汉族	湖南省永州市	888888200107050008	2001/7/5	17	湖南省	888888*******50008
6	20180105	黄金逢	汉族	湖南省永州市	888888200011090018	2000/11/9	17	湖南省	888888*******90018
7	20180106	覃海达	土家族	湖南省怀化市	888888199904260019	1999/4/26	19	湖南省	888888*******60019
8	20180107	罗胜茂	苗族	湖南省湘维有	888888199802110020	1998/2/11	20	湖南省	888888*******10020
9	20180108	莫彩小	汉族	湖南省怀化市	888888200003300021	2000/3/30	18	湖南省	888888*******00021
10	20180201	黄康	满族	河北承德平泉	888888200103170022	2001/3/17	17	河北承	888888*******70022
11	20180202	黄彩玉	满族	河北秦皇岛青	888888199904170028	1999/4/17	19	河北秦	888888*******70028
12	20180203	黄日用	汉族	江西省宜春市	888888200103110043	2001/3/11	17	江西省	888888*******10043
13	20180204	韦永升	汉族	湖南省隆回县	888888200007170044	2000/7/17	18	湖南省	888888*******70044
14	20180205	陈恒	汉族	河北省邯郸市	888888200101010045	2001/1/1	17	河北省	888888*******10045
15	20180206	韦利赛	汉族	山西省闻喜县	888888199912290049	1999/12/29	18	山西省	888888*******90049
16	20180207	黄康双	汉族	江苏省淮安市	888888200010180050	2000/10/18	17	江苏省	888888*******80050

图 3-49 REPLACE 函数演示结果示例

5. 查询与逻辑函数

（1）VLOOKUP 函数。

语法格式：VLOOKUP(lookup_value,table_array,col_index_num,range_lookup)。

函数功能：VLOOKUP 函数的功能是对数据进行纵向查询，可以用来核对数据或在多个工作表间快速导入数据。

参数说明：lookup_value 为需要在数据列表第一列中进行查找的数值，该参数可以是数值、文本等类型的数据；table_array 为需要在其中查找数据的数据表，即包含 lookup_value 参数的数据区域；col_index_num 为在 table_array 中查找数据的数据列序号，当 col_index_num 的值为 1 时，则返回 table_array 中第 1 列的值，依此类推；range_lookup 为查找时采用的是精确匹配还是近似匹配，当 range_lookup 的值为 0 或 FALSE 时为精确匹配，为 1 或 TRUE 时为近似匹配。

案例要求：如图 3-50 所示，在计算机成绩表中根据图 3-45 所示的学生信息将学生的姓名填入 C 列。

	A	B	C	D	E	F	G
1	班级	学号	姓名	性别	期末成绩	班级名次	期末总评
2	软件工程B201801	20180101		女	90	10	
3	软件工程B201801	20180102		女	117	1	
4	软件工程B201801	20180103		女	100	6	
5	软件工程B201801	20180107		女	104	3	
6	软件工程B201801	20180108		女	89	7	
7	网络工程B201801	20180201		女	83	8	
8	网络工程B201801	20180202		女	81	8	
9	网络工程B201801	20180203		女	101	3	
10	网络工程B201801	20180208		男	96	5	
11	网络工程B201801	20180209		男	77	6	
12	网络工程B201801	20180210		男	101	3	
13	通信工程B201801	20180211		男	117	1	
14	通信工程B201801	20180301		男	84	3	
15	通信工程B201801	20180302		男	116	1	
16	通信工程B201801	20180303		女	99	1	

图 3-50 计算机成绩表

对题目进行分析可知，学生的姓名可根据图 3-45 中的学号进行匹配，可利用 VLOOKUP 函数根据图 3-50 中的学号到图 3-45 中去查询到相对应的学号信息，再将相应学号对应的姓名填入到图 3-50 的姓名列中。以 C2 单元格为例，可在单元格内输入“=VLOOKUP(B2,学生基本情况表!B1:C16,2,FALSE)”，然后再拖动填充柄进行结果填充，结果如图 3-51 所示。

C2 fx =VLOOKUP(B2,学生基本情况表!B1:C16,2,FALSE)

	A	B	C	D	E	F	G
1	班级	学号	姓名	性别	期末成绩	班级名次	期末总评
2	软件工程B201801	20180101	梁吉	女	90	10	
3	软件工程B201801	20180102	韦彪	女	117	1	
4	软件工程B201801	20180103	黄福	女	100	6	
5	软件工程B201801	20180107	罗胜茂	女	104	3	
6	软件工程B201801	20180108	莫彩小	女	89	7	
7	网络工程B201801	20180201	黄康	女	83	8	
8	网络工程B201801	20180202	黄彩玉	女	81	8	
9	网络工程B201801	20180203	黄日用	女	101	3	
10	网络工程B201801	20180208	覃小色	男	96	5	
11	网络工程B201801	20180209	韦文等	男	77	6	
12	网络工程B201801	20180210	施恒	男	101	3	
13	通信工程B201801	20180211	黄超龙	男	117	1	
14	通信工程B201801	20180301	韦飞云	男	84	3	
15	通信工程B201801	20180302	韦凯朝	男	116	1	
16	通信工程B201801	20180303	韦联响	女	99	1	

图 3-51 VLOOKUP 函数结果示例数据

与 VLOOKUP 函数对应的函数为 HLOOKUP 函数，HLOOKUP 函数用于对电子表格中的数据进行横向查找，与 VLOOKUP 函数的区别仅在于其是按行查找。

（2）IF 函数。

语法格式：IF(logical_test,value_if_true,value_if_false)。

函数功能：IF 函数可根据指定条件来判断其“真”或“假”，根据逻辑值的结果返回相应的内容。

参数说明：logical_test 指定进行判断的条件，该参数返回的结果为一个逻辑值 TRUE 或 FALSE；Value_if_true 为当条件判断返回的逻辑值为 TRUE 时所返回对应的值；Value_if_false 为当条件判断返回的逻辑值为 FALSE 时所返回对应的值。

案例要求：如图 3-50 所示，计算机期末成绩大于等于 85 分的标注为合格，否则标注为不合格，并将结果填入 G 列。

分析要求可知，以 E2 单元格的数据为例，如果“E2>=85”，则在 G2 单元格中显示“合格”，否则显示“不合格”。因此，可以在 G2 单元格中输入“=IF(E2>=85,"合格","不合格")”，然后再拖动填充柄进行结果填充，结果如图 3-52 所示。

G2　=IF(E2>=85,"合格","不合格")

	A	B	C	D	E	F	G
1	班级	学号	姓名	性别	期末成绩	班级名次	期末总评
2	软件工程B201801	20180101	梁吉	女	90	10	合格
3	软件工程B201801	20180102	韦彪	女	117	1	合格
4	软件工程B201801	20180103	黄福	女	100	6	合格
5	软件工程B201801	20180107	罗胜茂	女	104	3	合格
6	软件工程B201801	20180108	莫彩小	女	89	7	合格
7	网络工程B201801	20180201	黄康	女	83	8	不合格
8	网络工程B201801	20180202	黄彩玉	女	81	8	不合格
9	网络工程B201801	20180203	黄日用	女	101	3	合格
10	网络工程B201801	20180208	覃小色	男	96	5	合格
11	网络工程B201801	20180209	韦文等	男	77	6	不合格
12	网络工程B201801	20180210	施恒	男	101	3	合格
13	通信工程B201801	20180211	黄超龙	男	117	1	合格
14	通信工程B201801	20180301	韦飞云	男	84	3	不合格
15	通信工程B201801	20180302	韦凯朝	男	116	1	合格
16	通信工程B201801	20180303	韦联响	女	99	1	合格

图 3-52　IF 函数结果示例数据

3.3　数据分析与处理

- 熟练掌握 Excel 中数据的排序方法。
- 熟练掌握 Excel 中数据的筛选方法。
- 熟练掌握 Excel 中数据分类汇总的方法。

在上一节中，我们通过对学生基本情况和学生成绩表的处理学会了查找、替换 Excel 基本等操作。同时，还了解了 Excel 中各运算符的优先级和对单元格的三种引用方法，并在此基础深入学习了各类函数的使用。在本节中，我们通过学习数据的排序、筛选、分类汇总等操作可以快速地从数据中获取我们感兴趣的数据。

主要完成以下几方面的工作：

（1）在 Excel 工作表中完成单条件排序与多条件排序的操作。

（2）在 Excel 工作表中完成自动筛选与高级筛选的操作。

（3）在 Excel 工作表中完成分类汇总的操作。

3.3.1 数据排序

数据排序是对表格列表中的数据根据某个或多个条件进行重新组织的一种方式。Excel 的排序功能可以对整个数据列表中的数据或选定的某个数据区域中的数据进行排序。排序的条件可以是数字、日期时间、文本或自定义的数据序列。

数字类型数据的排序规则：数值由小到大是升序排序，数值由大到小是降序排序。

日期时间类型数据的排序规则：其升序或降序的排序规则是根据日期时间由早到晚进行排序。

文本类型数据的排序规则：其升序排序的规则是数字、小写英文字母、大写英文字母、汉字（以拼音为序）。

逻辑值类型的数据排序规则：Excel 认为 FALSE 要小于 TRUE。

Excel 的排序可以分为单条件排序和多条件排序两种。

1. 单条件排序

单条件排序顾名思义就是根据一个关键字对数据进行排序，操作步骤如下：

（1）将光标定位至需要进行排序的数据列中的任意一个单元格上。

（2）单击“开始”选项卡“编辑”选项组中的“排序和筛选”按钮，根据排序要求选择 升序(S) 或 降序(O)，则可对数据进行排序。也可使用“数据”选项卡“排序和筛选”选项组中的排序按钮进行排序。

2. 多条件排序

当数据需要根据多个关键字进行排序时，可采用条件排序，操作步骤如下：

（1）将光标定位在需要排序的数据区域中。

（2）单击“数据”选项卡“排序和筛选”选项组中的“排序”按钮 排序，打开如图 3-53 所示的“排序”对话框。

（3）在其中利用“添加条件”或“删除条件”按钮对排序条件进行增加或删除操作，还可以单击“选项”按钮对排序方向、文本类型数据的排序规则等进行设置。

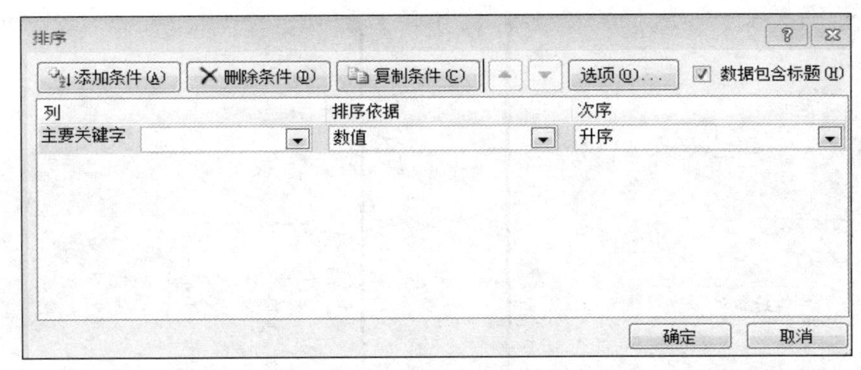

图 3-53　排序对话框

3.3.2　数据筛选

数据筛选是将数据列表中符合筛选条件的数据显示出来，不符合筛选条件的数据被隐藏不显示。要进行数据筛选操作的数据列第一行必须为标题行。Excel 的筛选分为自动筛选和高级筛选两种模式。

1. 自动筛选

自动筛选一般应用于数据列之间以“并列”关系所设置的筛选条件。操作步骤为：首先将光标定位在需要进行筛选的数据区域中的任意一单元格上，然后单击“开始”选项卡“编辑”选项组中的“排序和筛选”按钮，打开下拉菜单，单击“筛选”按钮。此时数据列表第一行每个字段的右侧会出现下拉箭头按钮，可根据需要选择不同字段旁的下拉箭头按钮对数据进行筛选。

案例要求：如图 3-54 所示，请筛选出所有性别为“男”、民族为“汉族”的数据。

	A	B	C	D	E	F	G	H	I
1	班级	学号	姓名	性别	民族	家庭地址	身份证号	生源地	出生日期
2	软件工程B201801	20180101	梁吉	女	汉族	湖南省长沙市	888888199110290001	湖南	1991/10/29
3	软件工程B201801	20180102	韦彪	女	汉族	湖南省常德市	888888199206250006	湖南	1992/6/25
4	软件工程B201801	20180103	黄福	女	汉族	湖南娄底市娄	888888198911130007	湖南	1989/11/13
5	软件工程B201801	20180104	廖丽丹	女	汉族	湖南省永州市	888888199207050008	湖南	1992/7/5
6	软件工程B201801	20180105	黄金逢	男	汉族	湖南省永州市	888888199011090018	湖南	1990/11/9
7	软件工程B201801	20180106	覃海达	男	土家族	湖南省怀化市	888888199004260019	湖南	1990/4/26
8	软件工程B201801	20180107	罗胜茂	女	苗族	湖南省湘维有	888888199202110020	湖南	1992/2/11
9	软件工程B201801	20180108	莫彩小	女	汉族	湖南省怀化市	888888199103300021	湖南	1991/3/30
10	网络工程B201801	20180201	黄康	女	满族	河北承德平泉	888888199103170022	河北	1991/3/17
11	网络工程B201801	20180202	黄彩玉	女	满族	河北秦皇岛青	888888199104170028	河北	1991/4/17
12	网络工程B201801	20180203	黄日用	女	汉族	江西省宜春市	888888199203110043	江西	1992/3/11
13	网络工程B201801	20180204	韦永升	女	汉族	湖南省隆回县	888888199007170044	湖南	1990/7/17
14	网络工程B201801	20180205	陈恒	女	汉族	河北省邯郸市	888888199001010045	河北	1990/1/1
15	网络工程B201801	20180206	韦利赛	女	汉族	山西省闻喜县	888888199112290049	山西	1991/12/29
16	网络工程B201801	20180207	黄康双	男	汉族	江苏省淮安市	888888199110180050	江苏	1991/10/18

图 3-54　筛选示例数据

（1）将光标定位在数据区域中的任意一个单元格上；

（2）单击“开始”选项卡“编辑”选项组中的“排序和筛选”按钮，在下拉菜单中单击“筛选”按钮。

（3）单击性别字段右侧的下拉箭头按钮，在弹出的对话框（如图 3-55 所示）中选择“男”。

（4）单击部门字段右侧的下拉箭头按钮，在弹出的对话框（如图 3-56 所示）中选择“汉族”。

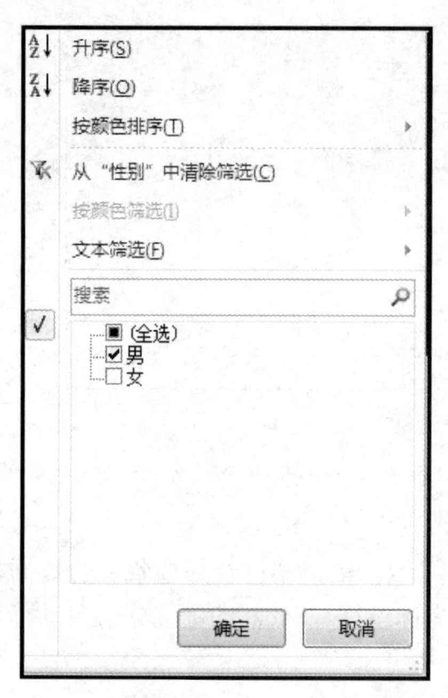

图 3-55　筛选操作步骤示例图 1

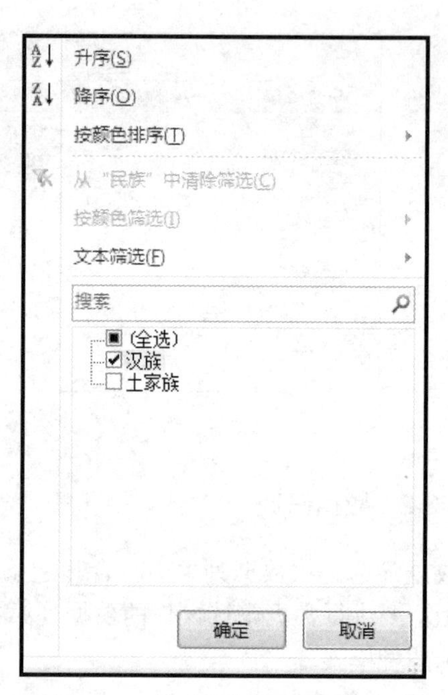

图 3-56　筛选操作步骤示例图 2

结果如图 3-57 所示。

	A	B	C	D	E	F	G	H	I
1	班级	学号	姓名	性别	民族	家庭地址	身份证号	生源地	出生日期
6	软件工程B201801	20180105	黄金逢	男	汉族	湖南省永州市	888888199011090018	湖南	1990/11/9
16	网络工程B201801	20180207	黄康双	男	汉族	江苏省淮安市	888888199110180050	江苏	1991/10/18
17	网络工程B201801	20180208	覃小色	男	汉族	江西省宜春市	888888199006030051	江西	1990/6/3
18	网络工程B201801	20180209	韦文等	男	汉族	江苏省盐城市	888888199002250053	江苏	1990/2/25
19	网络工程B201801	20180210	施恒	男	汉族	江西萍乡市凤	888888199202290054	江西	1992/2/29
20	通信工程B201801	20180211	黄超龙	男	汉族	江西瑞金市象	888888199103270055	江西	1991/3/27
21	通信工程B201801	20180301	韦飞云	男	汉族	安徽省无为县	888888199206290056	安徽	1992/6/29
22	通信工程B201801	20180302	韦凯朝	男	汉族	江苏省淮安市	888888199010230057	江苏	1990/10/23
25	通信工程B201801	20180305	覃江林	男	汉族	江西省景德镇	888888199205030076	江西	1992/5/3
26	通信工程B201801	20180306	莫亚	男	汉族	河北唐山迁安	888888199110170077	河北	1991/10/17

图 3-57　筛选操作结果示例

2. 高级筛选

自动筛选只能完成数据列之间“并且”关系的数据筛选，不能完成数据列之间“或者”关系的数据筛选。Excel 提供的高级筛选可以很好地完成数据列之间“或者”关系的数据筛选。

高级筛选的操作步骤如下：

（1）构造条件区域。条件区域必须构造在数据区域以外，同时条件区域的第一行必须和数据区域的第一行完全相同，条件区域的第二行及以下行即为条件行。

（2）在条件区域下构造条件。同一行中条件单元格之间的关系为“与”，即“并列”关系；不同行中条件单元格的关系为“或”，即“或者”关系。

（3）单击“数据”选项卡“排序和筛选”选项组中的“高级”按钮 高级 ，弹出“高级筛选”对话框，根据向导完成高级筛选。

案例要求：如图 3-54 所示，请筛选出所有性别为“男”或者民族为“汉族”的数据。

通过对案例的分析可知，条件是“或者”关系，因此可用高级筛选来完成数据的筛选。

根据高级筛选的步骤，首先构造条件区域，根据案例要求，条件区域构造如图 3-58 所示。

K	L	M	N	O	P	Q	R	S
班级	学号	姓名	性别	民族	家庭地址	身份证号	生源地	出生日期
			男					
				汉族				

图 3-58　高级筛选条件构造示例

（1）将光标定位在原始数据区域中的任意一个单元格上。

（2）单击“数据”选项卡“排序和筛选”选项组中的“高级”按钮，弹出“高级筛选”对话框，并根据向导进行数据区域、条件区域、存放区域的设置，如图 3-59 所示。为了防止筛选出的数据溢出导致显示结果不完整，筛选出的数据存放区域可以设置得大一点。

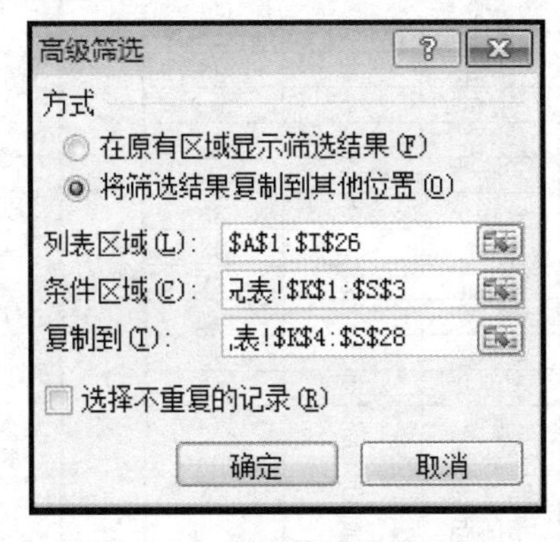

图 3-59　高级筛选向导示例

（3）单击“确定”按钮，则可查找所有符合要求的数据，结果如图 3-60 所示。

班级	学号	姓名	性别	民族	家庭地址	身份证号	生源地	出生日期
软件工程B	20180101	梁吉	女	汉族	湖南省长沙市	888888199110290001	湖南	1991/10/29
软件工程B	20180102	韦彪	女	汉族	湖南省常德市	888888199206250006	湖南	1992/6/25
软件工程B	20180104	廖丽丹	女	汉族	湖南省永州市	888888199207050008	湖南	1992/7/5
软件工程B	20180108	莫彩小	女	汉族	湖南省怀化市	888888199103300021	湖南	1991/3/30
网络工程B	20180203	黄日用	女	汉族	江西省宜春市	888888199203110043	江西	1992/3/11
网络工程B	20180204	韦永升	女	汉族	湖南省隆回县	888888199007170044	湖南	1990/7/17
网络工程B	20180205	陈恒	女	汉族	河北省邯郸市	888888199001010045	河北	1990/1/1
网络工程B	20180206	韦利赛	女	汉族	山西省闻喜县	888888199112290049	山西	1991/12/29
网络工程B	20180207	黄康双	男	汉族	江苏省淮安市	888888199110180050	江苏	1991/10/18
网络工程B	20180208	覃小色	男	汉族	江西省宜春市	888888199006030051	江西	1990/6/3
网络工程B	20180209	韦文等	男	汉族	江苏省盐城市	888888199002250053	江苏	1990/2/25
网络工程B	20180210	施恒	男	汉族	江西萍乡市凤	888888199202290054	江西	1992/2/29
通信工程B	20180211	黄超龙	男	汉族	江西瑞金市象	888888199103270055	江西	1991/3/27
通信工程B	20180301	韦飞云	男	汉族	安徽省无为县	888888199206290056	安徽	1992/6/29
通信工程B	20180302	韦凯朝	男	汉族	江苏省淮安市	888888199010230057	江苏	1990/10/23
通信工程B	20180305	覃江林	男	汉族	江西省景德镇	888888199205030076	江西	1992/5/3
通信工程B	20180306	莫亚	男	汉族	河北唐山迁安	888888199110170077	河北	1991/10/17

图 3-60　高级筛选结果示例

3.3.3　数据分类汇总

分类汇总可根据数据列表中的某个字段对数据进行分类，然后对同类数据的其他字段数据进行求和、求平均值、计数等多种操作，并且采用分级显示的方式显示汇总结果。

在执行分类汇总前必须对将进行分类汇总的数据按某分类字段进行排序，否则最后显示的结果不正确。

案例要求：如图 3-61 所示，利用分类汇总求出各班计算机成绩的平均分。

根据案例要求进行分析，可利用分类汇总得出各班计算机平均成绩，具体操作步骤如下：

（1）单击“班级”列中的任意一个单元格，利用“排序”命令对数据进行排序。

（2）单击“数据”选项卡“分级显示”选项组中的“分类汇总”命令，弹出“分类汇总”对话框。

（3）根据要求在“分类汇总”对话框中进行设置，将“分类字段”设置为“班级”，“汇总方式”设置为“平均值”，“选定汇总项”设置为“期末成绩”，如图 3-62 所示。

	A	B	C	D	E
1	班级	学号	姓名	性别	期末成绩
2	软件工程B201801	20180101	梁吉	女	90
3	软件工程B201801	20180102	韦彪	女	117
4	软件工程B201801	20180103	黄福	女	100
5	软件工程B201801	20180107	罗胜茂	女	104
6	软件工程B201801	20180108	莫彩小	女	89
7	网络工程B201801	20180201	黄康	女	83
8	网络工程B201801	20180202	黄彩玉	女	81
9	网络工程B201801	20180203	黄日用	女	101
10	网络工程B201801	20180208	覃小色	男	96
11	网络工程B201801	20180209	韦文等	男	77
12	网络工程B201801	20180210	施恒	男	101
13	通信工程B201801	20180211	黄超龙	男	117
14	通信工程B201801	20180301	韦飞云	男	84
15	通信工程B201801	20180302	韦凯朝	男	116
16	通信工程B201801	20180303	韦联响	女	99

图 3-61 计算机成绩表

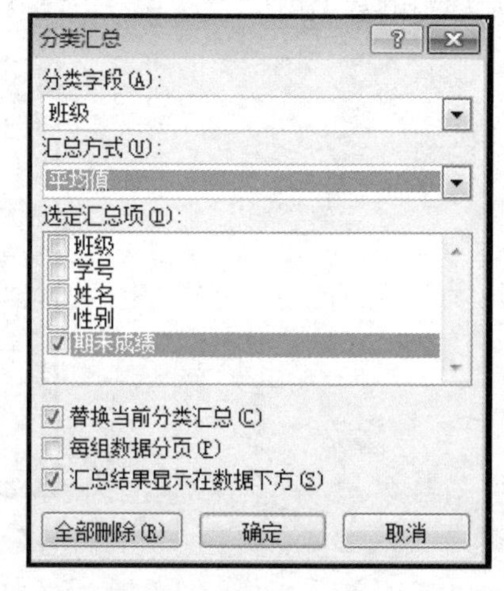

图 3-62 分类汇总向导示例

（4）单击“确定”按钮，数据分类汇总完成，结果如图 3-63 所示。

	A	B	C	D	E
1	班级	学号	姓名	性别	期末成绩
2	软件工程B201801	20180101	梁吉	女	90
3	软件工程B201801	20180102	韦彪	女	117
4	软件工程B201801	20180103	黄福	女	100
5	软件工程B201801	20180107	罗胜茂	女	104
6	软件工程B201801	20180108	莫彩小	女	89
7	**软件工程B201801 平均值**				100
8	通信工程B201801	20180211	黄超龙	男	117
9	通信工程B201801	20180301	韦飞云	男	84
10	通信工程B201801	20180302	韦凯朝	男	116
11	通信工程B201801	20180303	韦联响	女	99
12	**通信工程B201801 平均值**				104
13	网络工程B201801	20180201	黄康	女	83
14	网络工程B201801	20180202	黄彩玉	女	81
15	网络工程B201801	20180203	黄日用	女	101
16	网络工程B201801	20180208	覃小色	男	96
17	网络工程B201801	20180209	韦文等	男	77
18	网络工程B201801	20180210	施恒	男	101
19	**网络工程B201801 平均值**				89.83333
20	**总计平均值**				97

图 3-63 分类汇总结果示例

3.4　图表、数据透视表的应用

- 熟练掌握 Excel 中图表的创建与设置方法。
- 熟练掌握 Excel 中数据透视表与数据透视图的操作。

在上一节中，我们可以在基础数据表中利用查找、替换、函数、排序、筛选与分类汇总等方法对数据进行加工和处理，并从中获取到感兴趣的数据。但能否将数据按用户的要求多条件动态地用表格化、图形化界面显示出来，使得数据直观生动，是我们接下来需要学习的地方。在本节中，我们将通过学习图表、数据透视表和数据透视图可以很好地解决这个问题。

主要完成以下几方面的工作：

（1）在 Excel 工作表中完成图表的创建。

（2）掌握图表的设置与各组成元素的更改。

（3）在 Excel 工作表中完成数据透视表及数据透视图的操作。

3.4.1　图表的创建

图表是对数据图形化的展示，采用图表能让数据变得更为直观，帮助用户对数据进行分析比较和预测。

根据工作表的数据列表创建图表的步骤如下：

（1）选择需要创建图表的数据区域。

（2）单击“插入”选项卡“图表”选项组中所需的图表按钮，如图 3-64 所示。

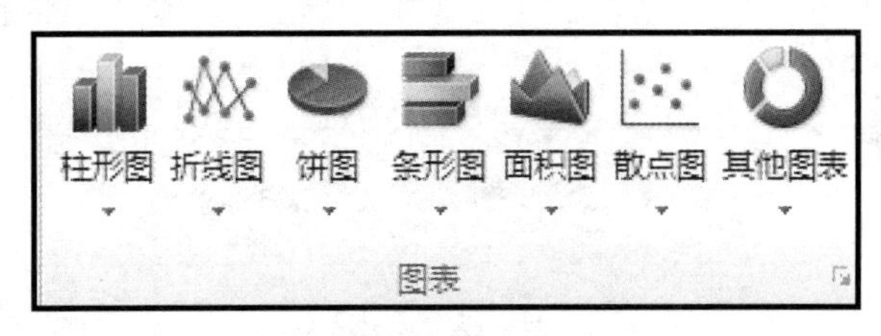

图 3-64　图表选项组

（3）在打开的图表子类型列表中选择所需的图表类型，则可在当前工作表中创建一个图表。也可直接单击“图表”选项组右侧的展开按钮，打开如图 3-65 所示的“插入图表”对话框，选择合适的图表类型，完成图表的创建操作。

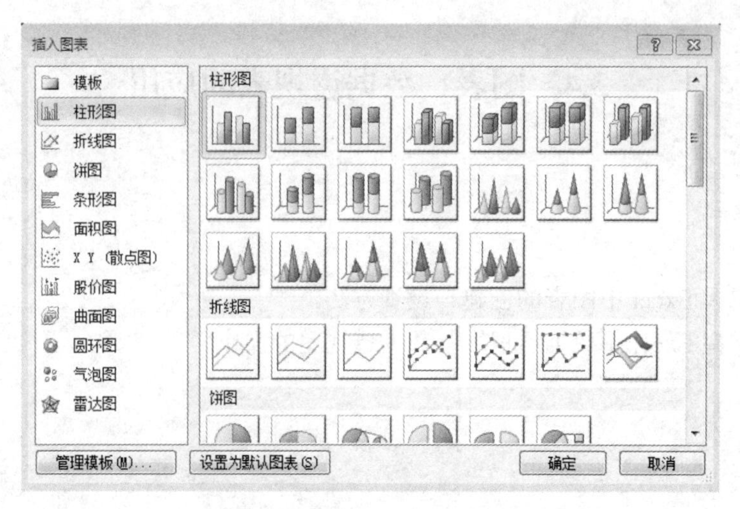

图 3-65 “插入图表”对话框

3.4.2 图表的组成

Excel 的图表由多个元素组成，包括图表标题、图表区、绘图区、图例、垂直（值）轴、水平（类别）轴、网格线、数据标签等，如图 3-66 所示。

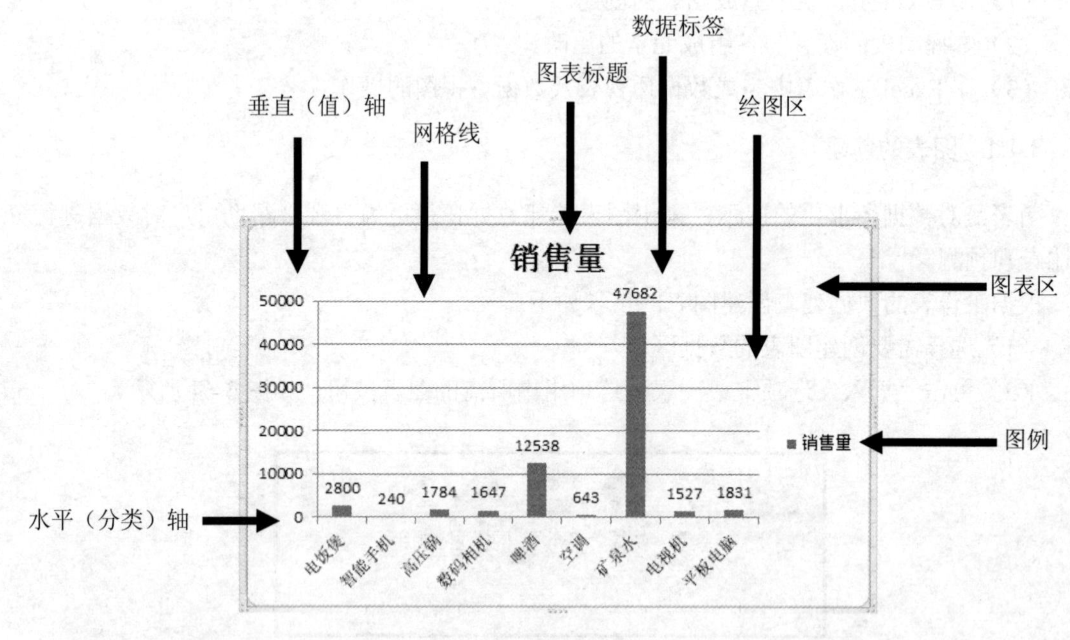

图 3-66 图表的组成

3.4.3 图表的设置与更改

选中创建好的图表，可通过“图表工具”选项卡中的“设计”“布局”和“格式”3 个选项卡对图表进行设置与更改。

1. “设计”选项卡

“设计”选项卡如图 3-67 所示，通过“设计”选项卡可对图表类型、图表数据源、图表样式、数据行/列切换等进行设置与更改。

图 3-67　图表“设计”选项卡

2. “布局”选项卡

“布局”选项卡如图 3-68 所示，通过“布局”选项卡可对图表标题、图例、坐标轴标题、数据标签、坐标轴、网格线、趋势线分析等进行设置。

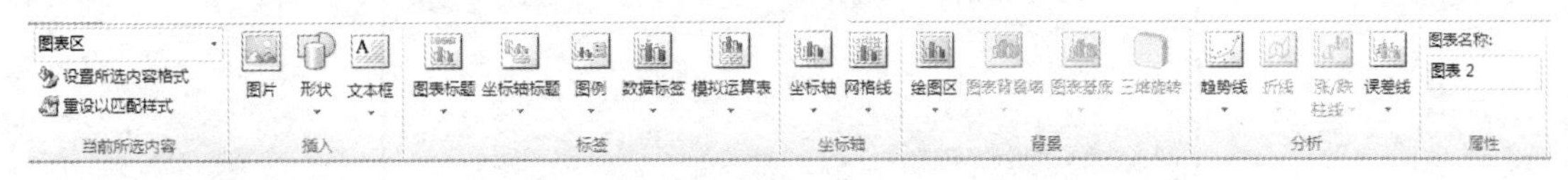

图 3-68　图表“布局”选项卡

3. “格式”选项卡

“格式”选项卡如图 3-69 所示，通过“格式”选项卡可对图表的形状样式、大小、边框格式、形状效果等进行设置。

图 3-69　图表“格式”选项卡

3.4.4　数据透视表和数据透视图的应用

利用数据透视表和数据透视图能快速地对数据进行汇总、分析、浏览和显示，多维度地对原始数据进行展现。创建出的透视表和透视图具有交互性，能有效提高 Excel 报告的生成效率。数据透视图的操作与数据透视表的操作步骤相同，区别仅在于结果是以图表的形式进行显示。本节仅以数据透视表的创建和编辑为例进行说明。

案例要求：如图 3-70 所示，要求显示所有商家每个季度的订单金额。

	A	B	C	D
1	销售订单明细表			
2	订单编号	日期	商家名称	订单金额
3	JDX-23626	2018年3月22日	大众汽修厂	8384
4	JDX-23627	2018年5月23日	万兴汽配厂	1539
5	JDX-23628	2018年7月24日	大众汽修厂	27522
6	JDX-23629	2018年9月24日	万兴汽配厂	35720
7	JDX-23630	2018年10月25日	先锋汽配	3744
8	JDX-23631	2018年10月26日	大众汽修厂	1736
9	JDX-23632	2018年10月29日	先锋汽配	5080
10	JDX-23633	2018年11月30日	先锋汽配	99813
11	JDX-23634	2018年10月31日	大众汽修厂	11808

图 3-70　数据透视表示例数据

通过对示例数据分析可知，数据中包括了每一天各商家的订单金额，可利用数据透视表汇总每个商家每个季度的订单金额。

1. 创建数据透视表

（1）选择要创建数据透视表的源数据区域，若是对整个数据表创建数据透视表，只需单击数据列表中的任意单元格。

（2）单击“插入”选项卡“表格”选项组中的“数据透视表”按钮，打开“创建数据透视表”对话框，如图 3-71 所示。

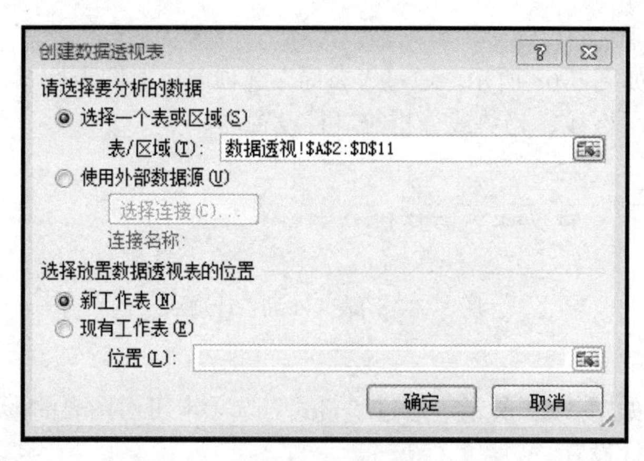

图 3-71 “创建数据透视表”对话框

（3）在其中选择存放数据透视表的位置，然后单击“确定”按钮完成数据透视表的创建，如图 3-72 所示。

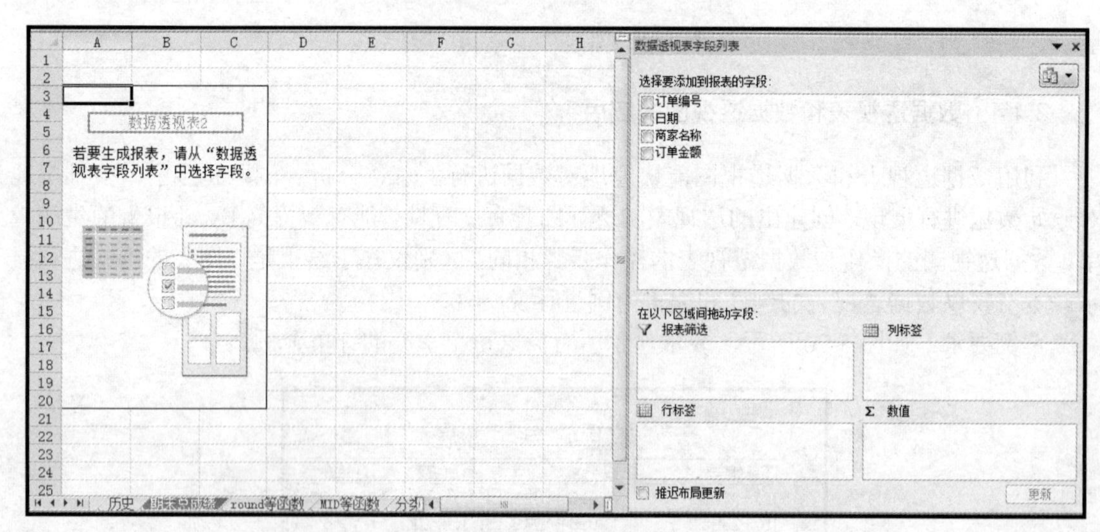

图 3-72 数据透视表创建结果示例

2. 编辑数据透视表

（1）根据要求将数据透视表右侧的报表字段拖动至相应的行标签、列标签、数值内，即可完成数据透视表的生成。本案例中可将“商家名称”字段拖至行标签内，“日期”字段拖至列标签内，“订单金额”拖至数值区内，如图 3-73 所示。

求和项:订单金额	列标签									
行标签	2018年3月22日	2018年5月23日	2018年7月24日	2018年9月24日	2018年10月25日	2018年10月26日	2018年10月29日	2018年10月31日	2018年11月30日	总计
大众汽修厂	8384		27522			1736		11808		49450
万兴汽配厂		1539		35720						37259
先锋汽配					3744		5080		99813	108637
总计	8384	1539	27522	35720	3744	1736	5080	11808	99813	195346

图 3-73　数据透视表创建结果示例

（2）数据透视表生成后，可根据需要对数据透视表进行设置和更改。可以单击行、列标签右侧的下拉箭头按钮，完成字段的筛选操作；还可右击数据区域中的任意单元格，在弹出的快捷菜单中更改值的汇总方式和值的显示方式。

本案例中由于日期字段的记录较多，不能直观地显示出订单信息，需要以季度为单位进行显示。右击任意行标签数值，在弹出的快捷菜单中选择“创建组”选项，在打开的“分组”对话框中选择“季度”字段，如图 3-74 所示，单击“确定”按钮后，数据则按季度进行显示，如图 3-75 所示。

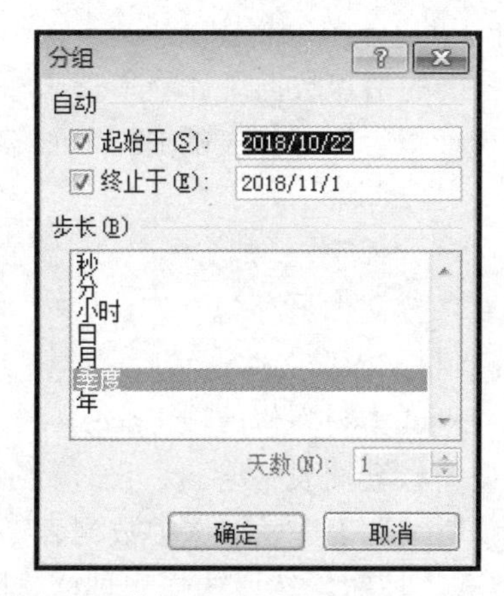

图 3-74　数据透视表的“分组”对话框

求和项:订单金额	列标签				
行标签	第一季	第二季	第三季	第四季	总计
大众汽修厂	8384		27522	13544	49450
万兴汽配厂		1539	35720		37259
先锋汽配				108637	108637
总计	8384	1539	63242	122181	195346

图 3-75　透视表编辑结果示例

应用案例一　销售统计

小王是一家计算机图书销售公司的市场部助理，主要的工作职责是为部门经理提供销售信息的分析和汇总。请你根据销售数据报表（Excel.xlsx 文件），按照如下要求完成统计和分析工作：

（1）将“Excel 素材.xlsx”另存为 Excel.xlsx，后续操作均基于此文件。

（2）请对“订单明细”工作表进行格式调整，通过套用表格格式方法将所有的销售记录调整为一致的外观格式，并将“单价”列和“小计”列所包含的单元格调整为“会计专用”（人民币）数字格式。

（3）根据图书编号，请在“订单明细”工作表的“图书名称”列中使用 VLOOKUP 函数完成图书名称的自动填充。“图书名称”和“图书编号”的对应关系在“编号对照”工作表中。

（4）根据图书编号，请在“订单明细”工作表的“单价”列中使用 VLOOKUP 函数完成图书单价的自动填充。“单价”和“图书编号”的对应关系在“编号对照”工作表中。

（5）在“订单明细”工作表的“小计”列中计算每笔订单的销售额。

（6）根据“订单明细”工作表中的销售数据统计所有订单的总销售金额，并将其填写在“统计报告”工作表的 B3 单元格中。

（7）根据“订单明细”工作表中的销售数据统计《MS Office 高级应用》图书在 2012 年的总销售额，并将其填写在“统计报告”工作表的 B4 单元格中。

（8）根据“订单明细”工作表中的销售数据统计隆华书店在 2011 年第 3 季度的总销售额，并将其填写在“统计报告”工作表的 B5 单元格中。

（9）根据“订单明细”工作表中的销售数据统计隆华书店在 2011 年的每月平均销售额（保留 2 位小数），并将其填写在“统计报告”工作表的 B6 单元格中。

（10）保存 Excel.xlsx 文件。

操作解析：

（1）的考核要点：本题主要考核文件另存为操作。

在 01 文件夹中打开“Excel 素材.xlsx”文件，然后，单击“文件”菜单中的“另存为”命令，将“文件名”文本框中的“Excel 素材”修改成 Excel，最后单击“保存”按钮。

（2）的考核要点：本题主要考核套用表格格式、设置数字格式的操作。

1）套用表格格式。在“订单明细”工作表中选中数据表（A2:H636），在“开始”选项卡“样式”组中单击“套用表格格式”按钮，然后选择一种样式即可。

2）设置数字格式。在“订单明细”工作表中选中“单价”列和“小计”列，单击“开始”选项卡“数字”组中的对话框启动器，打开“设置单元格格式”对话框，在“数字”选项卡的“分类”列表中选择“会计专用”选项，在“货币符号”下拉列表框中选择“￥”符号。

（3）的考核要点：本题主要考核 VLOOKUP 函数的应用。

1）在“订单明细”工作表中，选择 E3 单元格，可直接输入公式“=VLOOKUP(D3,表 2[#全部],2,0)”，或者单击“插入函数”按钮。

在弹出的“插入函数”对话框中选择 VLOOKUP 函数，单击“确定”按钮。

然后在弹出的“函数参数”对话框中设置对应参数，最后单击“确定”按钮完成设置。

2）复制 E3 单元格中的公式到该列其他单元格中。VLOOKUP 是一个查找函数，给定一个查找的目标，它就能从指定的查找区域中查找返回想要查找到的值。本题中“=VLOOKUP(D3,表 2[#全部],2,0)”的含义如下：

参数 1 为查找目标：D3。将在参数 2 指定区域的第 1 列中查找与 D3 相同的单元格。

参数 2 为查找范围：“表 2[#全部]”表示“编号对照”工作表中 A2:C19 区域的“表名称”。注意，查找目标一定要在该区域的第一列。

参数 3 为返回值的列数：“2”表示参数 2 中工作表的第 2 列。如果在参数 2 中找到与参数 1 相同的单元格，则返回第 2 列的内容。

参数 4 为精确 OR 模糊查找“0”。最后一个参数是决定函数精确和模糊查找的关键。精确即完全一样，模糊即包含的意思。第 4 个参数如果指定值是 0 或 FALSE 就表示精确查找，而值为 1 或 TRUE 则表示模糊。

（4）的考核要点：本题主要考核 VLOOKUP 函数的应用。

1）在“订单明细”工作表中，选择 F3 单元格，输入公式“=VLOOKUP(D3,表 2[#全部],3,0)”。

2）拖动 F3 单元格右下角的智能填充句柄一直到 F636 单元格上，即可将 F3 单元格中的公式复制到该列其他单元格中。

（5）的考核要点：本题主要考核计算公式的应用。

1）在“订单明细”工作表中，选择 H3 单元格，输入公式“=[@销量（本）]*[@单价]”或“=G3*F3”。

2）拖动 H3 单元格右下角的智能填充句柄一直到 H636 单元格上，即可将 H3 单元格中的公式复制到该列其他单元格中。

（6）的考核要点：本题主要考核 SUM 函数的应用。

在“统计报告”工作表中，选择 B3 单元格，输入公式“=SUM(表 3[小计])”或“=SUM(订单明细!H3:H636)”。注意，“表 3”表示“订单明细”工作表中 H3:H636 区域的“表名称”。

（7）的考核要点：本题主要考核多条件求和函数 SUMIFS 的应用。

在“统计报告”工作表中，选择 B4 单元格，输入公式“=SUMIFS(表 3[小计],表 3[图书名称],"《MS Office 高级应用》",表 3[日期],">=2012 年 1 月 1 日")”。

本题中“表 3[图书名称],"《MS Office 高级应用》"”是一组两个参数，表示一个条件；“表 3[日期],">=2012 年 1 月 1 日"”是另一组参数，表示第 2 个条件。

（8）的考核要点：本题主要考核多条件求和函数 SUMIFS 的应用。

在“统计报告”工作表中，选择 B5 单元格，输入公式“=SUMIFS(表 3[小计],表 3[书店名称],"隆华书店",表 3[日期],">=2011 年 7 月 1 日",表 3[日期],"<=2011 年 9 月 30 日")”。

本题中有 3 组不同的求和条件。

（9）的考核要点：本题主要考核多条件求和函数 SUMIFS 的应用。注意，本题要求不是求数据的平均值，而是求月平均值。可以先使用 SUMIFS 函数求和，再计算月平均值（除以 12）。

在“统计报告”工作表中，选择 B6 单元格，输入公式“=SUMIFS(表 3[小计],表 3[书店名称],"隆华书店",表 3[日期],">=2011 年 1 月 1 日",表 3[日期],"<=2011 年 12 月 31 日")/12”。

（10）单击“保存”按钮保存 Excel 文件。

应用案例二　财务管理

财务部助理李玲需要向主管汇报某年度公司差旅报销情况，现在按照如下需求完成工作：

（1）将“Excel_素材.xlsx”另存为 Excel.xlsx 文件，之后所有操作均基于此文件。

（2）在“费用报销管理”工作表“日期”列的所有单元格中，标注每个报销日期属于星期几，例如日期为“2018 年 1 月 20 日”的单元格应显示为“2018 年 1 月 20 日星期日”，日期为“2018 年 1 月 21 日”的单元格应显示为“2018 年 1 月 21 日星期一”。

（3）如果“日期”列中的日期为星期六或星期日，则在“是否加班”列的单元格中显示“是”，否则显示“否”（必须使用公式）。

（4）使用公式统计每个活动地点所在的省份或直辖市，并将其填写在“地区”列所对应的单元格中，例如“北京市”和“浙江省”。

（5）依据“费用类别编号”列内容，使用 VLOOKUP 函数生成“费用类别”列内容。对照关系参考“费用类别”工作表。

（6）在“差旅成本分析报告”工作表的 B3 单元格中统计 2018 年第二季度发生在北京市的差旅费用总金额。

（7）在“差旅成本分析报告”工作表的 B4 单元格中统计 2018 年员工钱顺卓报销的火车票费用总额。

（8）在“差旅成本分析报告”工作表的 B5 单元格中统计 2018 年差旅费用中飞机票费用占所有报销费用的比例，并保留 2 位小数。

（9）在“差旅成本分析报告”工作表的 B6 单元格中统计 2018 年发生在周末（星期六和星期日）的通讯补助总金额。

操作解析：

（1）的考核要点：本题主要考核文件另存为操作。

在 02 文件夹中，打开“Excel_素材.xlsx”文件，然后单击“文件”菜单，在弹出的菜单中选择“另存为”命令，将“文件名”文本框中的“Excel_素材”修改成 Excel，最后单击“保存”按钮。注意不能删除文件后缀“.xlsx”。

（2）的考核要点：本题主要考核“日期格式”的操作。

选中工作表“费用报销管理”的数据区域 A3:A401，单击“开始”选项卡“数字”组中的启动器，打开“设置单元格格式”对话框。在“数字”选项卡中设置分类为“自定义”，然后在“类型”中输入“yyyy"年"m"月"d"日"aaaa”。

（3）的考核要点：本题考核 IF 函数和 OR 函数操作。

IF 函数的语法为 IF(logical_test, [value_if_true], [value_if_false])，该函数会根据 logical_test 表达式的值返回 value_if_true 或 value_if_false 的值。

OR 函数的语法为 OR(logical1,logical2, ...)，最多可以有 30 个条件，只有全部条件满足时才返回 TRUE，否则返回 FALSE。

也可以直接在 H3 单元格中输入公式“=IF(OR(WEEKDAY(A3)=1,WEEKDAY(A3)=7),"是","否")”，然后拖动右下角的智能填充句柄一直到最后一个数据行。

（4）的考核要点：本题主要考核 LEFT 函数的应用。

LEFT 函数主要根据所指定的字符数返回文本字符串中第一个字符或前几个字符，语法为 LEFT(text, [num_chars])。

Text 参数为必需，包含要提取的字符的文本字符串；num_chars 参数为可选，指定要由 LEFT 提取的字符的数量，如果省略 num_chars，则假设其值为 1。

在 D3 单元格中输入公式“=LEFT([@活动地点],3)”，然后拖动右下角的智能填充句柄一直到最后一个数据行。

注意，公式中应用“[@活动地点]”，要使用它，需要先将表格设置为“自动套用表格”，才能引用正确。

（5）的考核要点：本题主要考核 VLOOKUP 函数的应用。

VLOOKUP 是一个查找函数，给定一个查找的目标，它就能从指定的查找区域中查找返回想要查找到的值。本题中“=VLOOKUP(D3,表 2[#全部],2,0)”的含义如下：

参数 1 为查找目标：D3，将在参数 2 指定区域的第 1 列中查找与 D3 相同的单元格。

参数 2 为查找范围：表 2[#全部]，表示第 2 个工作表（即“编号对照”工作表）中数据表的全部区域（即 A2:C19 区域）。注意查找目标一定要在该区域的第一列。

参数 3 为返回值的列数：“2”表示参数 2 中工作表的第 2 列。如果在参数 2 中找到与参数 1 相同的单元格，则返回第 2 列的内容。

参数 4 为精确 OR 模糊查找：“0”。最后一个参数是决定函数精确和模糊查找的关键。精确即完全一样，模糊即包含的意思。

第 4 个参数如果指定值是 0 或 FALSE 就表示精确查找，而值为 1 或 TRUE 时则表示模糊。注意，在使用 VLOOKUP 时不要把这个参数给漏掉了，如果缺少这个参数，则会默认为模糊查找。

在 F3 单元格中输入公式“=VLOOKUP([@费用类别编号],表 4[#全部],2,FALSE)”，然后拖动右下角的智能填充句柄一直到最后一个数据行。

（6）的考核要点：本题主要考核 SUMIFS 函数的应用。

SUMIFS 函数的语法：SUMIFS(求和区域,条件区域 1,条件 1, [条件区域 2,条件 2], ...)。

参数 1 为求和区域，即计算此区域内符合条件的单元格数据；参数 2 和参数 3 为条件，参数 2 和参数 3 是一个组合，表示一个条件。还可以增加更多的条件。

如本题中“表 3[图书名称],"《MS Office 高级应用》"”是一组两个参数，表示一个条件；“表 3[日期],">=2012 年 1 月 1 日"”是另一组参数，表示第 2 个条件，后面可以加多组条件。

也可以打开“差旅成本分析报告”工作表，直接在 B3 单元格中输入公式“=SUMIFS(费用报销管理!G3:G401,费用报销管理!A3:A401,">2013-03-31",费用报销管理!A3:A401,"<2013-07-01",费用报销管理!D3:D401,"北京市")”。

（7）的考核要点：本题主要考核 SUMIFS 函数的应用。

同上题，打开“差旅成本分析报告”工作表，在 B4 单元格中输入公式“=SUMIFS(费用报销管理!G3:G401,费用报销管理!A3:A401,">2012-12-31",费用报销管理!A3:A401,"<2014-01-01",费用报销管理!B3:B401,"钱顺卓",费用报销管理!E3:E401,"BIC-005")”。

（8）的考核要点：本题主要考核组合各种函数的用法。

同上题，打开“差旅成本分析报告”工作表，然后在 B5 单元格中输入公式“=SUMIFS(费用报销管理!G3:G401,费用报销管理!A3:A401,">2012-12-31",费用报销管理!A3:A401,"<2014-01-01",费用报销管理!E3:E401,"BIC-001")/SUM(费用报销管理!G3:G401)”。在“开始”选项卡的“数字”组中将其设置为保留 2 位小数。

（9）的考核要点：本题主要考核 SUMIFS 函数的应用。

同上题，打开“差旅成本分析报告”工作表，在 B6 单元格中输入公式“=SUMIFS(费用报销管理!G3:G401,费用报销管理!A3:A401,">2012-12-31",费用报销管理!A3:A401,"<2014-01-01",费用报销管理!E3:E401,"BIC-009",费用报销管理!H3:H401,"是")”。

保存 Excel 文档并退出 Excel 程序。

应用案例三　成绩管理

期末考试结束了，初三（14）班的班主任助理刘老师需要对本班学生的各科考试成绩进行统计，按照下列要求完成该班的成绩统计工作：

（1）打开“Excel_素材.xlsx”，将该文件另存为“学生成绩.xlsx”，后续操作均基于此文件。

（2）打开工作簿“学生成绩.xlsx”，在最左侧插入一个空白工作表，重命名为“初三学生档案”，并将该工作表标签颜色设为“紫色（标准色）”。

（3）将以制表符分隔的文本文件“学生档案.txt”自 A1 单元格开始导入工作表“初三学生档案”中，注意不得改变原始数据的排列顺序。将第 1 列数据从左到右依次分成“学号”和“姓名”两列显示。最后创建一个名为“档案”，包含数据区域 A1:G56 和标题的表，同时删除外部链接。

（4）在工作表“初三学生档案”中，利用公式及函数依次输入每个学生的性别（“男”或“女”）、出生日期（××××年××月××日）和年龄。其中，身份证号的倒数第 2 位用于判断性别，奇数为男性，偶数为女性；身份证号的第 7～14 位代表出生年月日；年龄需要按周岁计算，满 1 年才计 1 岁。最后适当调整工作表的行高和列宽、对齐方式等，以方便阅读。

（5）参考工作表“初三学生档案”，在工作表“语文”中输入与学号对应的“姓名”；按照平时、期中、期末成绩各占 30%、30%、40%的比例计算每个学生的“学期成绩”并填入相应单元格中；按成绩由高到低的顺序统计每个学生的“学期成绩”排名，并按“第 n 名”的形式填入“班级名次”列中；按照下列条件填写“期末总评”：语文、数学学期成绩 其他科目学期成绩 期末总评 ≥102 ≥90 优秀 ≥84 ≥75 良好 ≥72 ≥60 及格 <72 <60 不合格。

（6）将工作表“语文”的格式全部应用到其他科目工作表中，包括行高（各行行高均为 22 默认单位）和列宽（各列列宽均为 14 默认单位），并按上述（4）中的要求依次输入或统计其他科目的“姓名”“学期成绩”“班级名次”和“期末总评”。

（7）分别将各科的“学期成绩”引入工作表“期末总成绩”的相应列中，在工作表“期末总成绩”中依次引入姓名，计算各科的平均分、每个学生的总分，并按成绩由高到低的顺序统计每个学生的总分排名，并以“1、2、3、……”的形式标识名次，最后将所有成绩的数字格式设为数值，保留 2 位小数。

（8）在工作表“期末总成绩”中分别用红色（标准色）和加粗格式标出各科第一名成绩，同时将前 10 名的总分成绩用浅蓝色填充。

（9）调整工作表“期末总成绩”的页面布局以便打印，纸张方向为横向，缩减打印输出使得所有列只占一个页面宽（但不得缩小列宽），水平居中打印在纸上。

操作解析：

（1）的考核要点：本题主要考核文件另存为操作。

在 03 文件夹中打开“Excel_素材.xlsx”文件，单击“文件”菜单，在弹出的菜单中选择“另存为”命令，然后将“文件名”文本框中的“Excel_素材”修改成 Excel，最后单击“保存”按钮。注意不能删除文件后缀“.xlsx”。

（2）的考核要点：

1）在最左侧的“语文”工作表名称上右击，在弹出的快捷菜单中选择“插入”命令，打开“插入”对话框，在其中选择“工作表”选项，单击“确定”按钮，将会出现一个空白的工作表。

2）在新插入的工作表名称上双击，工作表名称将会变成黑底白字状态，输入文字“初三学生档案”，按 Enter 键完成工作表的重命名。

3）在“初三学生档案”工作表名称上右击，在弹出的快捷菜单中选择“工作表标签颜色”命令，在“主题颜色”中选择“标准色”中的“紫色”。

（3）的考核要点：

1）在“初三学生档案”工作表中选择 A1 单元格，在“数据”选项卡中选择“获取外部数据”组中的“自文本”选项，打开“导入文本文件”对话框，找到 03 文件夹中的“学生档案.txt”，单击“导入”按钮。打开“文本导入向导-第 1 步，共 3 步”对话框，在“导入起始行”中输入 1，在“文件原始格式”下拉选项中选择“中文简体（GB2312）”选项，单击“下一步”按钮。

再次单击“下一步”按钮到第 3 步，在“数据预览”中单击“身份证号码”列，在“列数据格式”选项组中选择“文本”选项，单击“完成”按钮关闭对话框。将会出现“导入数据”对话框，在“现有工作表”文本框中输入“=$A$1”，单击“确定”按钮，完成对文本数据的导入。

2）在“学号姓名”列和“身份证号码”列之间插入一个空白列，使其名称为“B”列，选中 A1 单元格，在“数据”选项卡的“数据工具”组中单击“分列”工具。

打开“文本分列向导-第 1 步，共 3 步”对话框，在“原始数据类型”选项中选择“固定宽度”，单击“下一步”按钮。

在“文本分列向导-第 2 步，共 3 步”界面的“数据预览”中单击数据线段，出现黑色竖线，拖动竖线到“学号”和“姓名”之间，单击“下一步”按钮。

将“第 3 步”的“目标区域”内容设为“$A$1”，单击“完成”按钮，出现提示框，单击“确定”按钮，完成 A1 单元格内容拆分。

3）选中 A2:A56 单元格区域，按照上述 2）的步骤拆分学号和姓名。

4）选中“初三学生档案”工作表的 A1:A56 单元格区域，在“开始”选项卡的“编辑”分组中单击“清除”按钮，在出现的下拉选项中选择“清除超链接”选项清除外部链接。

5）选中“初三学生档案”工作表的数据区域，在“开始”选项卡的“样式”组中单击“套用表格样式”按钮，从中选择一种表格样式，在弹出的“套用表格式”对话框中勾选“表包含标题”，单击“确定”按钮。

在“表格工具/设计”选项卡的“属性”组中将表名称改为“档案”。

（4）的考核要点：

1）在“初三学生档案”工作表的 D2 单元格中输入公式“=IF(ISODD(MID([@身份证号码],17,1)),"男","女")”，按 Enter 键得出“性别”结果；选中 D2 单元格，将鼠标放至单元格右下角，待鼠标变成细黑色十字形状后拖动鼠标，把公式填充到 D3:D56 单元格区域。

2）在 E2 单元格中输入公式“=MID([@身份证号码],7,4) & "年" & MID([@身份证号码],11,2) & "月" & MID([@身份证号码],13,2) & "日"”，按 Enter 键得出“出生日期”结果后，复上述 1）步骤拖动鼠标填充公式过程。

3）在 F2 单元格中输入函数公式“=INT((TODAY()-[@出生日期])/365)”，按 Enter 键得出“年龄”结果，重复上述 1）步骤拖动鼠标填充公式过程。

4）选中 A1:G56 单元格区域，单击“开始”选项卡“单元格”中的“格式”，在其中设置行高、列宽，在“对齐方式”中设置对齐方式。

（5）的考核要点：

1）在“语文”工作表的B2单元格中输入公式“=VLOOKUP(A2,档案[#全部],2,FALSE)”，按Enter键得出结果。选中B2单元格，将鼠标放至单元格右下角，待鼠标变成细黑色十字形状后拖动鼠标，把公式填充到其他单元格区域。

2）首先在F2单元格内输入计算公式“=C2*30%+D2*30%+E2*40%”，按Enter键得出“学期成绩”结果。选中F2单元格，将鼠标放至单元格右下角，待鼠标变成细黑色十字形状后拖动鼠标，把公式填充到F3:F45单元格区域。

3）在G2单元格中输入函数公式“="第"&RANK.EQ(F2,F$2:F$45)&"名"”，按Enter键得出“班级排名”结果，重复上述2）步骤拖动鼠标填充公式过程。

4）在H2单元格中输入公式“=IF(F2>=102,"优秀",IF(F2>=84,"良好",IF(F2>=72,"及格","不合格")))”，按Enter键得出“期末总评”结果，重复上述2）步骤拖动鼠标填充公式过程。

（6）的考核要点：

1）选中“语文”工作表中的表格数据区域，单击“开始”选项卡“剪贴板”中的“格式刷”按钮；打开“数学”工作表，待鼠标变成小刷子图样后选取数据区域，完成格式刷的应用，按照题中所给的数据调整行高和列宽。

2）按照上述1）步骤完成其他科目工作表的格式设置。

3）打开“数学”工作表，参照“初三学生档案”工作表内容，在B2单元格中输入VLOOKUP函数公式“=VLOOKUP(A2,档案[#全部],2,FALSE)”。

4）在F2单元格内输入函数公式“=C2*30%+D2*30%+E2*40%”，按Enter键得出“学期成绩”结果。选中F2单元格，将鼠标放至单元格右下角，待鼠标变成细黑色十字形状后拖动鼠标，把公式填充到F3:F45单元格区域。

5）在G2单元格中输入函数公式“="第"&RANK.EQ(F2,F$2:F$45)&"名"”，按Enter键得出“班级排名”结果，重复上述4）步骤拖动鼠标填充公式过程。

6）在H2单元格中输入函数公式“=IF(F2>=90,"优秀",IF(F2>=75,"良好",IF(F2>=60,"及格","不合格")))”，按Enter键得出“期末总评”结果，重复上述4）步骤拖动鼠标填充公式过程。

7）重复上述3）～6）步骤，设置其他科目的工作表。

（7）的考核要点：

1）打开“期末总成绩”工作表，在B3单元格中输入公式“=VLOOKUP(A3,档案[#全部],2,FALSE)”，按Enter键完成“姓名”的引用，拖动鼠标将公式填充到B4:B46单元格区域内。

2）在C3单元格中输入公式“=VLOOKUP(A3,语文!$A$1:$H$45,6,FALSE)”，按Enter键完成“语文”的引用，拖动鼠标将公式填充到C4:C46单元格区域内。

3）在D3单元格中输入公式“=VLOOKUP(A3,数学!$A$1:$H$45,6,FALSE)”，按Enter键完成“数学”的引用，拖动鼠标将公式填充到D4:D46单元格区域内。

4）在E3单元格中输入公式“=VLOOKUP($A3,英语!$A$1:$H$45,6,FALSE)”，按Enter键完成“英语”的引用，拖动鼠标将公式填充到E4:E46单元格。

5）在F3单元格中输入公式“=VLOOKUP($A3,物理!$A$1:$H$45,6,FALSE)”，按Enter键完成“物理”的引用，拖动鼠标将公式填充到F4:F46单元格区域内。

6）在G3单元格中输入公式“=VLOOKUP($A3,化学!$A$1:$H$45,6,FALSE)”，按Enter

键完成“化学”的引用，拖动鼠标将公式填充到 G4:G46 单元格区域内。

7）在 H3 单元格中输入公式“=VLOOKUP($A3,品德!$A$1:$H$45,6,FALSE)”，按 Enter 键完成“品德”的引用，拖动鼠标将公式填充到 H4:H46 单元格区域内。

8）在 I3 单元格中输入公式“=VLOOKUP($A3,历史!$A$1:$H$45,6,FALSE)”，按 Enter 键完成“历史”的引用，拖动鼠标将公式填充到 I4:I46 单元格区域内。

9）在 J3 单元格中输入公式“=SUM(C3:I3)”，按 Enter 键完成“总分”的计算，拖动鼠标将公式填充到 J4:J46 单元格区域内。

10）在 C47 单元格中输入 AVERAGE 函数公式“=AVERAGE(C3:C46)”，按 Enter 键完成“平均分”的计算，拖动鼠标将公式填充到 D47:J47 单元格区域内。

11）在 K3 单元格中输入 RANK.EQ 函数公式“=RANK.EQ(J3,J$3:J$46)”，按 Enter 键完成“总分排名”的计算，拖动鼠标将公式填充到 K4:K46 单元格区域内。

12）选中 C3:J47 单元格区域，在“开始”选项卡的“单元格”组中单击“格式”的下拉按钮，选择“设置单元格格式”选项，打开“设置单元格格式”对话框，在“数字”选项卡的“分类”组中选择“数值”选项，小数位数为“2”，单击“确定”按钮完成设置。

（8）的考核要点：

1）打开“期末总成绩”工作表，选中“语文”列数据，单击“开始”选项卡“样式”组中的“条件格式”下拉按钮，选择“项目选取规则”中的“其他规则”命令。打开“新建格式规则”对话框，在文本框中输入 1，单击“格式”按钮，打开“设置单元格格式”对话框，在“字体”选项卡中设置字体为红色、加粗。同理，设置其他科目。

2）选中“总分”列数据，单击“开始”选项卡“样式”组中的“条件格式”下拉按钮，选择“项目选取规则”中的“其他规则”命令，打开“新建格式规则”对话框，在文本框中输入 10。单击“格式”按钮，打开“设置单元格格式”对话框，在“填充”选项卡中设置“背景色”为浅蓝。

（9）的考核要点：打开“期末总成绩”工作表，单击“页面布局”选项卡右下角的启动器，打开“页面设置”对话框，在“页面”选项卡中将“纸张方向”设置为横向；在“页边距”选项卡的“居中方式”选项组中勾选“水平”选项。单击“打印预览”按钮查看工作表是否在一个打印页内，如果不在，则返回调整纸张大小，不得改变列宽。保存并退出 Excel 表格。

应用案例四　数据分析

刘阳是某家用电器企业的战略规划人员，正在参与制定本年度的生产与营销计划。为此，他需要对上一年度不同产品的销售情况进行汇总和分析，从中提炼出有价值的信息。根据下列要求，帮助刘阳运用已有的原始数据完成上述分析工作：

（1）在 04 文件夹下，将文档“Excel 素材.xlsx”另存为 Excel.xlsx（“.xlsx”为扩展名），之后所有的操作均基于此文件，否则不得分。

（2）在工作表 Sheet1 中，从 B3 单元格开始导入“数据源.txt”中的数据，并将工作表名称修改为“销售记录”。

（3）在“销售记录”工作表的 A3 单元格中输入文字“序号”，从 A4 单元格开始为每笔销售记录插入“001、002、003、……”格式序号；将 B 列（日期）中数据的数字格式修改为只包含月和日的格式（3/14）；在E3和F3单元格中分别输入文字“价格”和“金额”；对标题行区域A3:F3应用单元格的上框线和下框线，对数据区域的最后一行A891:F891应用单元格的下框线；其他单元格无边框线；不显示工作表的网格线。

（4）在“销售记录”工作表的A1单元格中输入文字“2012年销售数据”，并使其显示在A1:F1单元格区域的正中间（注意不要合并上述单元格区域）；将“标题”单元格样式的字体修改为“微软雅黑”，并应用于A1单元格中的文字内容；隐藏第2行。

（5）在“销售记录”工作表的E4:E891中，应用函数输入C列（类型）所对应的产品价格，价格信息可以在“价格表”工作表中进行查询；然后将填入的产品价格设为货币格式，并保留零位小数。

（6）在“销售记录”工作表的F4:F891中，计算每笔订单记录的金额，并应用货币格式，保留零位小数，计算规则为：金额=价格*数量*(1-折扣百分比)，折扣百分比由订单中的订货数量和产品类型决定，可以在“折扣表”工作表中进行查询，例如某个订单中产品A的订货量为1510，则折扣百分比为2%（提示，为了便于计算，可对“折扣表”工作表中表格的结构进行调整）。

（7）将“销售记录”工作表A3:F891单元格区域中的所有记录居中对齐，并将发生在周六或周日的销售记录的单元格的填充颜色设为黄色。

（8）在名为“销售量汇总”的新工作表中自A3单元格开始创建数据透视表，按照月份和季度对“销售记录”工作表中的三种产品的销售数量进行汇总；在数据透视表右侧创建数据透视图，图表类型为“带数据标记的折线图”，并为“产品B”系列添加线性趋势线。显示“公式”和“R2值”（数据透视表和数据透视图的样式可参考04文件夹中的“数据透视表和数据透视图.png”示例文件）；将“销售量汇总”工作表移动到“销售记录”工作表的右侧。

（9）在“销售量汇总”工作表右侧创建一个新的工作表，名称为“大额订单”；在这个工作表中使用高级筛选功能筛选出“销售记录”工作表中产品A数量在1500以上、产品B数量在1900以上、产品C数量在1500以上的记录（请将条件区域放置在1～4行，筛选结果放置在从A6单元格开始的区域）。

操作解析：

（1）的考核要点：打开04文件夹下的“Excel素材.xlsx”文件，在“文件”选项卡中单击“另存为”按钮，打开“另存为”对话框，在“文件名”文本框中输入Excel.xlsx（注意，查看本机的文件扩展名是否被隐藏，从而决定是否加后缀名“.xlsx”），将保存的路径设置为04文件夹，单击“保存”按钮。

（2）的考核要点：在Sheet1工作表中选中B3单元格，单击“数据”中的“自文本”按钮，在弹出的“导入文本文件”对话框中找到“数据源.txt”文件并双击，在弹出的“文本导入向导”对话框中，第1步和第2步都单击“下一步”按钮，第3步单击“完成”按钮，出现“导入数据”对话框后单击“确定”按钮。

右击工作表标签，在弹出的快捷菜单中有多个针对工作表的命令。选择“重命名”命令，Sheet1工作表标签进入黑底白字的编辑状态，输入新表名“销售记录”后按Enter键。

（3）的考核要点：

1）在A3单元格中输入文字“序号”。

2）选中“序号”列并右击，在弹出的快捷菜单中选择“设置单元格格式”，打开“设置单元格格式”对话框，在“数字”选项卡中选择“文本”选项，单击“确定”按钮。在 A4 单元格中输入数字“001”，然后拖动智能填充句柄填充。

3）选中“日期”列并右击，选择“设置单元格格式”选项，在弹出的“设置单元格格式”对话框中选择“数字”选项卡，单击“分类”中的“日期”项，在“类型”中选择“3/14”格式，单击“确定”按钮。

4）双击 E3 单元格，输入文字“价格”，按 Enter 键。双击 F3 单元格，输入文字“金额”，按 Enter 键。

5）选中 A3:F3 单元格区域并右击，选择“设置单元格格式”选项，在弹出的“设置单元格格式”对话框中单击“边框”选项卡，选择“边框”中的上框线和下框线图标，按 Enter 键或单击“确定”按钮。

6）选中 A891 到 F891 单元格区域并右击，选择“设置单元格格式”选项，在弹出的“设置单元格格式”对话框中单击“边框”选项卡，选择“边框”中的下框线图标，按 Enter 键或单击“确定”按钮。

7）单击取消对“视图”选项卡“显示”组中“网格线”复选框的选择。

（4）的考核要点：

1）在 A1 单元格中输入文字“2012 年销售数据”。选中 A1:F1 单元格区域并右击，在弹出的快捷菜单中选择“设置单元格格式”选项，打开“设置单元格格式”对话框；在“对齐”选项卡“文本对齐方式”中的“水平对齐：”下拉列表框中选择“跨列居中”，单击“确定”按钮。

2）选中 A1 单元格并右击，在弹出的快捷菜单中选择“设置单元格格式”，打开“设置单元格格式”对话框，在“字体”选项卡的“字体”中选择“微软雅黑”，单击“确定”按钮。

3）选中第二行的所有单元格，在“开始”选项卡的“单元格”组中单击“格式”下拉按钮，选择“隐藏和取消隐藏”，在下一级菜单中选择“隐藏行”命令。

（5）的考核要点：

1）选中 E4 单元格，输入函数“=VLOOKUP(C4,价格表!$B$2:$C$5,2,0)”，按回车键完成价格填充，双击 E4 单元格右下角的填充柄，即可填充 E 列其他行的价格。

2）选定 E 列单元格并右击，选择“设置单元格格式”，打开“设置单元格格式”对话框，在“分类”中单击“货币”项，将“小数位数”设置为 0，单击“确定”按钮。

（6）的考核要点：

1）选中 F 列并右击，在弹出的快键菜单中选择“设置单元格格式”命令，在弹出的对话框中单击“数字”选项卡，在“分类”中选择“货币”，将“小数位数”设为 0。

2）本操作有多种方式去进行，根据题目提示可调整折扣表。这里我们将折扣表中表格行/列对调，即可采用公式计算：“=D4*E4*(1-VLOOKUP(C4,折扣表!$B$2:$F$5,IF(销售记录!D4>=2000,5,IF(销售记录!D4>=1500,4,IF(销售记录!D4>=1000,3,2))),0))”。

在不调整折扣表的情况下，可以使用 HLOOKU 函数来计算，公式：“=D4*E4*(1-HLOOKUP(C4,折扣表!$B$2:$E$6,IF(D4<1000,2,IF(D4<1500,3, IF(D4<2000,4,5))),0))”，然后按 Enter 键。

3）双击 F4 单元格右下角的填充柄，即可填充 F 列其他行的价格。

（7）的考核要点：

1）选中 A3:F891 单元格区域，在“开始”选项卡的“对齐方式”中单击“居中”按钮。

2）将发生在周六或周日的销售记录的单元格的填充颜色设置为黄色，操作步骤如下：

步骤 1：选中 G4 单元格并输入公式“=WEEKDAY(B4)”，然后双击 G4 单元格右下方的填充柄；单击“开始”选项卡“编辑”组中的“排序和筛选”按钮，在下拉列表中单击“筛选”命令。

步骤 2：单击 G3 单元格中的下拉按钮，取消 2 至 6 的勾选状态，然后选中所有数据区域，设置填充色为黄色。

步骤 3：单击“开始”选项卡“编辑”组中的“排序和筛选”按钮，在下拉列表中取消选择“筛选”命令；删除 G 列内容。

（8）的考核要点：

1）单击工作表标签后的“插入工作表”按钮，创建一个新的工作表，修改名称为“销售量汇总”。

2）创建数据透视表的操作步骤如下：

步骤 1：在“销售量汇总”工作表中，将光标置入 A3 单元格中，在“插入”选项卡的“表格”组中单击“数据透视表”按钮，在展开的列表中选择“数据透视表”选项，启动“创建数据透视表”对话框。

步骤 2：单击“选择一个表或区域”中“表/区域”文本框右侧的按钮叠起对话框以便在工作表中手动选取要创建透视表的“销售记录”工作表中的 B3:D891 单元格区域。

步骤 3：在“选择放置数据透视表的位置”中选择“现有工作表”选项，单击“确定”按钮。

步骤 4：在工作表“销售量汇总”右侧出现一个“数据透视表字段列表”任务窗格。在“选择要添加到报表的字段”列表框中选中“日期”，拖动到“在以下区域间拖动字段”选项组的“行标签”下面。同理拖动“类型”字段到“列标签”下，拖动“数量”字段到“数值”下。

步骤 5：选中 A5 到 A368 中的任一单元格并右击，选择“创建组”命令，在弹出的“分组”对话框中将步长下的“月”和“季度”选中，单击“确定”按钮，即完成数据透视表的创建。

3）创建数据透视图的操作步骤如下：

步骤 1：在“销售量汇总”工作表中，将光标置入“数据透视表”右侧的任一单元格中，在“插入”选项卡的“表格”组中单击“数据透视表”按钮，在展开的列表中选择“数据透视图”选项。

步骤 2：启动“创建数据透视表及数据透视图”对话框。单击“选择一个表或区域”中“表/区域”文本框右侧的按钮，叠起对话框以便在工作表中手动选取要创建透视图的“销售记录”工作表中的 B3:D891 单元格区域。在“选择放置数据透视表及数据透视图的位置”中选择“现有工作表”选项，单击“确定”按钮。

步骤 3：在工作表“销售量汇总”右侧出现一个“数据透视表字段列表”任务窗格。在“选择要添加到报表的字段”列表框中选中“日期”并拖动到“在以下区域间拖动字段”选项组的“轴字段（分类）”中；选中“类型”拖动到“图例字段（序列）”中；选中“数量”拖动到“数值”下面。

步骤 4：选中行标签中的任一单元格并右击，选择“创建组”命令，在弹出的“分组”对话框中将步长下的“月”和“季度”选中，单击“确定”按钮。

步骤 5：单击“数据透视图工具/设计”选项卡“类型”组中的“更改图表类型”按钮，在弹出的“更改图表类型”对话框中选择“折线图”中的“带数据标记的折线图”，然后单击“确定”按钮。

步骤 6：选中“产品 B”图表线并右击，在弹出的快捷菜单中选择“添加趋势线”命令，在“设置趋势线格式”对话框中选中“线性”，勾选“显示公式”和“显示 R 平方值”复选框，再单击“关闭”按钮。

步骤 7：选中垂直轴数据区并右击，在弹出的快捷菜单中选择“设置坐标轴格式”命令，然后设置最小值为 20000，最大值为 50000，主要刻度为 10000，最后单击“关闭”按钮。

步骤 8：单击“布局”选项卡“标签”组中的“图例”下拉按钮，在下拉列表中选中“在底部显示图例”命令，适当调整趋势线的公式和平方值位置。

步骤 9：单击“布局”选项卡“坐标轴”组中的“网格线”下拉按钮，在下拉列表中选中“主要横网格线”菜单中的“无”。

4）按住“销售量汇总”工作表标签，将其拖至“销售记录”工作表后。

（9）的考核要点：

1）在工作表“价格表”标签上右击，选择“插入”命令，在弹出的“插入”对话框中，单击“常用”选项卡中的“工作表”图标，单击“确定”按钮，在“销售量汇总”工作表右侧会出现一个 sheet3 工作表。双击 sheet3 工作表标签，输入文字“大额订单”，则创建了一个名称为“大额订单”的工作表。

2）在“大额订单”工作表中，在 A1 单元格中输入“类型”，在 B1 单元格中输入“数量”，在 A2 单元格中输入“产品 A”，在 B2 单元格中输入“>1500”；在 C1 单元格中输入“类型”，在 D1 单元格中输入“数量”，在 C3 单元格中输入“产品 B”，在 D3 单元格中输入“>1900”；在 E1 单元格中输入“类型”；在 F1 单元格中输入“数量”，在 E4 单元格中输入“产品 C”，在 F4 单元格中输入“>1500”。

3）单击“数据”选项卡“排序和筛选”组中的“高级”按钮，弹出“高级筛选”对话框，在“方式”列表中选中“将筛选结果复制到其他位置”单选项，在“列表区域”中选择“销售记录”工作表中的 C3:F891 单元格区域，显示为“销售记录!$A$3:$F$891”；在“条件区域”中选择“大额订单”工作表中的 A1:F4 单元格区域，显示为“大额订单!$A$1:$F$4”；“复制到”选择“大额订单”工作表中的 A6 单元格，显示为“大额订单!$A$6”，最后单击“确定”按钮。

第 4 章　PowerPoint 演示文稿制作

PowerPoint 2010 具有强大的演示文稿制作与设计功能，能够将图片、文字、声音、影像等对象插入到演示文稿的幻灯片中，用于表达用户的主题和思想，广泛应用于教育教学课件制作、项目交流演讲、产品宣传展示、会议演讲播放等领域。

4.1　PowerPoint 概述

- 认识 PowerPoint 2010 的界面构成。
- 掌握演示文稿的基本操作。
- 掌握幻灯片的外观设计。

在这一节中，我们从 PowerPoint 2010 的软件操作界面开始，全面了解演示文稿中涉及的相关知识与技术，并掌握演示文稿中幻灯片的基本操作、各类幻灯片对象的插入、幻灯片的修饰与外观设计，为后面的案例讲解奠定基础。

主要完成以下几方面的工作：

（1）演示文稿的打开、关闭和保存。

（2）演示文稿内容的输入与编辑，包括文本框、图形、图片、剪贴画、表格与多媒体。

（3）演示文稿的美化。

（4）动画与放映设置。

4.1.1　认识 PowerPoint 2010 软件界面

下面介绍 PowerPoint 2010 的窗口组成。

1. 标题栏

标题栏位于窗口的顶端，如图 4-1 所示，由系统图标、快速访问工具栏、文件名称、窗口控制按钮组成。

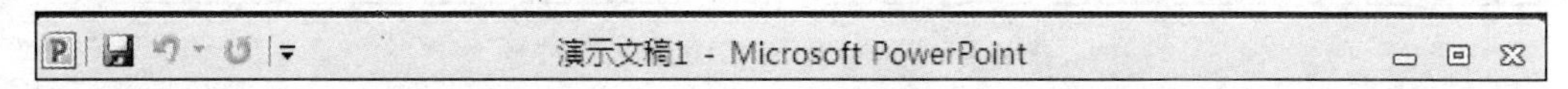

图 4-1　标题栏

PowerPoint 2010 系统图标为，单击该按钮，可以对工作界面进行控制，如移动、改变大小、关闭等。

快速访问工具栏：默认情况下，包括“保存”按钮、“撤消”按钮、“重复”按钮和扩展按钮。我们可以在快速访问工具栏上添加一些常用的命令按钮，比如打印预览和打印、快速打印等。

“保存”按钮：单击该按钮，可以对制作的幻灯片进行保存。

“撤消”按钮：单击该按钮，可以撤消对当前幻灯片的上一步操作，多次单击该按钮可以撤消多步操作。

“重复”按钮：单击该按钮，可以重复对当前幻灯片进行的撤消操作，与原来版本功能类似。

“扩展”按钮：单击该按钮，可以弹出快捷菜单，在其下可以将使用频繁的工具添加到快速访问工具栏中。

标题栏中间显示的是正在操作的文档和程序的名称等信息。

标题栏右侧有 3 个窗口控制按钮：“最小化”按钮、“最大化”按钮和“关闭”按钮，单击它们可以执行相应的操作命令。

2. 选项卡和功能区

单击“菜单”区中的相应菜单（如图 4-2 所示）即可打开相应的功能区，在功能区中有许多自动适应窗口大小的工具栏，为用户提供了常用的命令或列表框。有的工具栏右下角会有一个图标，称为“对话框启动器”按钮，单击它将打开对话框或任务窗格，可进行更详细的设置。

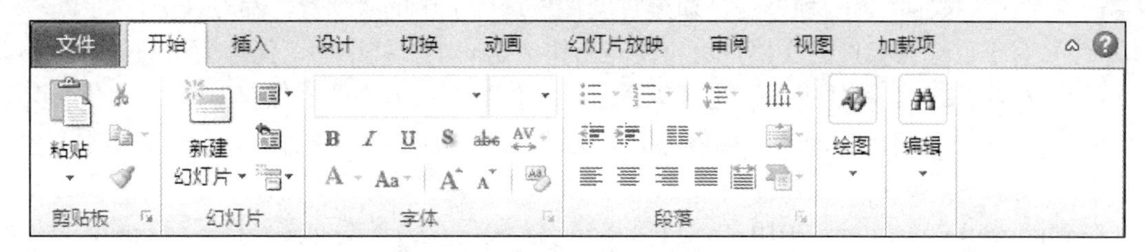

图 4-2　PowerPoint 2010 的选项卡和功能区

在功能选项卡的右端有“功能区最小化”按钮，单击它可以收缩功能区，再次单击可以展开功能区，右侧的“帮助”按钮单击可以打开帮助窗格，用户在其中可以查找到需要帮助的信息。

3. 幻灯片编辑区

幻灯片编辑区用于幻灯片内容的编辑与排版。

4. 状态栏

状态栏中包括主题名称、视图模式、缩放按钮等，如图 4-3 所示。

图 4-3　PowerPoint 2010 的状态栏

4.1.2　PowerPoint 2010 视图

普通视图：包括“大纲”和“幻灯片”窗格，在这种视图模式下，可以对幻灯片进行编辑排版，添加文本，插入图片、表格、SmartArt 图形、图表、图形对象、文本框、电影、声音、超链接和动画。

幻灯片浏览视图：在此视图模式下，可方便地对幻灯片进行移动、复制、删除、页面切换效果的设置，也可以隐藏和显示指定的幻灯片，查看缩略图形式的幻灯片。通过此视图，可以在准备打印幻灯片时方便地对幻灯片的顺序进行排列和组织。

阅读视图：阅读视图用于向用自己的计算机查看您的演示文稿的人员而非受众（例如，通过大屏幕）放映演示文稿。如果希望在一个设有简单控件以方便审阅的窗口中查看演示文稿，而不想使用全屏的幻灯片放映视图，也可以在自己的计算机上使用阅读视图。如果要更改演示文稿，可随时从阅读视图切换至某个其他视图。

放映视图：幻灯片放映视图可用于向受众放映演示文稿。幻灯片放映视图会占据整个计算机屏幕，这与受众观看演示文稿时在大屏幕上显示的演示文稿完全一样。可以看到图形、计时、电影、动画效果和切换效果在实际演示中的具体效果。按 Esc 键退出幻灯片放映视图。

4.1.3　PowerPoint 2010 演示文稿操作

1. 演示文稿的保存

（1）从未保存过的演示文稿，可单击快速访问工具栏中的“保存”按钮，打开“另存为”对话框，在“保存位置”下拉列表框中选择存储位置，在“文件名”下拉列表框中输入名称，再单击“保存”按钮；另一种方法是通过“文件”选项卡中的“保存”命令，方法同上。

（2）对于已经保存过的文档，可直接点击快速访问工具栏中的“保存”按钮，软件不会出现保存位置与文件名称的提示。也可以通过“文件”选项卡中的“保存”命令，“文件”选项卡中的“另存为”将当前演示文稿保存到其他地方或以另外的名称保存，对原文稿不产生任何影响。

在 Microsoft PowerPoint 2010 中，可以将演示文稿保存为早期的文件格式（.ppt），以便在 PowerPoint 2003 或更早版本中查看它。但是，如果将 PowerPoint 2010 演示文稿保存为 PowerPoint 97-2003 文件，则较高版本（PowerPoint 2007 和 PowerPoint 2010）中提供的某些功能和效果可能会丢失。也可以通过安装更新和转换器在 PowerPoint 2003 或更早版本中查看 PowerPoint 2007 和 PowerPoint 2010 文件格式（.pptx）。

2. 幻灯片的基本操作

（1）选择幻灯片。在制作幻灯片时，有时需要选择单张幻灯片，有时又需要选择多张幻灯片。

在“大纲”或“幻灯片”窗格中，单击需要选择的幻灯片即可选择单张幻灯片。按住 Ctrl

键，依次单击某些幻灯片，可以实现不连续幻灯片的选择。按住 Shift 键，单击第一张幻灯片，再单击最后一张幻灯片，可以实现连续幻灯片的选择。

（2）移动幻灯片。按住鼠标左键将选中的幻灯片拖动到新的位置，再释放鼠标。

（3）复制幻灯片。常用的复制方法是选择需要复制的幻灯片，按住 Ctrl 键的同时拖放源幻灯片到目标位置，释放鼠标即实现复制。或者选择需要复制的幻灯片，按 Ctrl+C 键进行复制，到目标位置后，再按 Ctrl+V 键。

（4）删除幻灯片。对于不需要的幻灯片可以将其删除，方法是将需要删除的幻灯片选中，再按 Delete 键。

4.1.4 PowerPoint 2010 演示文稿内容编辑

演示文稿中的内容可以是文本、图形、剪贴画、数据公式及各种多媒体对象。

1. 文本框的基本操作

（1）文本框的插入。通过单击“插入”选项卡中的“文本框”按钮可以插入横排或竖排的文本框，如图 4-4 所示。

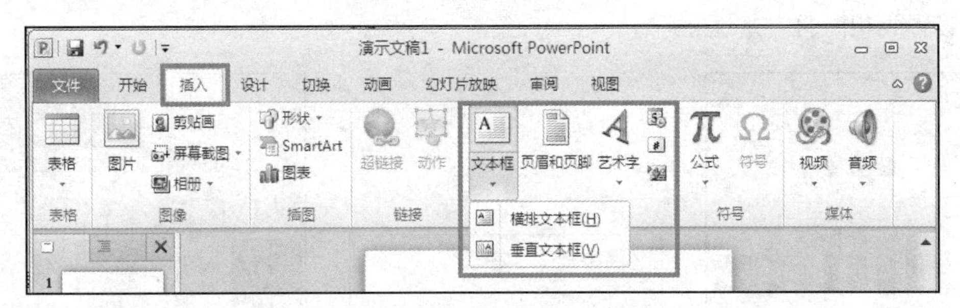

图 4-4　插入文本框

（2）文本框的格式设置。

选择需要设置格式的文本框，PowerPoint 2010 将在功能区中自动显示“格式”选项卡，可对文本框进行边框线条的大小、形状和颜色等设置，也可对文本框的形状填充、形状轮廓和形状效果进行设置，如图 4-5 所示。

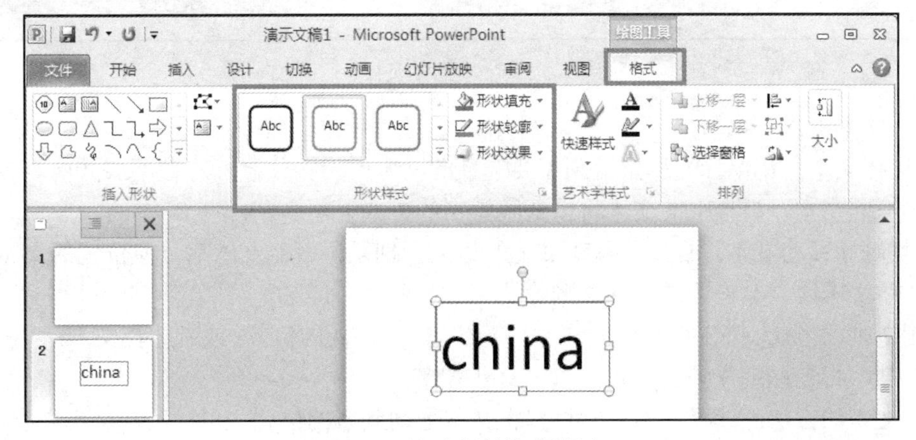

图 4-5　文本框的格式设置

在“格式”选项卡的“形状样式”组中单击“形状轮廓”按钮，指向“粗细”，然后单击所需的线条粗细，可以设置文本框的边框线粗细，也可以设置文本框的边框线样式（点线、点划线等）与颜色。

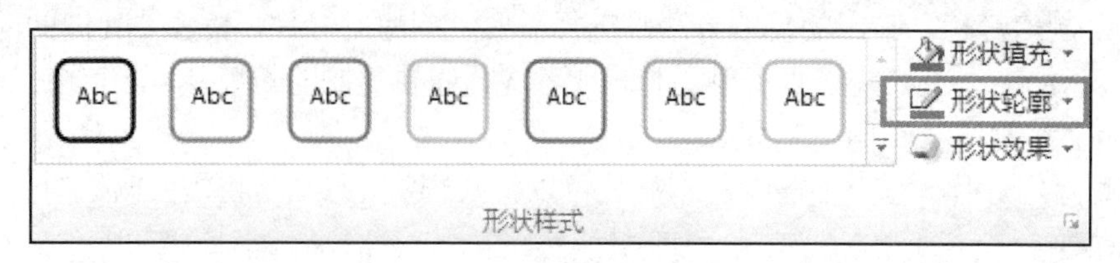

图 4-6　文本框轮廓设置

（3）文本框的形状填充。文本框的形状填充可以使用纯色填充、渐变填充、图片或纹理填充、图案填充等，如图 4-7 所示。其中，渐变填充有预设好的渐变色，也可以自己定义渐变，渐变类型有线性、射线、矩形、路径等；纹理填充有系统预置好的纹理效果，如水滴、鱼类化石等。如果要将多个文本框或形状更改为相同颜色，则单击第一个文本框或形状，然后在按住 Ctrl 键的同时单击其他文本框或形状，一次选中多个文本框，再进行设置，可以一次性将多个文本框设置成相同的填充效果。

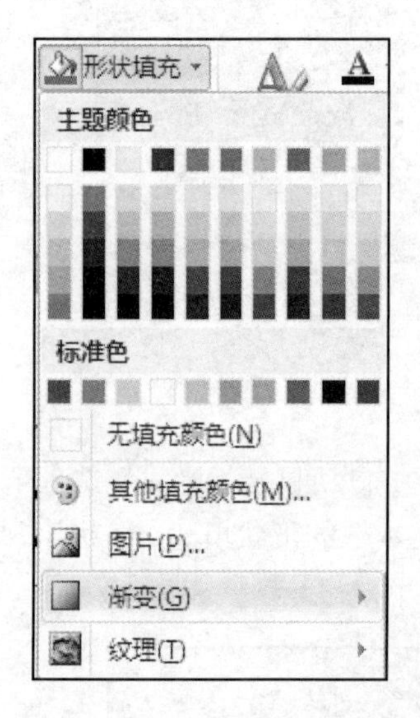

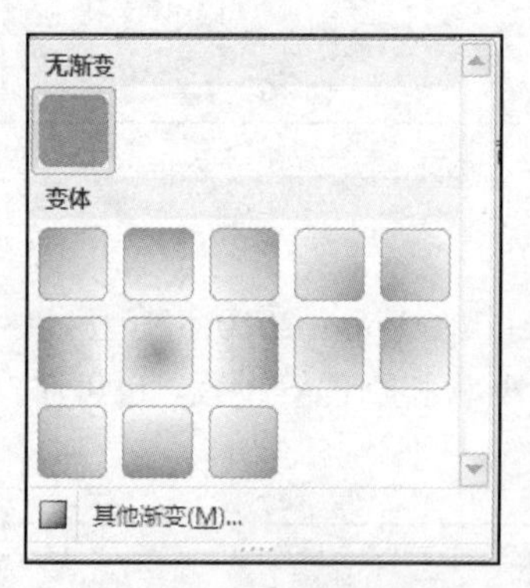

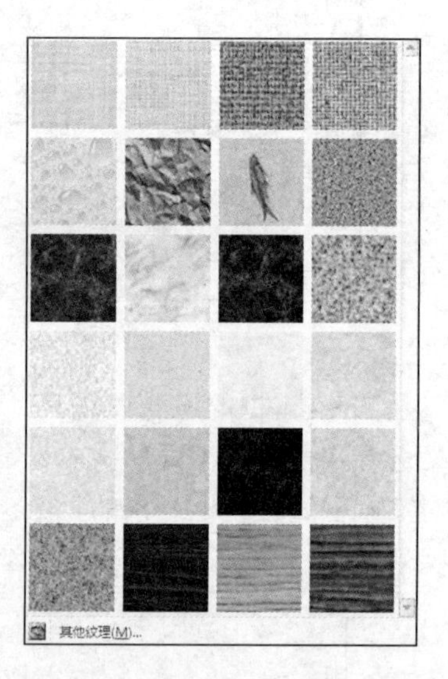

图 4-7　文本框填充设置

（4）文本输入与编辑。

1）选择文本。将鼠标光标定位到需要选择的文本前，按住鼠标左键不放并向右拖动鼠标即可选择当前文本，被选中的文本将以灰底黑字的方式显示。

2）复制和移动文本。复制与移动文本的最大区别是：复制文本后，原位置的文本不发生改变；移动文本后，原位置的文本被删除了。

复制文本的方法：按住 Ctrl 键的同时，将文本拖动到新的位置；或者选择文本后，按 Ctrl+C 键进行复制，将光标定位到新位置后，按 Ctrl+V 键。

移动文本的方法：选择文本后，直接将文本拖动到新的位置，可以实现文本内容的移动。

3）删除与撤消删除文本。在输入文本时，如果发现有输入错误，可以将其删除，删除的方法是选择需要删除的文本，直接按 Delete 键；若因为意外原因导致文本被误删除，可以使用撤消删除命令（Ctrl+Z 键）恢复被删除的文本，也可使用快速访问工具栏中的“撤消”按钮。

4）设置文本字体与段落格式。

文本字体设置：通过“开始”选项卡中的“字体”栏可以对文本格式进行设置，如图 4-8 所示。其基本操作类似于 Word。单击字体栏右下角的可以打开“字体”对话框。

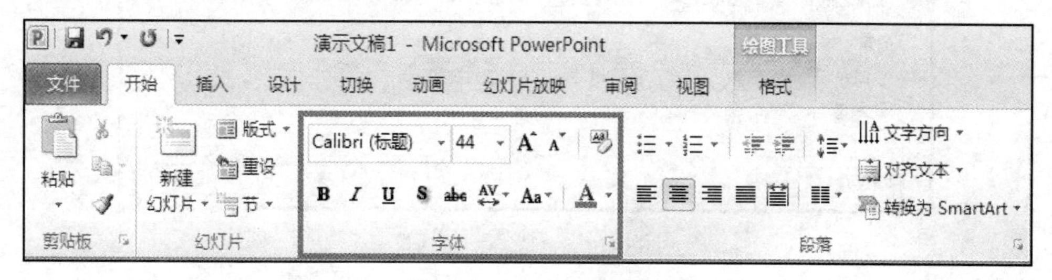

图 4-8　字体/段落设置

文本段落设置：通过“开始”选项卡中的“段落”栏可以对段落格式进行设置，如图 4-8 所示。其基本操作类似于 Word。单击“段落”栏右下角的可以打开“段落”对话框。

在幻灯片中选择文本并右击，会出现一个快捷菜单，选择其中的“字体”命令，打开“字体”对话框，如图 4-9 所示，可以进行中英文字体、字形、字号、颜色、效果、字符间距等的设置。

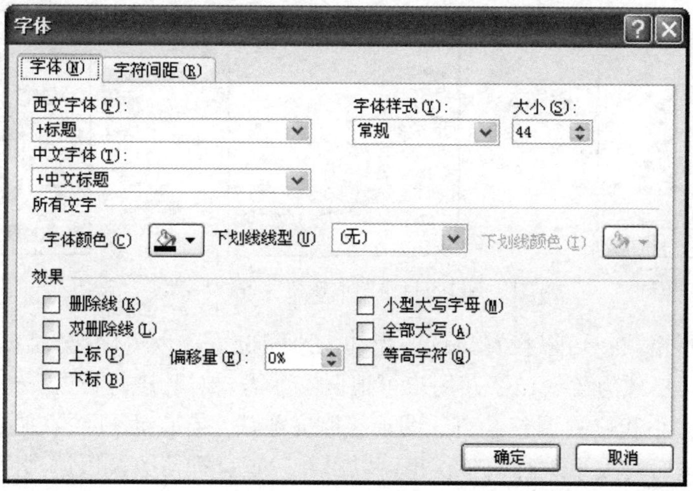

图 4-9　“字体”对话框

在幻灯片中选择文本并右击，会出现一个快捷菜单，选择其中的“段落”命令，打开“段落”对话框，如图 4-10 所示，可以进行段前、段后间距，行间距等的设置。

2. 插入自选图形和 SmartArt 图形

（1）自选图形。绘制自选图形，自选图形包括线条、矩形、基本形状、箭头总汇、公式形状、流程图、星与旗帜、标注等，如图 4-11 所示。单击“插入”选项卡中的“形状”按钮，在弹出的下拉菜单中选择需要的自绘图形，在幻灯片的空白位置拖拉或单击可以绘制出自选图形。

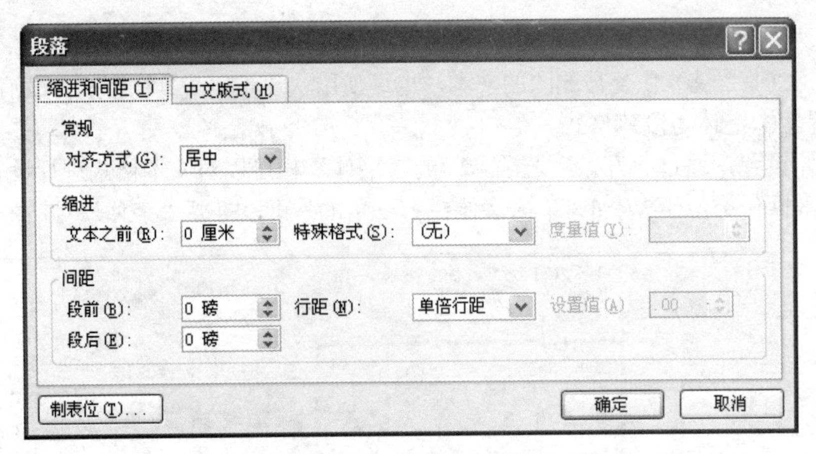

图 4-10 “段落”对话框

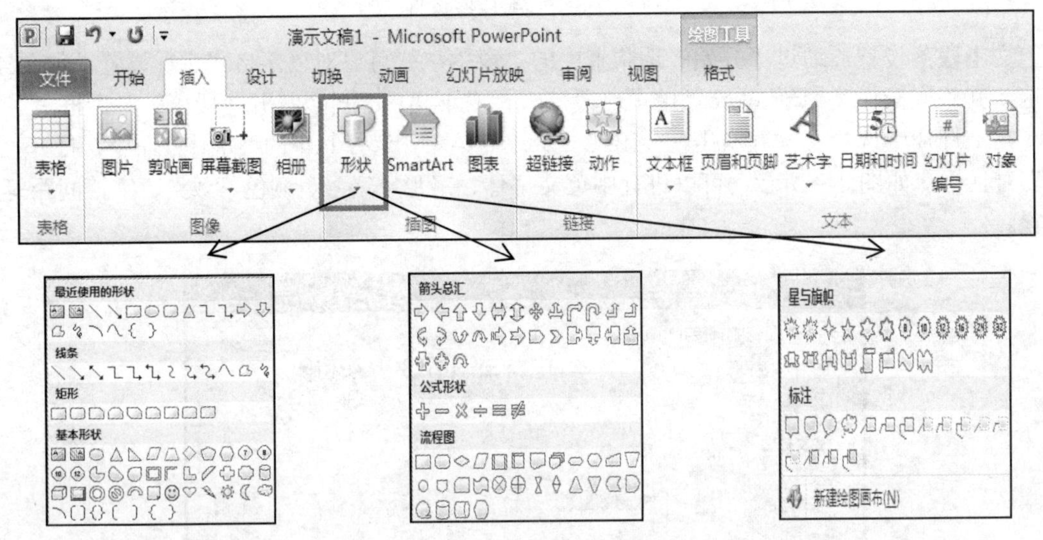

图 4-11 自绘图形按钮及各种形状

设置自选图形格式：可以设置自选图形的大小和位置，也可以设置自选图形的形状和颜色。自选图形默认格式为蓝底白字，用户可根据实际需要对其进行设置。

自选图形的大小和位置调整：自选图形绘制完成后，在图形里面添加文本，当文本不能完全显示时，可以对其大小进行调整，也可以对其位置进行修改，以达到图文混排的效果。

“自选图形格式设置”对话框可以对图形内部填充、边框线条颜色、阴影、三维效果等16 个方面进行设置。通过右击自选图形，单击快捷菜单中的“设置自选图形格式”可以打开对话框。其中“填充”选项卡如图 4-12 所示，“线条颜色”选项卡如图 4-13 所示，其他设置在此不再表述。

（2）SmartArt 图形。SmartArt 图形是信息和观点的视觉表示形式。可以通过从多种不同布局中进行选择来创建 SmartArt 图形，从而快速、轻松、有效地传达信息。与文字相比，插图和图形更有助于读者理解和记住信息，但是大多数人仅能创建只含文字的内容，创建具有设计师水准的插图很困难，尤其是当制作人员是非专业设计人员或者聘请专业设计人员时价钱比较昂贵。

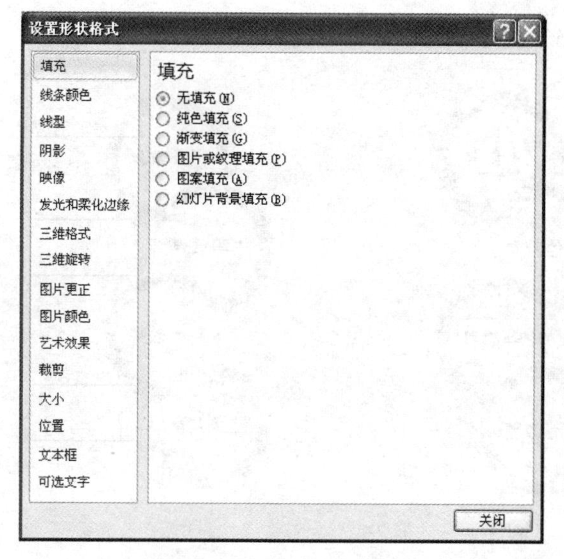

图 4-12　“填充”选项卡

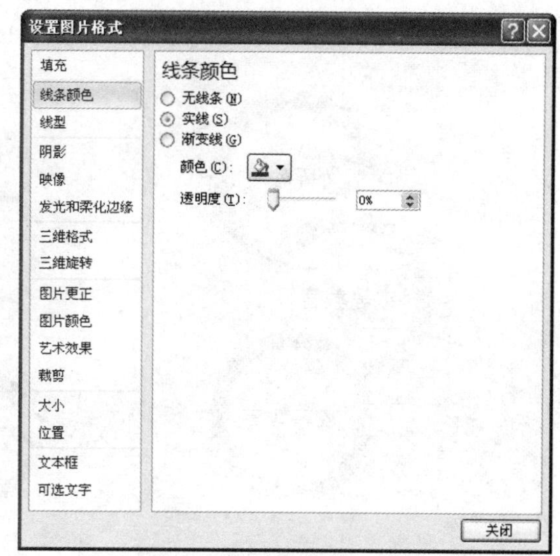

图 4-13　“线条颜色”选项卡

创建 SmartArt 图形并向其中添加文字：在“插入”选项卡的“插图”组中单击 SmartArt 按钮，打开“选择 SmartArt 图形”对话框，然后单击所需的类型和布局，如图 4-14 所示。

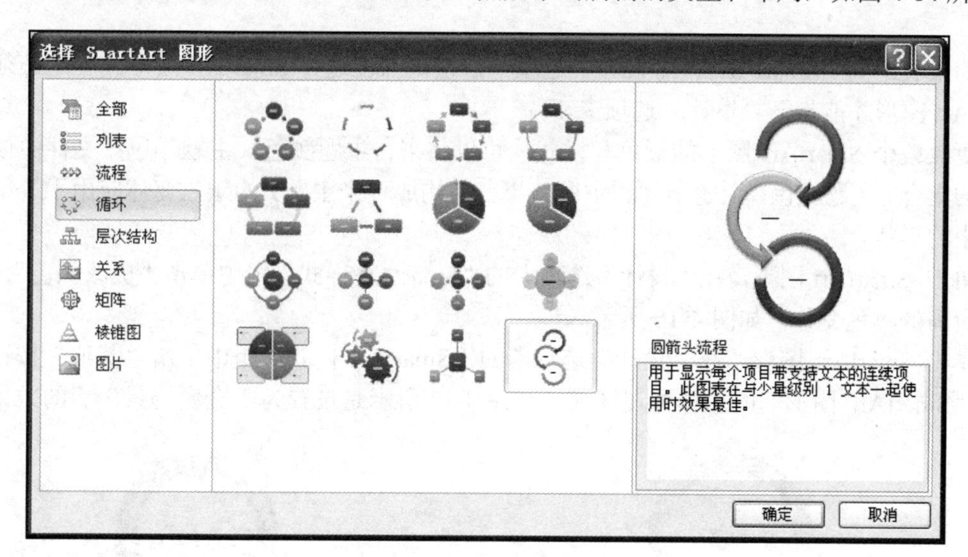

图 4-14　SmartArt 图形的插入

执行下列操作之一即可输入文字：

- 单击“文本”窗格中的“[文本]”，然后输入文本。
- 从其他位置或程序复制文本，单击“文本”窗格中的“[文本]”，然后粘贴文本。

在 SmartArt 图形中添加或删除形状：单击要向其中添加另一个形状的 SmartArt 图形，单击最接近新形状的添加位置的现有形状，如图 4-15（a）所示，选中“中等教育”文本框，按 Ctrl+C 组合键复制 SmartArt 中的文本框，再按 Ctrl+V 组合键粘贴，在原有“中等教育”形状下自动添加一个新的形状，文本内容还是“中等教育”，如图 4-15（b）所示。将复制产生的“中等教育”文字修改为“高等教育”，将下一个形状中的“高等教育”修改为“继续教育”，实现了 SmartArt 图形中形状的增加，如图 4-15（c）所示。

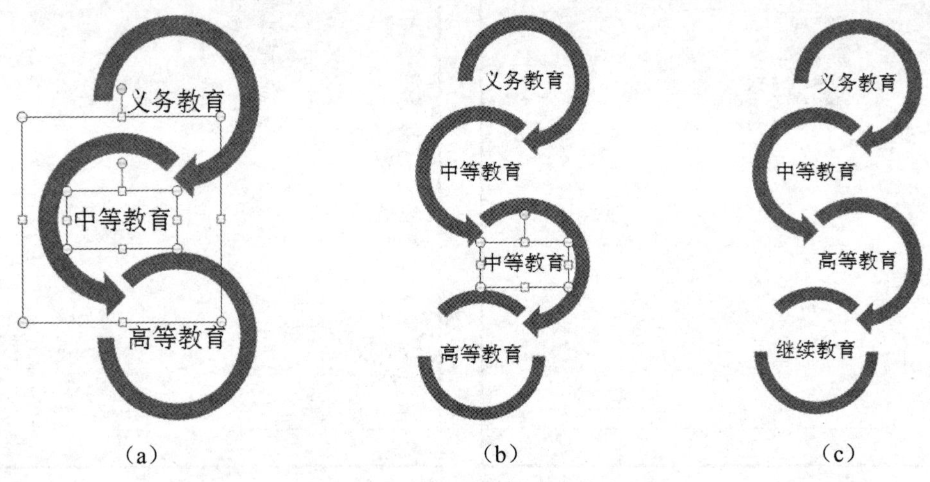

图 4-15　SmartArt 图形的修改

删除 SmartArt 图形中的形状：选中需要删除的形状或形状位置对应的文本框，按 Delete 键实现形状的删除（一般只需要删除形状所在位置的文本框，与文本框相关联的形状会自动删除）。

如果看不到“SmartArt 工具/设计”选项卡，请确保已选择 SmartArt 图形。可能必须双击 SmartArt 图形才能打开“设计”选项卡。

更改整个 SmartArt 图形的颜色和样式：可以将来自主题颜色（主题颜色：文件中使用的颜色的集合。主题颜色、主题字体和主题效果三者构成一个主题）的颜色变体应用于 SmartArt 图形中的形状。

单击 SmartArt 图形，在“设计”选项卡的“SmartArt 样式”组中单击“更改颜色”按钮，选择所需的颜色变体，如图 4-16 所示。

单击 SmartArt 图形，在“设计”选项卡的“SmartArt 样式”组中单击“其他”按钮⊡，选择“SmartArt 图形”的总体外观样式。如图 4-17 所示是设置为“金属场景”后的效果。

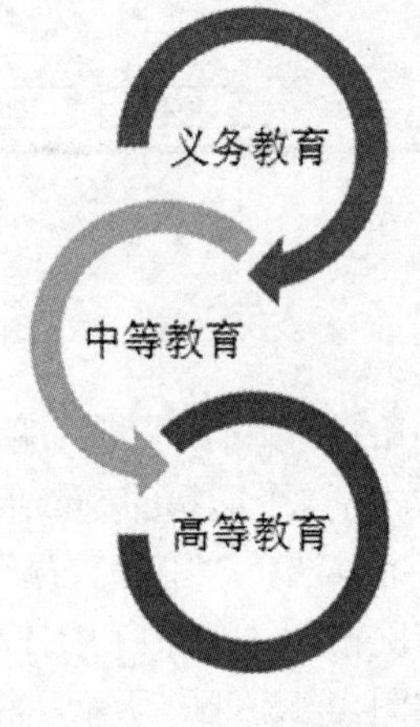

图 4-16　更改图形颜色

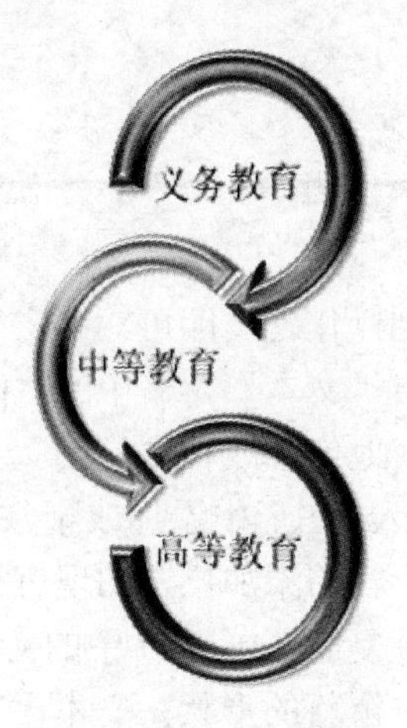

图 4-17　更改三维样式

单击 SmartArt 图形，在“SmartArt 工具/布局”选项卡中单击“SmartArt 布局”组中的“其他”按钮，选择“SmartArt 图形”的布局更改。如图 4-18 所示是设置为“交替流”布局模式后的效果。

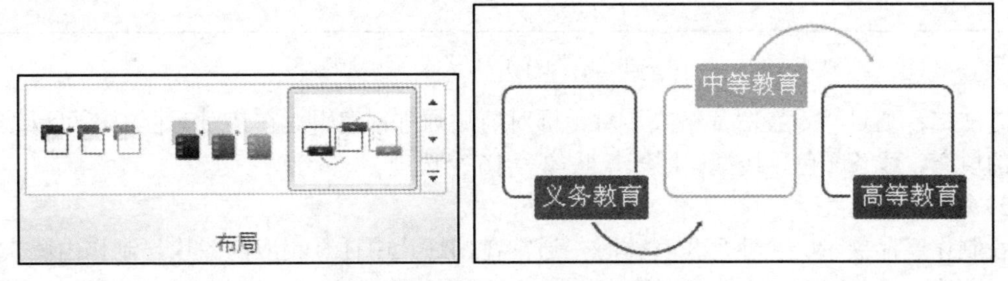

图 4-18　更改 SmartArt 图形布局

（3）插入剪贴画和图片。为使制作出来的幻灯片生动形象，可以在 PowerPoint 2010 制作的演示文稿中插入图片与剪贴画。

1）插入剪贴画。

剪贴画是 PowerPoint 2010 中自带的图片，它的种类很多，包括人物、动物、植物、建筑、科技、机械等各个领域的图片，可满足大部分演示文稿的制作需要。下面介绍剪贴画的插入与编辑方法。

单击“插入”选项卡“图像”组中的“剪贴画”按钮，在工作界面的右侧打开“剪贴画”任务窗格，在“搜索文字”文本框中输入要搜索的剪贴画类型关键字，单击“搜索”按钮，在列出的剪贴画列表框中选择所需要的剪贴画将其插入到幻灯片中，如图 4-19 所示。

图 4-19　搜索并插入剪贴画

编辑剪贴画：如果用户对插入的剪贴画大小、位置或图片样式不满意，可以进行编辑。当选中插入的剪贴画后，将自动启动“格式”选项卡，在其中可以对剪贴画进行背景、颜色、样式、位置、大小、边框、版式、阴影、映像、三维格式、三维旋转、发光等的设置。

方法一：通过“图片工具/格式”选项卡编辑方式对剪贴画进行编辑，如图 4-20 所示。主要包括四个方面的编辑：色彩的调整、样式的修改、排列方式的修改、剪贴画大小的修改。

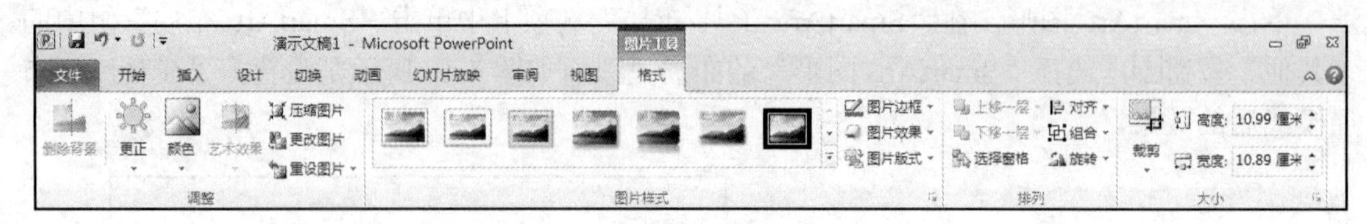

图 4-20 “图片工具/格式”选项卡

方法二：通过“设置图片格式”对话框对剪贴画进行编辑。在该对话框中，可以编辑剪贴画的填充、线条颜色、线型、阴影、映像等 16 个选项。

2）插入图片。

在制作产品展示、企业形象宣传时，通常在幻灯片中插入相应的图片，制作出图文并茂的演示文稿。插入图片的方法是：选中需要插入图片的幻灯片，在“插入”选项卡的“图像”组中单击“图片”按钮，弹出“插入图片”对话框，选择图片并插入。

图片的编辑：插入的图片可以进行颜色、透明度、大小等方面的编辑，也可将艺术效果应用于图片或对图片进行重新着色。

更改图片的颜色浓度：饱和度是颜色的浓度，饱和度越高，图片色彩越鲜艳；饱和度越低，图片越黯淡。单击要为其更改颜色浓度的图片，在“图片工具/格式”选项卡的“调整”组中单击“颜色”按钮，如图 4-21 所示。

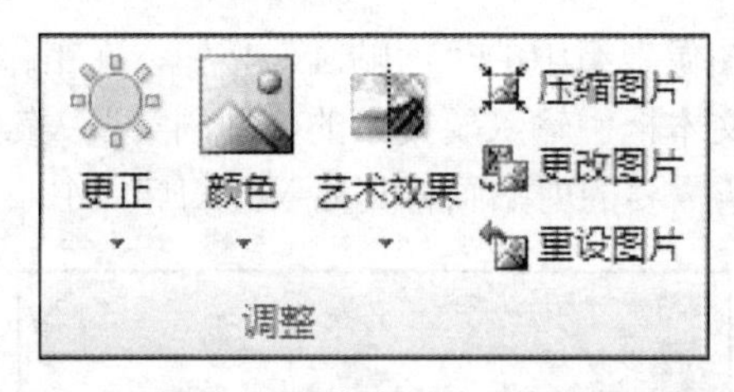

图 4-21 “图片工具/格式”选项卡的“调整”组

将艺术效果应用于图片：可以将艺术效果应用于图片或图片填充，以使图片看上去更像草图、绘图或绘画。图片填充是一个形状，或者是其中填充了图片的其他对象。一次只能将一种艺术效果应用于图片，因此应用不同的艺术效果会删除以前应用的艺术效果。

裁剪图片：可以使用增强的裁剪（裁剪：剪裁对象的垂直或水平边缘。经常对图片进行裁剪，以将注意力集中于特定区域）工具来修整并有效删除图片中不需要的部分，以获得所需要的外观并使文档更加漂亮，如图 4-22 所示。

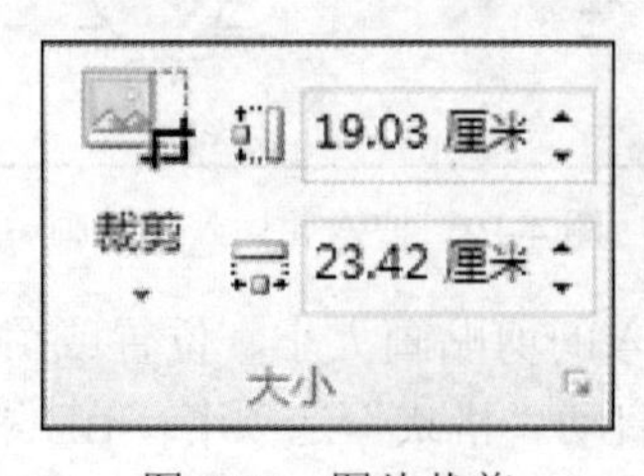

图 4-22 图片裁剪

消除图片背景：用于强调或突出图片的主题或消除杂乱的细节，如图 4-23 所示。

图 4-23　原始图片/显示背景消除线/消除背景

方法如下：

①在“图片工具/格式”选项卡的“背景”组中单击“背景消除”按钮。

②在“图片工具/格式”选项卡的“背景消除”组中如果没有看到“背景消除”或“图片工具”选项卡，请确保选择了图片。可能必须双击图片才能选择它并打开“格式”选项卡。

③单击点线框线条上的一个句柄，然后拖动线条，使之包含您希望保留的图片部分，并将大部分希望消除的区域排除在外，如图 4-24 所示。

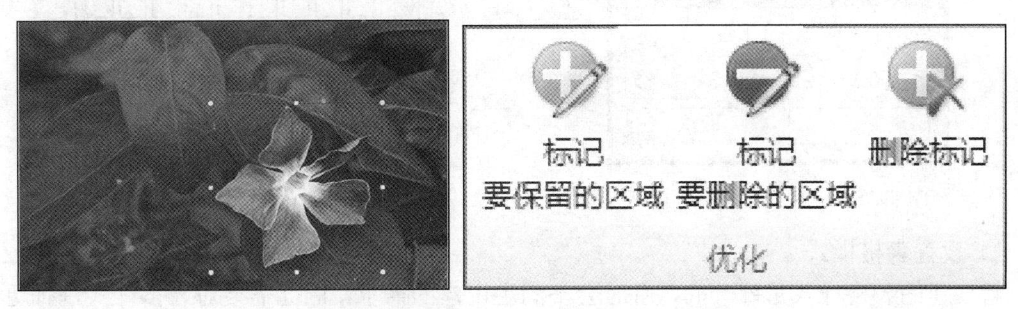

图 4-24　消除线及删除、保留区域设置

④显示背景消除线和句柄的图片，大多数情况下，不需要执行任何附加操作，而只需要不断尝试点线框线条的位置和大小，就可以获得满意的结果。如有必要，请执行下列一项或两项操作：

- 对于不希望消除的图片部分，单击“用线条绘制出要保留的区域”按钮。
- 对于需要消除的图片部分，单击“标记要消除的区域”按钮。

⑤单击“关闭”组中的“关闭并保留更改”按钮。

（4）插入表格。

在幻灯片中可以添加表格，但最多只能添加 8 行 10 列的表格，可通过“插入”选项卡中的“表格”按钮插入，如图 4-25 所示。

图 4-25　“插入表格”按钮

1）插入表格。

方法一：在需要插入表格的幻灯片中，单击“插入”选项卡“表格”组中的“表格”按钮，在弹出的下拉菜单中选择“插入表格”命令，打开“插入表格”对话框。输入相应的行列数，再单击“确定”按钮，如图 4-26 所示。

方法二：在需要插入表格的幻灯片中，单击“插入”选项卡下“表格”组中的“表格”按钮，在弹出的下拉菜单中直接拖动选择相应的行列数，如图 4-27 所示。

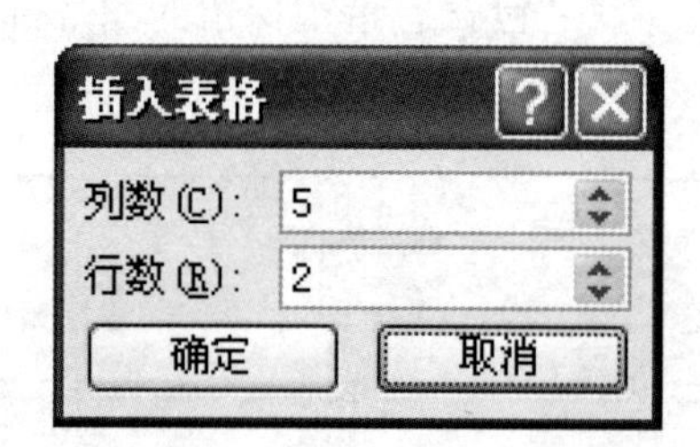

图 4-26 “插入表格”对话框

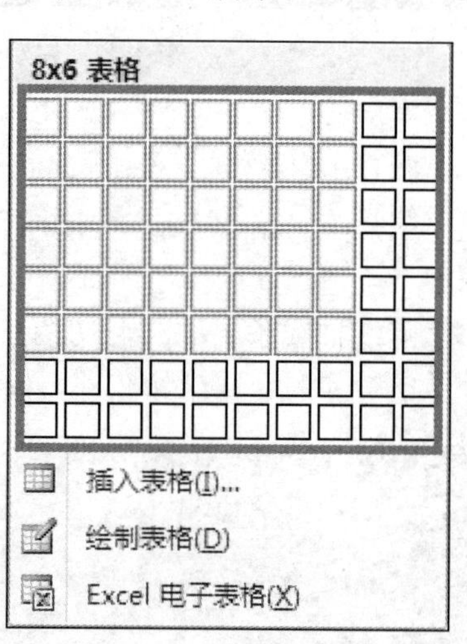

图 4-27 拖动鼠标绘制表格

2）设置表格样式。

新创建的表格样式是统一的，有时会不满足用户的需求，因此需要对表格样式进行更改。设置和修改表格样式有两种方法：快速套用已有样式和用户自定义样式。

快速套用已有样式：选择需要修改样式的表格，单击“设计”选项卡“表格样式”组中的“其他”按钮，选择表格样式，如图 4-28 所示。

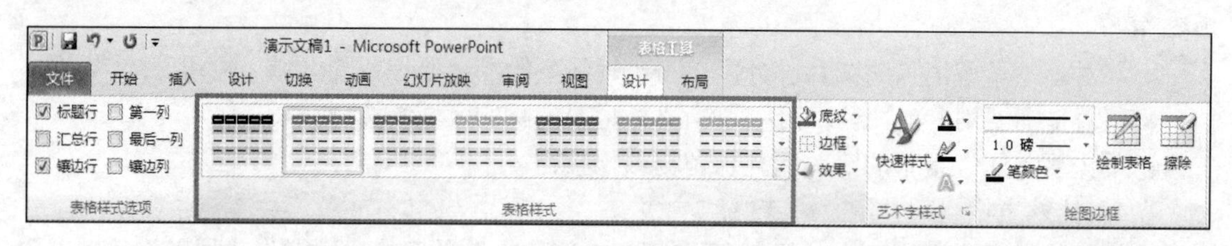

图 4-28 表格样式

用户自定义样式：用户自定义样式可以为表格中的每个单元格独立设置不同的样式，主要能设置表格的边框、底纹、效果（包括单元格的凹凸效果、阴影、映像）。边框设置类似于 Word 中的表格边框设置，底纹设置类似于 Word 中表格的背景设置，这里不再重复。单元格凹凸效果共有 12 种样式（圆、松散嵌入、十字形、冷色斜面、角度、柔圆、凸起、斜面、草皮、梭纹、硬边沿、艺术装饰），阴影效果可以设置表格的内部、外部、透视三类阴影，如图 4-29 所示。图 4-30 所示是一个对单元格进行了边框、底纹、效果修改的表格，请读者运用上述知识自行完成。

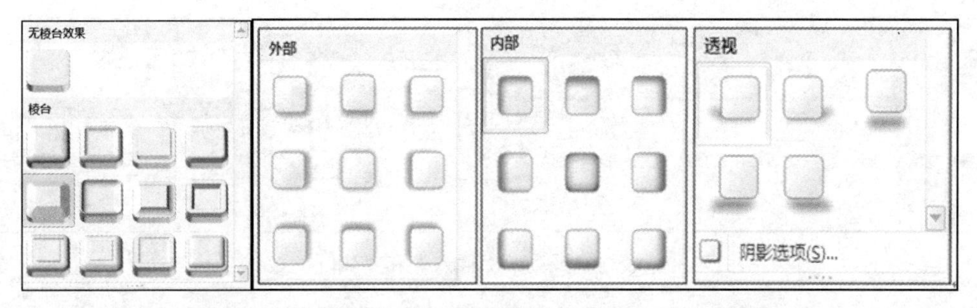

图 4-29　单元格凹凸效果及表格外部、内部、透视阴影设置

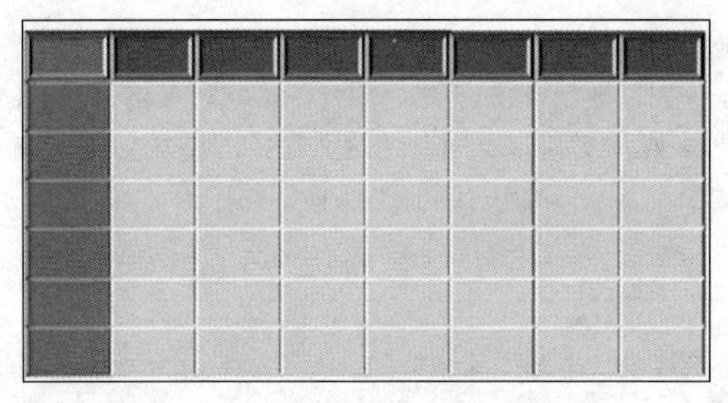

图 4-30　对单元格进行了修改的表格效果

3）设置表格布局。

在表格的实际应用中，可能会涉及单元格的合并与拆分、行的插入与删除。下面介绍单元格的上述两类操作。

单元格的合并与拆分：单元格的合并就是将两个或以上相邻的单元格进行合并，形成一个单元格；单元格的拆分是指将一个单元格拆分成两个或以上的相邻单元格。合并与拆分操作有以下两种方法：

方法一：选中需要合并或拆分的单元格，单击“布局”选项卡“合并”组中的“合并单元格”或“拆分单元格”按钮，如图 4-31 所示。

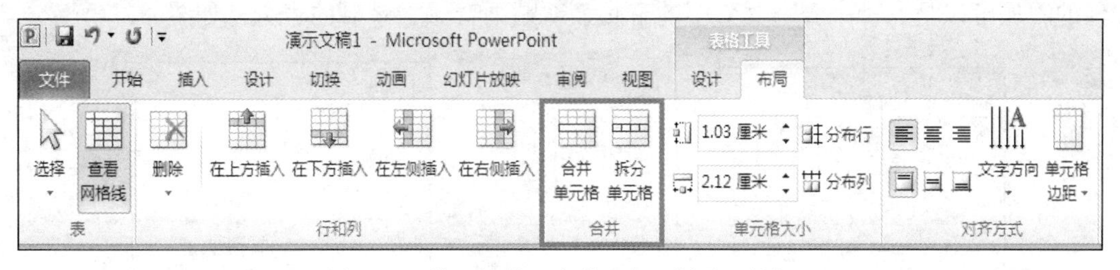

图 4-31　单元格的“合并”与“拆分”按钮

方法二：选中需要合并或拆分的单元格并右击，在弹出的快捷菜单中选择“合并单元格”或“拆分单元格”选项。

表格行和列的插入与删除：如果表格中的行列数不够，则需要增加行列数；如果表格中的行列数超出了需求，可以通过删除行列的方法修改表格。操作方法也有以下两种：

方法一：选中需要操作的行或列，单击“布局”选项卡“行和列”组中对应的“插入”或“删除”按钮，如图 4-32 所示。

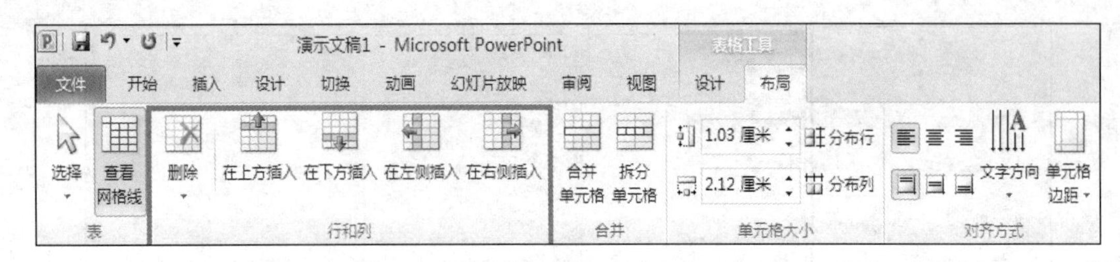

图 4-32　表格行或列的“插入”和“删除”按钮

方法二：选中需要插入或删除的行或列并右击，在弹出的快捷菜单中选择“插入”或“删除”选项。

（5）插入多媒体。

在幻灯片的制作过程中，除了添加文本、图片、形状、表格、SmartArt 图形等对象外，还可以添加声音与视频等多媒体对象。下面介绍这些对象的添加与使用方法。

单击“插入”选项卡，在选项卡右侧的“媒体”组中有视频与音频对象的添加按钮，如图 4-33 所示。

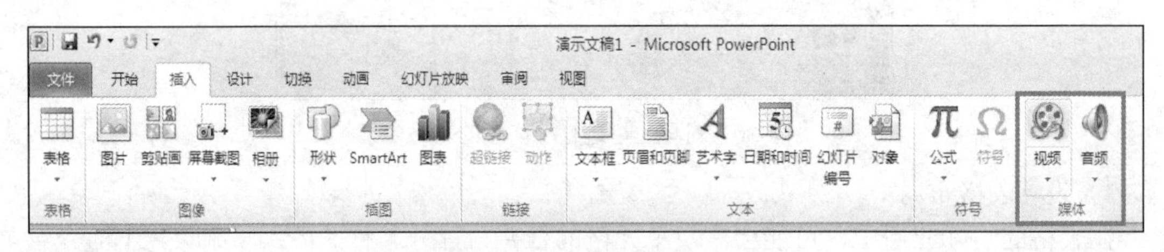

图 4-33　多媒体对象的“添加”按钮

在幻灯片中可以将音频和视频文件以嵌入或链接的方式添加到 PowerPoint 2010 演示文稿中。

PowerPoint 2010 支持.swf、.asf、.avi、.mpg 或.mpeg、.wmv 格式的视频文件。视频文件的添加可以是三种来源：文件中的视频、网站上的视频、剪贴画视频，如图 4-34 所示。

PowerPoint 2010 支持.aiff、.au、.mid 或.midi、.mp3、.wav、.wma 格式的音频文件。音频文件的添加可以是三种来源：文件中的音频、剪贴画音频、录制的音频，如图 4-35 所示。

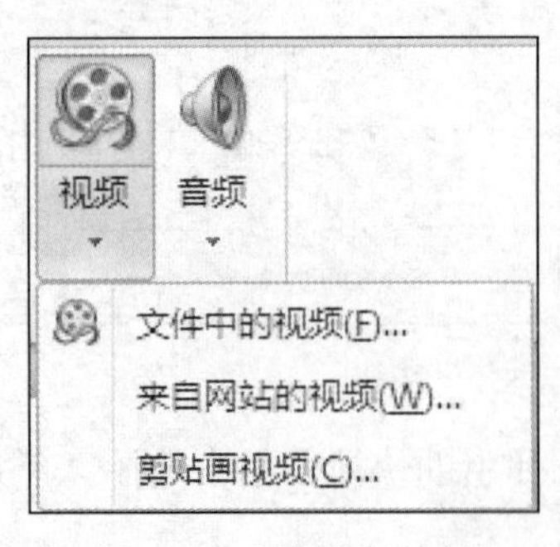

图 4-34　视频添加按钮

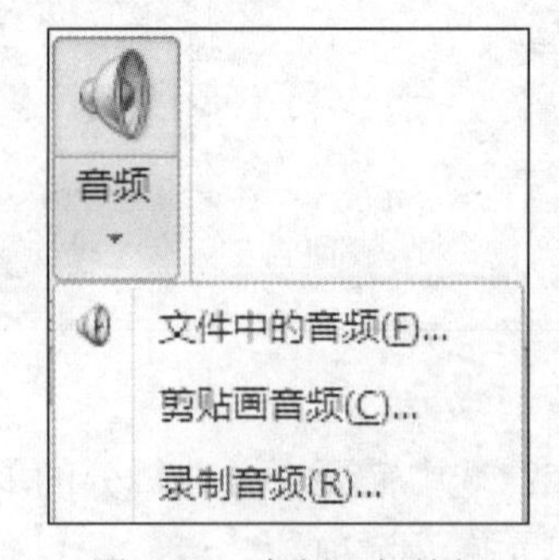

图 4-35　音频添加按钮

1）视频文件的添加。

从文件中插入视频文件：选择需要插入影片的幻灯片，然后单击“插入”选项卡“媒体”组中的“视频”下拉按钮，在下拉列表中选择“文件中的视频”命令，从弹出的“插入视频文件”对话框中选择计算机中已经保存好的影片，如图 4-36 和图 4-37 所示。

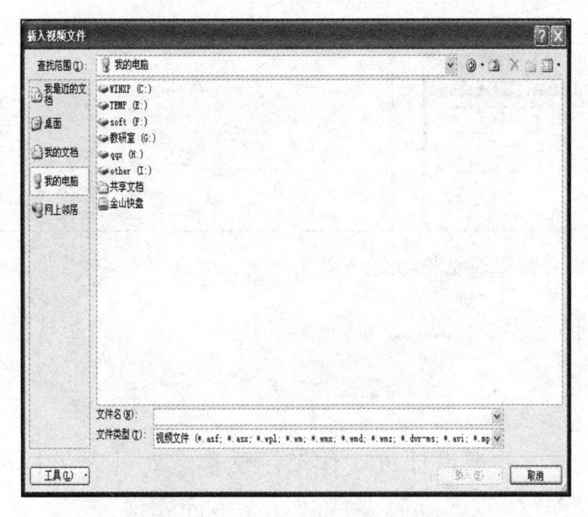

图 4-36　“插入视频文件”对话框

图 4-37　插入视频文件后的幻灯片

插入剪贴画视频：选择需要插入影片的幻灯片，然后单击“插入”选项卡“媒体”组中的“视频”下拉按钮，在下拉列表中选择“剪贴画视频”命令，此时打开“剪贴画”任务窗格，在其中选择需要插入的视频文件。

设置视频文件播放选项：影片插入后，选中插入的影片，通过“播放”选项卡可以设置影片的播放选项，如影片的声音大小、开始方式、结束方式、全屏播放、淡入淡出时间等，如图 4-38 所示。

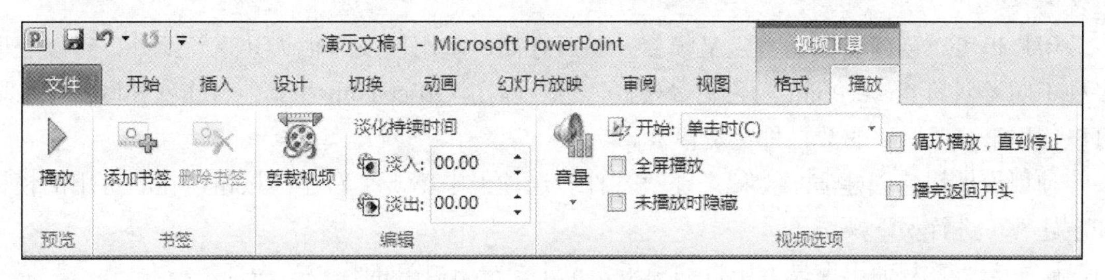

图 4-38　视频文件的播放选项

2）音频文件的添加。

演示文稿中不仅可以插入视频，也可以插入音频。可插入的音频文件来源有三种类型：文件中的音频、剪贴画音频和录制音频。其中文件中的音频与剪贴画音频的插入方法类似于视频文件的插入，请读者参考视频插入部分的内容。下面重点讲解音频录制，即为幻灯片配音。

PowerPoint 2010 可以像录音机一样将事先为幻灯片录制好的演讲稿、解说词等添加到幻灯片中，但在音频录制过程中，需要连接专门的音频输入设备，如话筒。

操作方法如下：单击“插入”选项卡“媒体”组中的“音频”下拉按钮，在下拉列表中选择“录制音频”命令，在弹出的“录音”对话框中进行现场录制，并可以指定录制名称。单击“确定”按钮后，在幻灯片上会出现小喇叭图标，表示已经完成幻灯片的配音，然后将小喇叭移动到合适的位置，效果如图 4-39 所示。

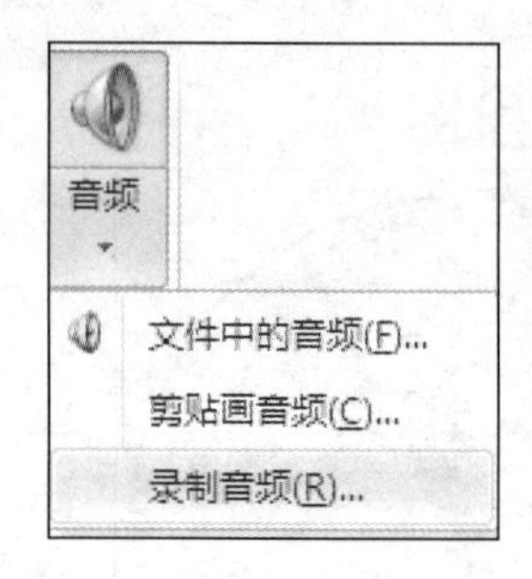

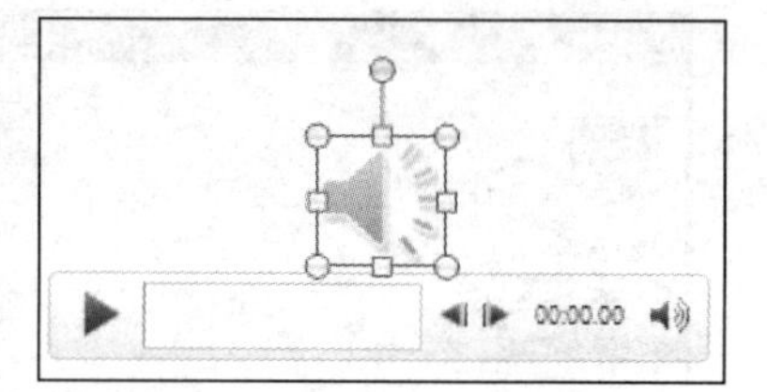

图 4-39 录制音频命令、“录音”对话框、最终效果

音频文件的播放方式同视频文件，这里不再重复。

4.1.5 PowerPoint 幻灯片的美化

演示文稿内容添加完毕后，需要对幻灯片进行外观设计以美化演示文稿。对外观进行设计主要通过修改幻灯片模板、幻灯片母版、幻灯片色彩、动画及放映 4 个方面实现。

1. 幻灯片模板的使用

PowerPoint 模板是为用户保存为.potx 文件的一张幻灯片或一组幻灯片的图案或蓝图。模板可以包含版式（版式：幻灯片上标题和副标题文本、列表、图片、表格、图表、形状和视频等元素的排列方式）、主题颜色（主题颜色：文件中使用的颜色的集合）、主题字体（主题字体：应用于文件中的主要字体和次要字体的集合）、主题效果（主题效果：应用于文件中元素的视觉属性的集合。主题效果、主题颜色和主题字体三者构成一个主题）和背景样式，甚至还可以包含内容。

用户也可以创建自己的自定义模板，然后存储、重用以及与他人共享。此外，可以获取多种不同类型的 PowerPoint 内置免费模板，也可以在 Office.com 和其他合作伙伴网站上获取可以应用于演示文稿的数百种免费模板。

使用模板快速创建演示文稿：在“文件”选项卡中单击“新建”按钮，在“可用的模板和主题”下进行如下操作：

- 若要重复使用您最近用过的模板，单击“最近打开的模板”命令。
- 若要使用先前安装到本地驱动器上的模板，单击“我的模板”选项，再单击所需的模板，然后单击“确定”按钮。
- 在“Office.com 模板”下单击模板类别，选择一个模板，然后单击“下载”按钮将该模板从 Office.com 下载到本地驱动器。以“婚礼新人介绍”模板为例：选择图 4-40 中的“场合与事件”，选择“婚礼新人介绍”模板，再单击右侧的“下载”按钮，弹出“下载”对话框，PowerPoint 2010 将从 office.com 网站上下载该模板，下载后的效果如图 4-41 所示。模板应用到新的演示文稿后，可以在演示文稿中添加内容。

2. 幻灯片母版的使用

母版具有统一每张幻灯片上共同具有的背景图案、文本位置与格式的作用，PowerPoint 2010 提供了三种母版：幻灯片母版、讲义母版和备注母版，其中使用最多的是幻灯片母版，本节只介绍幻灯片母版的使用。

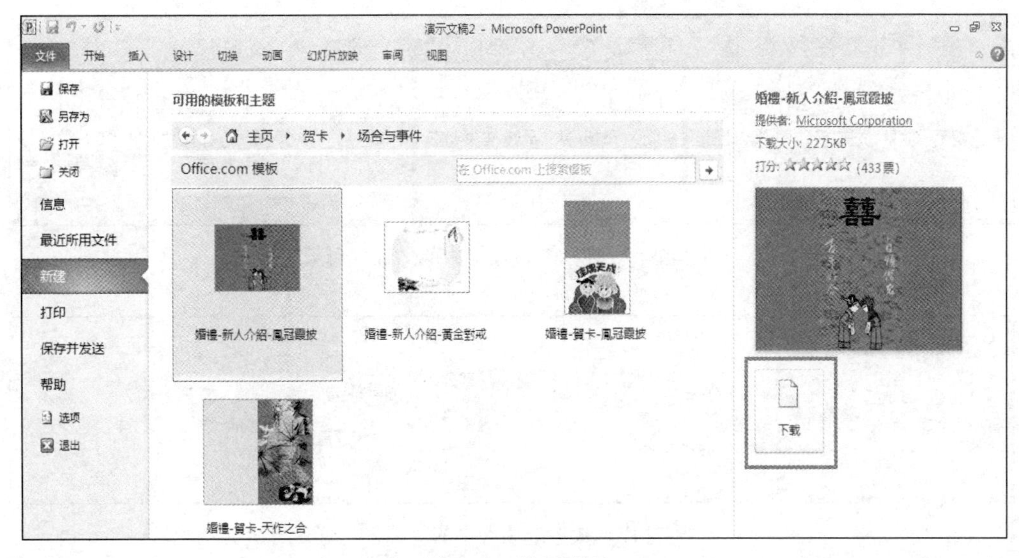

图 4-40　模板选择

图 4-41　模板下载并应用

幻灯片母版是幻灯片层次结构中的顶层幻灯片，用于存储演示文稿的主题和幻灯片版式等信息，如背景、颜色、字体、效果等。每个演示文稿至少包含一个幻灯片母版，使用幻灯片母版可以对幻灯片进行统一的样式修改，在每张幻灯片上显示相同的信息，这样可以加快演示文稿的制作速度，节省设计时间。

（1）插入幻灯片母版。

如图 4-42 所示，在“视图”选项卡的“母版视图”组中单击“幻灯片母版”按钮，在功能区中将显示专门的“幻灯片母版”选项卡，如图 4-43 所示。

若要使演示文稿包含两个或两个以上不同的样式或主题（如背景、颜色、字体和效果），则需要为每个主题分别插入一个幻灯片母版。如图 4-44 所示的演示文稿中有两个幻灯片母版（每个的下方均有相关版式），它们显示在“幻灯片母版”视图中。

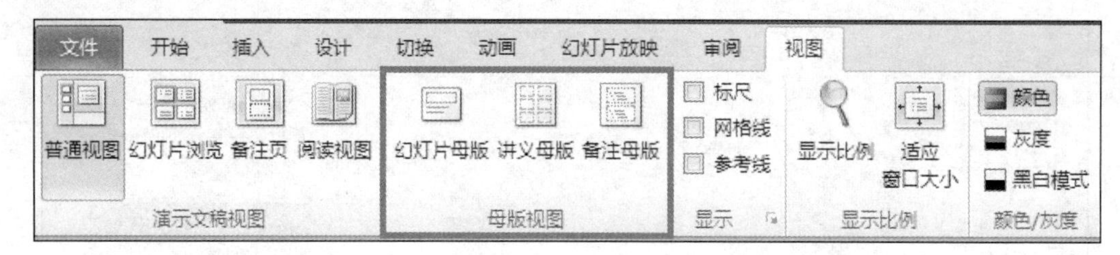

图 4-42 “视图”选项卡中的幻灯片母版

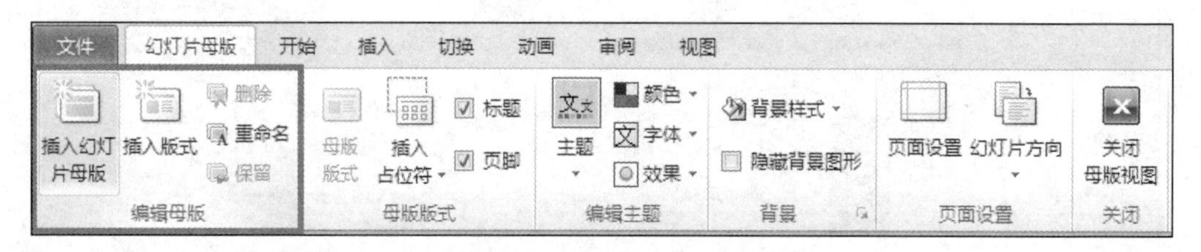

图 4-43 “幻灯片母版”选项卡中的“插入幻灯片母版”

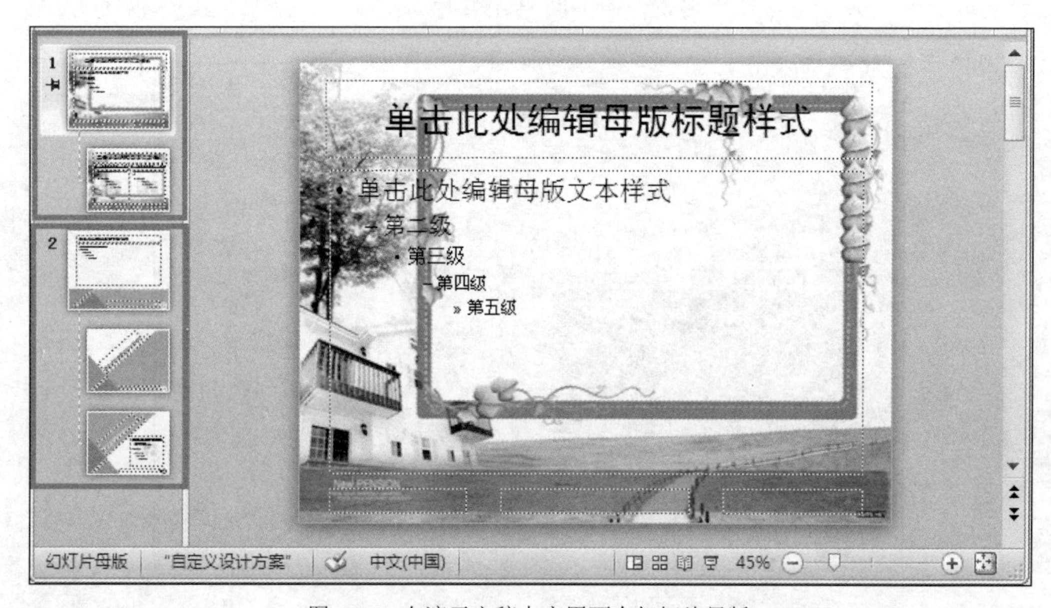

图 4-44 在演示文稿中应用两个幻灯片母版

用户在插入新的幻灯片时，通过单击“开始”选项卡中的“新建幻灯片”下拉按钮即可选择两个母版中的任何一个版式来创建新的幻灯片。

（2）删除幻灯片母版。

当幻灯片中母版过多或不满足用户需求时，可以将其删除。删除的首要条件是演示文稿中必须有两个或以上的幻灯片母版。如果只有一个母版，则“删除”按钮将不可用。

3. *设置动画*

PowerPoint 2010 中的动画是指幻灯片在放映过程中出现的一系列动作。演示文稿的后期制作任务之一是动画的设置，用户可以设置幻灯片上文本、图片、形状、表格、SmartArt 图形等对象的动画，以控制演示文稿的放映、增强表达效果、提高演示文稿对观看者的吸引力。

（1）使用预定义的动画方案。

选中幻灯片中需要设置动画的文本或图形元素，单击“动画”选项卡中的“添加动画”按钮，可以为文本或图形元素设置动画，如图 4-45 所示。主要的动画效果有进入效果、强调效果、退出效果、动作路径效果，如图 4-46 所示。

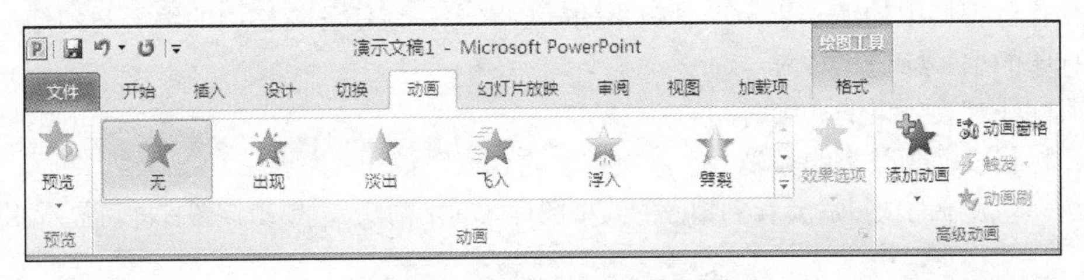

图 4-45　动画设置选项卡

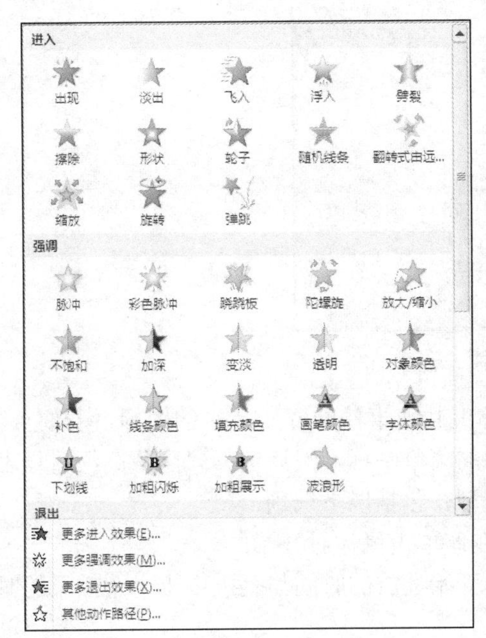

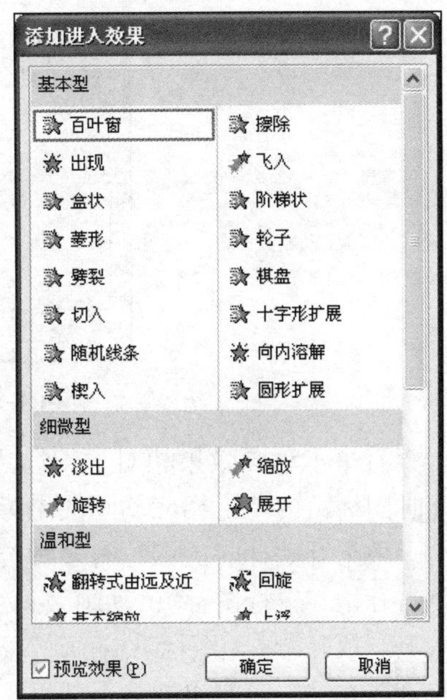

图 4-46　四类主要的动画效果及“更多进入效果”

“进入”效果：是可以使对象逐渐淡入焦点、从边缘飞入幻灯片或者跳入视图中的一种动画显示效果。

“退出”效果：是使对象飞出幻灯片、从视图中消失或者从幻灯片旋出的一种动画效果。

“强调”效果：是使对象缩小或放大、更改颜色或沿着其中心旋转，以达到突出显示或强调的动画效果。

“动作路径”效果：（动作路径：指定对象或文本沿行的路径，它是幻灯片动画序列的一部分）使用这些效果可以使对象上下移动、左右移动、沿着星形或圆形图案移动。

（2）为对象添加动画。

选择要制作成动画的对象，在“动画”选项卡的“动画”组中单击“其他”按钮，然后选择所需的动画效果。如果没有看到所需的进入、退出、强调或动作路径动画效果，请单击“更多进入效果”“更多强调效果”“更多退出效果”或“其他动作路径”按钮。

在将动画应用于对象或文本后，幻灯片上已制作成动画的项目会标上不可打印的编号标记，该标记显示在文本或对象旁边。仅当选择"动画"选项卡或"动画"任务窗格可见时才会在"普通"视图中显示该标记。设置好动画后，各个效果将按照其添加顺序显示在"动画窗格"中，如图 4-47 所示，其中①②③④所示的含义为：

①该任务窗格中的编号表示动画效果的播放顺序。该任务窗格中的编号与幻灯片上显示的不可打印的编号标记相对应。

②时间线代表效果的持续时间。

③图标代表动画效果的类型。在本例中，它代表"退出"效果。

④选择列表中的项目后会看到相应的菜单图标（向下箭头），单击该图标即可显示相应菜单。

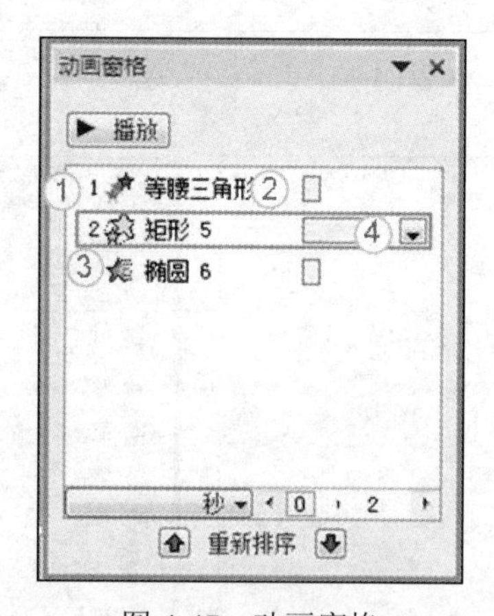

图 4-47　动画窗格

也可以查看指示动画效果相对于幻灯片上其他事件的开始计时的图标。若要查看所有动画的开始计时图标，请单击相应动画效果旁的菜单图标，然后选择"隐藏高级日程表"。

指示动画效果开始计时的图标有多种类型，包括以下选项：

- 单击开始（鼠标图标）：动画效果在您单击鼠标时开始。
- 从上一项开始（无图标）：动画效果开始播放的时间与列表中上一个效果的时间相同。此设置在同一时间组合多个效果。
- 从上一项之后开始（时钟图标）：动画效果在列表中上一个效果完成播放后立即开始。

（3）为动画设置效果选项、计时或顺序。

为动画设置效果选项，在"动画"选项卡的"动画"组中单击"效果选项"右侧的箭头，然后单击所需的选项。可以在"动画"选项卡上为动画指定开始、持续时间或者延迟计时。

1）为动画设置开始计时，在"计时"组中单击"开始"菜单右侧的箭头，然后选择所需的计时。

2）设置动画将要运行的持续时间，在"计时"组的"持续时间"文本框中输入所需的秒数。

3）设置动画开始前的延时，在"计时"组的"延迟"文本框中输入所需的秒数。

（4）设置动作路径。

PowerPoint 2010 提供了一种特殊的动画效果——动作路径动画效果，它是幻灯片自定义动画的一种方法，用户可以使用预定义的动作路径，也可以自行设计一条动作路径。动作路径的设置方法与其他动画的设置方法一样，不同的是对象旁边会出现一个箭头指示动作路径的开始端和结束端，分别用绿色与红色表示。常见的动作路径有直线、弧形、转弯、形状、循环、自定义路径等。下面以自定义路径设置为例来介绍其设置过程。

选中需要设置的对象（如图 4-48 中右边的动作按钮），在“动画”选项卡的“高级动画”组中单击“添加动画”按钮，在下拉列表中选择“自定义动作路径”命令，并在幻灯片上绘制动画对象需要运行的路径，以双击结束路径的绘制。绘制完路径后，PowerPoint 2010 会自动演示路径效果，并可进行路径形状的修改。

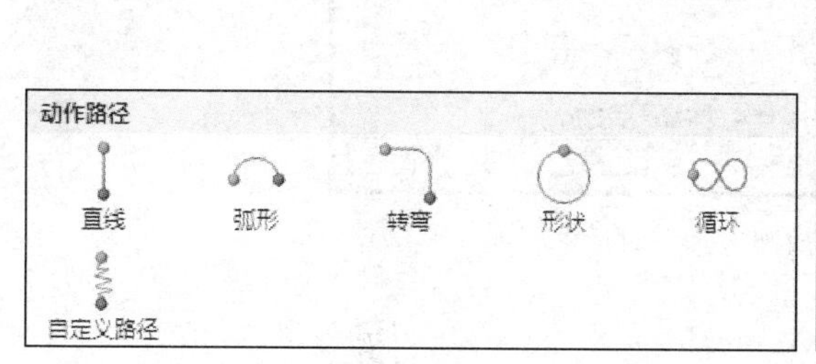

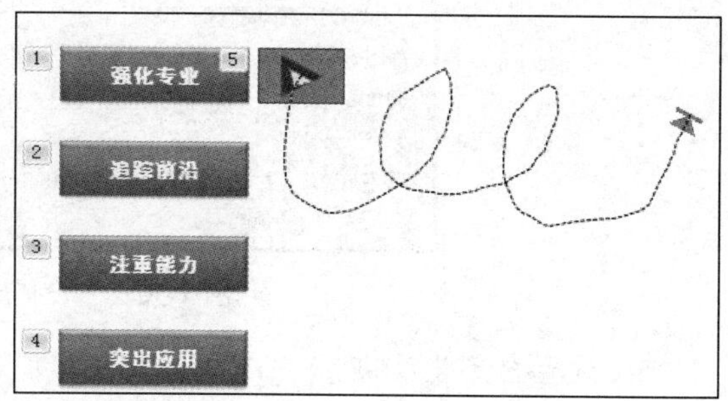

图 4-48　路径动画设置

（5）删除、更改和重新排列动画效果。

删除动画效果：删除单个特定动画效果的方法是，在“动画窗格”中右击要删除的动画效果，在弹出的快捷菜单中选择“删除”命令；删除对象上所有动画效果的方法是，选中该对象，在“动画”选项卡的“动画”组中单击“无”；删除幻灯片所有对象上动画的方法是，选中幻灯片上的所有对象（Ctrl+A），然后在“动画”选项卡的“动画”组中单击“无”或者按 Delete 键。

更改动画效果：选中需要更改动画效果的对象，在“动画”选项卡的“动画”组中单击“其他”按钮，然后在下拉列表中选择所需的新动画。

重新排列动画效果：动画效果的排列顺序设置在“动画窗格”中完成。动画效果在“动画窗格”中的排列顺序即为放映时的放映顺序，如果需要改变幻灯片中对象的播放顺序，则需要对动画的播放顺序进行调整。一种方法是通过选中“动画窗格”中设置好的动画效果，再单击底部的上移与下移按钮实现动画的播放顺序；另一种方法是通过鼠标拖拉的方式，将“动画窗格”中设置好的动画效果拖放到需要的位置再释放，以达到改变播放顺序的效果。

4. 设置放映方式

单击“幻灯片放映”选项卡中的“设置幻灯片放映”按钮（如图 4-49 所示），弹出如图 4-50 所示的对话框，可以设置放映类型、放映幻灯片序号、放映选项、换片方式 4 个选项。

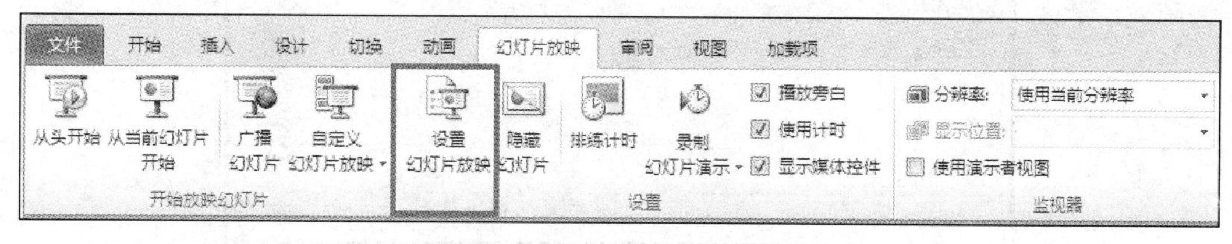

图 4-49　“设置幻灯片放映”按钮

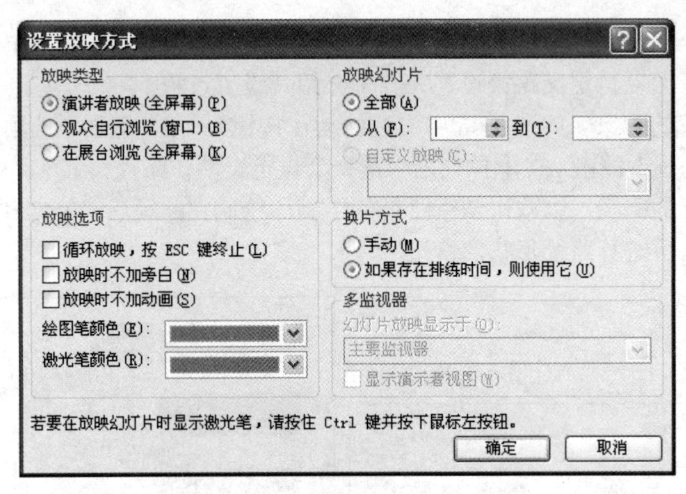

图 4-50 “设置放映方式”对话框

5. 设置自定义放映

自定义放映可供用户选择性地放映演示文稿中的部分幻灯片，以达到不同的演示效果。基本操作步骤如下：

（1）单击“幻灯片放映”选项卡中的“自定义幻灯片放映”按钮，再单击“自定义放映”选项，弹出“自定义放映”对话框，如图 4-51 所示。

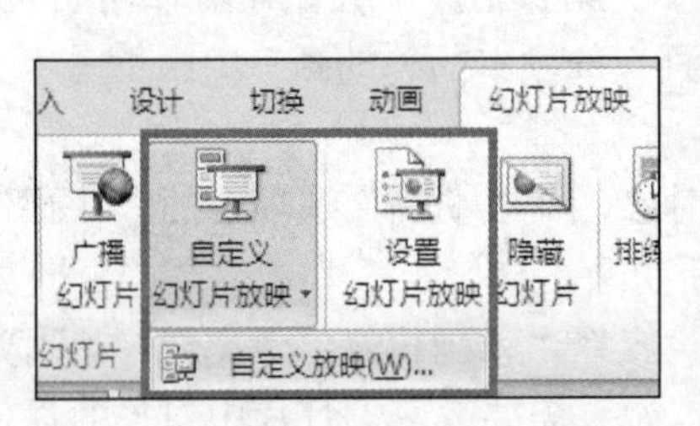

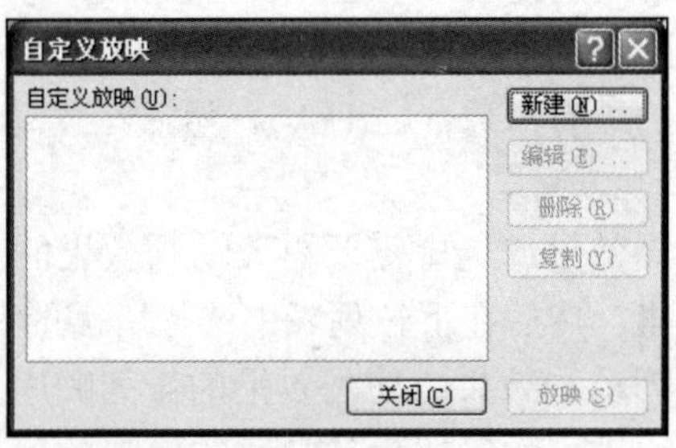

图 4-51 “自定义放映”按钮及“自定义放映”对话框

（2）单击“自定义放映”对话框中的“新建”按钮，在弹出的“定义自定义放映”对话框中输入幻灯片放映名称并选择需要放映的幻灯片添加至自定义放映中，如图 4-52 所示。注意，选择不连续的幻灯片使用 Ctrl+鼠标单击。

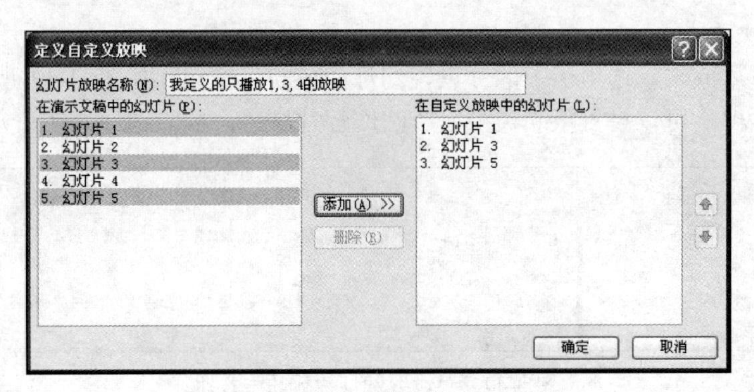

图 4-52 “定义自定义放映”对话框

（3）单击“确定”按钮完成自定义放映的定义并关闭“自定义放映”对话框，用户自定义放映将出现在“自定义幻灯片放映”按钮下拉列表中，如图 4-53 所示。

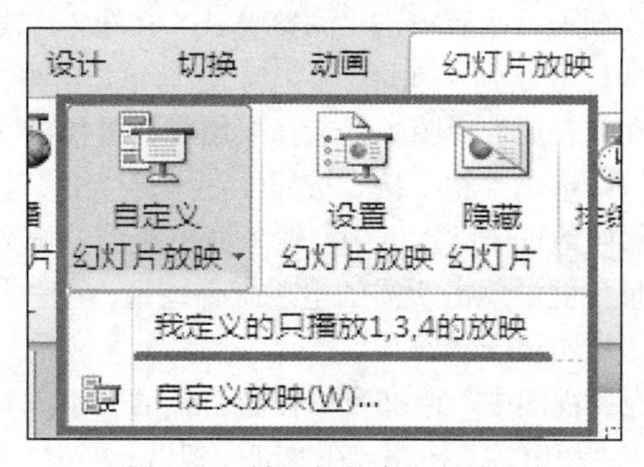

图 4-53　被添加的自定义放映

6. 设置超链接

在 PowerPoint 中，超链接可以是从一张幻灯片到同一演示文稿中另一张幻灯片的连接（如指向自定义放映的超链接（自定义放映：在现有演示文稿中将幻灯片分组到其中，以便可以给特定的观众放映演示文稿的特定部分），也可以是从一张幻灯片到不同演示文稿中另一张幻灯片、电子邮件地址、网页或文件的连接，如图 4-54 所示。

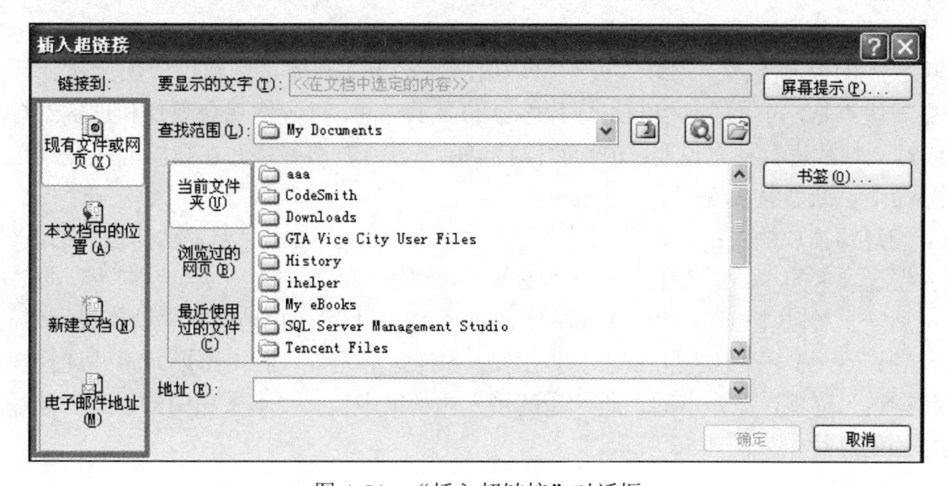

图 4-54　“插入超链接”对话框

可以从文本或对象（如图片、图形、形状或艺术字（艺术字：使用现成效果创建的文本对象，并可以对其应用其他格式效果）创建超链接。超链接可以指向以下对象：

- 同一演示文稿中的幻灯片：在“普通”视图中，选择要用作超链接的文本或对象，在“插入”选项卡的“链接”组中单击“超链接”按钮，在“插入超链接”对话框中单击“本文档中的位置”选项卡，选择要用作超链接目标的幻灯片。
- 不同演示文稿中的幻灯片：在“普通”视图中，选择要用作超链接的文本或对象，在“插入”选项卡的“链接”组中单击“超链接”按钮，选中“插入超链接”对话框中的“现有文件或网页”选项卡，在“查找范围”下拉列表框中找到包含要链接的演示文稿，再单击“书签”按钮，选择要链接到的幻灯片的编号。

- Web 上的页面或文件：在“普通”视图中，选择要用作超链接的文本或对象，在“插入”选项卡的“链接”组中单击“超链接”按钮，选中“插入超链接”对话框中的“现有文件或网页”选项卡，然后单击“浏览 Web”按钮，找到并选择要链接到的页面或文件，将网页地址复制到“地址”栏中，然后单击“确定”按钮。
- 电子邮件地址：在“普通”视图中，选择要用作超链接的文本或对象，在“插入”选项卡的“链接”组中单击“超链接”按钮，在“链接到”下单击“电子邮件地址”选项卡，在“电子邮件地址”文本框中，输入要链接到的电子邮件地址，或在“最近用过的电子邮件地址”框中单击所需的电子邮件地址。在“主题”框中输入电子邮件的主题，邮件地址以“mailto:”开头。
- 新文件：在“普通”视图中，选择要用作超链接的文本或对象，在“插入”选项卡的“链接”组中单击“超链接”按钮，在“链接到”下单击“新建文档”选项卡，在“新建文档名称”文本框中输入要创建并链接到的文件的名称。

7. 演示文稿的放映

（1）演示文稿的放映设置。

幻灯片放映有人工控制播放和自动放映两种方式，主要的控制方式有顺序播放、暂停播放、改变幻灯片播放顺序、退出幻灯片放映等。

顺序播放控制方式：单击鼠标左键、按 Enter 键、单击屏幕左下角的➡按钮、右击屏幕后在弹出的快捷菜单中选择“下一张”命令。

暂停放映的控制方式：幻灯片处于自动放映状态下才需要进行暂停放映操作。暂停放映的一个显著优点是，可以任意控制幻灯片内容的显示时间，以方便观众观察和理解幻灯片上的内容，或对幻灯片进行补充说明。进行暂停控制的方法：右击屏幕并在弹出的快捷菜单中选择“暂停”命令，或者是按 S 键。

改变幻灯片播放顺序：一种方法是在幻灯片中插入动作按钮并设置动作按钮的跳转页码，在“插入”选项卡的“插图”组中单击“形状”按钮可插入◁向上一页、▷向下一页、⏮第一页和⏭最后一页等动作按钮，当动作按钮添加到幻灯片上后，自动弹出“动作设置”对话框，如图 4-55 所示；另一种方法是在幻灯片上添加各种图形元素，右击图形元素并选择快捷菜单中的“超链接”选项，在弹出的“插入超链接”对话框中选择“本文档中的位置”选项卡，并选择指定的幻灯片，如图 4-56 所示。

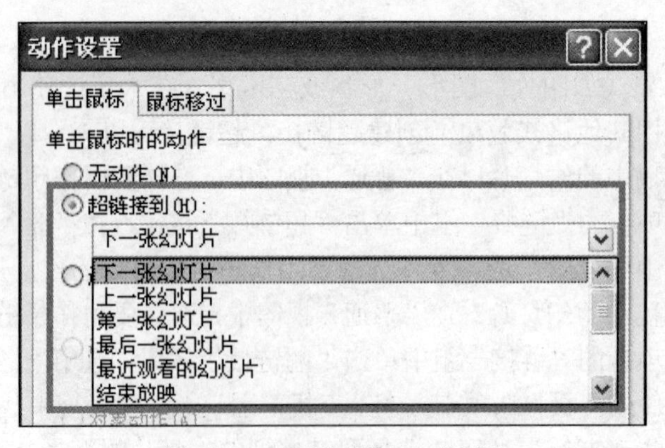

图 4-55 “动作设置”对话框

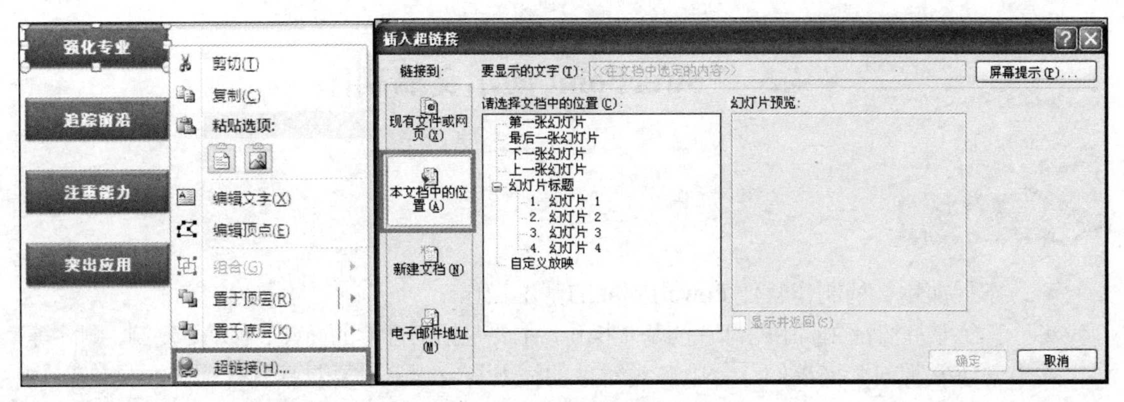

图 4-56　超链接跳转到指定幻灯片

退出幻灯片放映：按 Esc 键可快速退出正处于放映状态的演示文稿；另一种方法是通过右击幻灯片，在弹出的快捷菜单中选择“结束放映”命令。

（2）演示文稿的放映操作。

演示文稿放映过程中适当使用一些特殊操作或者快捷键能有效增强幻灯片的展示效果。快捷键 F5：演示文稿从头开始播放；快捷键 Shift+F5：演示文稿从当前幻灯片开始播放。播放过程中，可以使用手写功能进行文字版书或者绘图，操作方法：在播放的幻灯片中的任意位置右击，在弹出的快捷菜单中选择“指针选项-墨迹颜色-红色（或其他任意颜色，选择的颜色注意与背景要有区分度）”，此时鼠标将由箭头形状变成一个小圆点，即手绘笔头形状，我们可以在幻灯片的任意位置绘画或者写字（如图 4-57 所示）。如果绘画或写字时笔头颜色与背景区分度不大，也可以临时将屏幕背景设置为黑色或白色，快捷键为 B（Black，黑色背景）和 W（White，白色背景），退出黑色或白色屏幕背景的快捷键为 Q。当演示文稿退出播放状态时，PowerPoint 2010 会提示播放过程中绘制的图形或文字是否保留，如果保留，墨迹将保留在幻灯片上，这些保留的墨迹也可以删除；如果不保留，那么本次播放过程中绘制的墨迹对演示文稿没有任何影响。

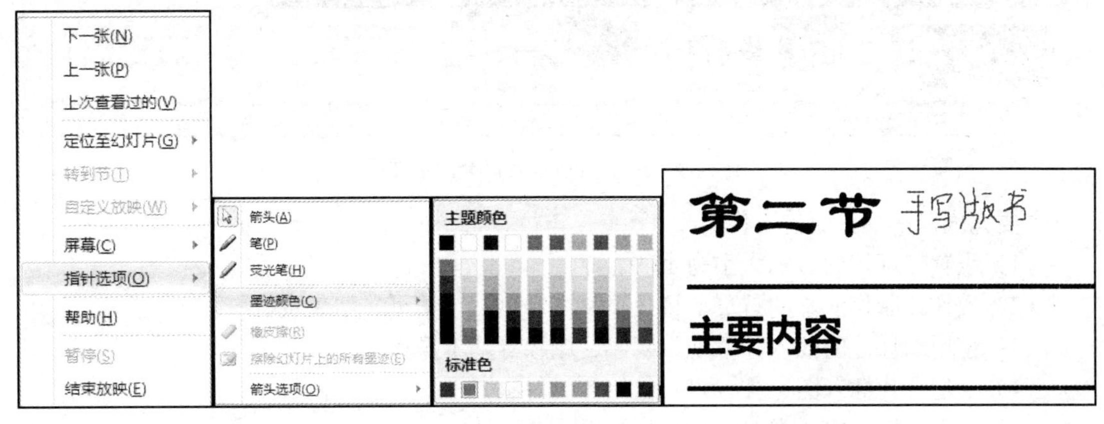

图 4-57　演示文稿放映过程中的手绘颜色设置

4.2 PowerPoint 演示文稿制作

- 掌握演示文稿制作软件 PowerPoint 的基本操作。
- 熟练掌握演示文稿中幻灯片的基本操作，主要包括幻灯片的新建、移动、复制、删除等。
- 熟练掌握演示文稿幻灯片中各类对象的插入与编辑，主要包括图片、文本、声音、视频等。
- 熟练掌握演示文稿中的页面设置、幻灯片方向设置、主题选择等内容。
- 熟练掌握演示文稿中幻灯片的切换效果设置。
- 熟练掌握幻灯片中各类对象的动画设置。
- 熟练掌握幻灯片放映效果的设置。

下面制作一个 Photoshop 课程简介的演示文稿以全面了解演示文稿的制作过程，如图 4-58 所示。

图 4-58　Photoshop 课程简介演示文稿

主要完成以下几方面的工作：

（1）设置幻灯片的显示大小为 16:9。

（2）设计并制作演示的首页、目录页、内容页、小结页、结束页。

（3）使用幻灯片的插入、移动、复制、删除等基本操作。

（4）给幻灯片插入图、文、声、像等各类对象。

（5）设置幻灯片中各类对象的动画效果。

（6）设置幻灯片的整体切换效果。

4.2.1　演示文稿创建并设置大小

1. 创建演示文稿

（1）在 PowerPoint 2010 中，单击“文件”选项卡中的“新建”命令，在中间的“可用模板和主题”栏中选择“空白演示文稿”选项。

（2）在最右边的“空白演示文稿”栏中单击“创建”按钮新建演示文稿，如图 4-59 所示。

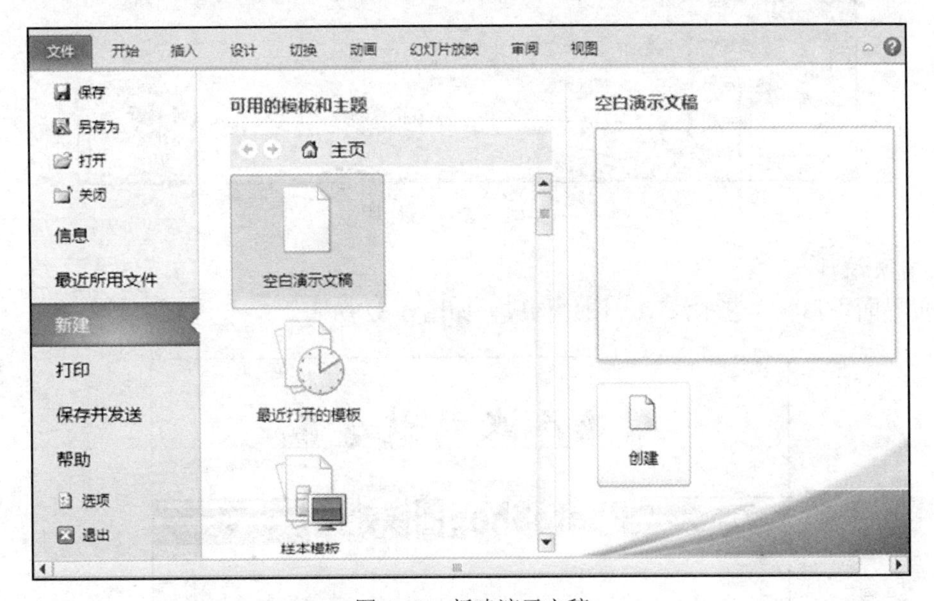

图 4-59　新建演示文稿

演示文稿的保存有以下两种情况：

- 从未保存过的演示文稿，在保存时会自动打开“另存为”对话框。
- 对于已经保存过的文档，保存时不会出现保存位置与文件名称的提示。

2. 设置显示大小

在“设计”选项卡的“页面设置”组中单击“页面设置”按钮，打开“页面设置”对话框，如图 4-60 所示，设置“幻灯片大小”为“全屏显示（16:9）”，方向为“横向”。

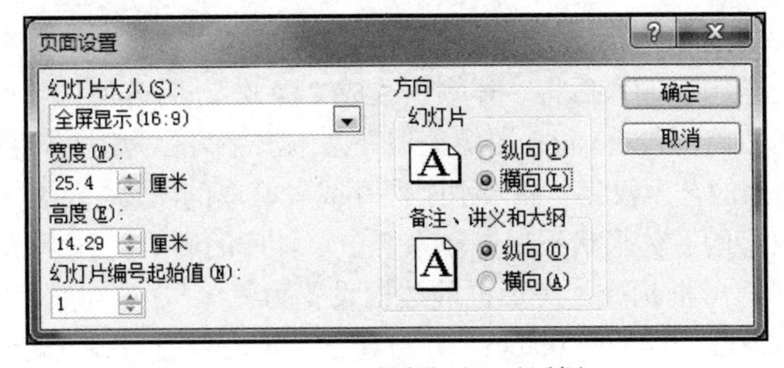

图 4-60　“页面设置”对话框

4.2.2 演示文稿页面设计

本案例包括首页、目录页、内容页、小结页、结束页的设计。

1. 新建五页幻灯片

单击“开始”选项卡中的“新建幻灯片”按钮（如图 4-61 所示），创建“标题幻灯片”“标题与内容幻灯片”“节标题幻灯片”“仅标题幻灯片”“空白幻灯片”共 5 个页面，分别用于首页、目录页、内容页、小结页和结束页。其中，内容页可以通过复制或新建的方法创建多个。

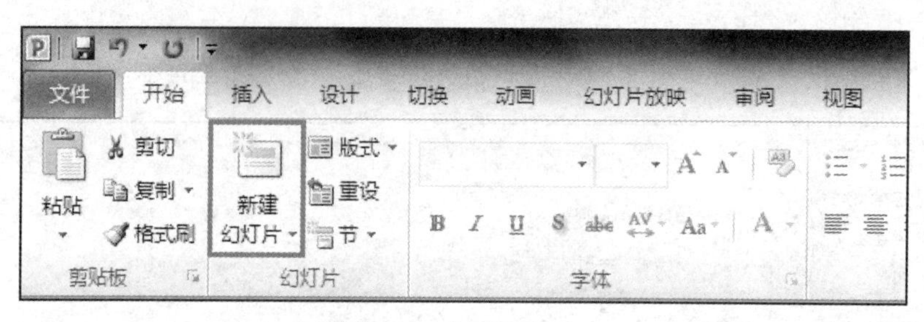

图 4-61 新建幻灯片

2. 首页设计

首页界面由形状、艺术汉字、图片构成，如图 4-62 所示。

图 4-62 PPT 首页

标题文本框“湖南人文科技学院”字体大小为 54 磅，字体为“华文行楷”，颜色为深蓝。通过单击“插入”选项卡中的“文本框”按钮可插入横排或竖排文本框。这里，我们选择横排文本框。

课程名称“Photoshop 图像处理”使用艺术字形状，艺术字型为“填充-红色，强调文字颜色 2，粗糙棱台 2”，艺术字输入后将字体颜色改成“深蓝”。为方便调整课程名称与二端线型图案的对齐，我们可以将“Photoshop 图像处理”艺术汉字另存为图片，或者通过截图软件将其截成图片，删除原来的艺术汉字，插入刚刚保存或者截取的图片。将艺术汉字处理成图片的另一个好处是艺术汉字的字体形状不受操作系统中字体库的影响。

线型图案由三个矩形框构成，矩形框的边框设置为“无”，填充颜色设置为“深蓝”，矩形框的高度分别为 0.2cm、0.4cm、0.8cm，并将这三个矩形框的对齐方式设置为“左对齐，纵向分布”。

主讲教师和单位名称也使用“填充-红色，强调文字颜色 2，粗糙棱台 2”的艺术字型，字体大小为 24 磅，颜色为“深蓝”。

3. 目录页设计

目录可以使观众快速了解 PPT 演示文稿的纲要和结构，目录的形式有很多，如文字型、图片型、Web 导航型、进度条型等。这里，我们使用 SmartArt 图形中的“列表－垂直曲形列表”来制作本演示文稿的目录，如图 4-63 所示。

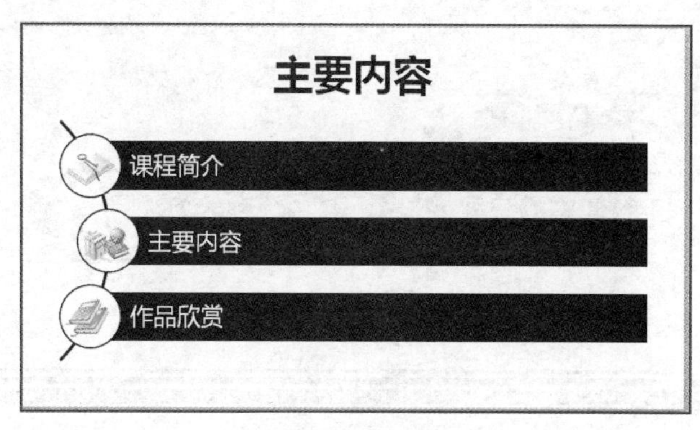

图 4-63　目录页

标题，使用文本框并设置字体格式为：深蓝，微软雅黑，44 磅，加粗。

目录中的文本内容，设置字体格式为：白色，微软雅黑，26 磅，加粗。

目录框，边框颜色设置为“无”，填充颜色设置为“深蓝”。在设置边框线颜色或填充颜色的过程中，建议大家使用快捷键 F4。比如，当我们将一个边框的颜色设置为“无”时，选择第二个框，直接按 F4 键，Office 会重复执行上一次的命令，通过这种方法可以加快演示文稿中对象的编辑速度。

圆形图案，边框设置为“深蓝”，圆的背景设置为“图片填充”，分别填充三个不同的图片，边框设置与图片填充设置对话框如图 4-64 所示。

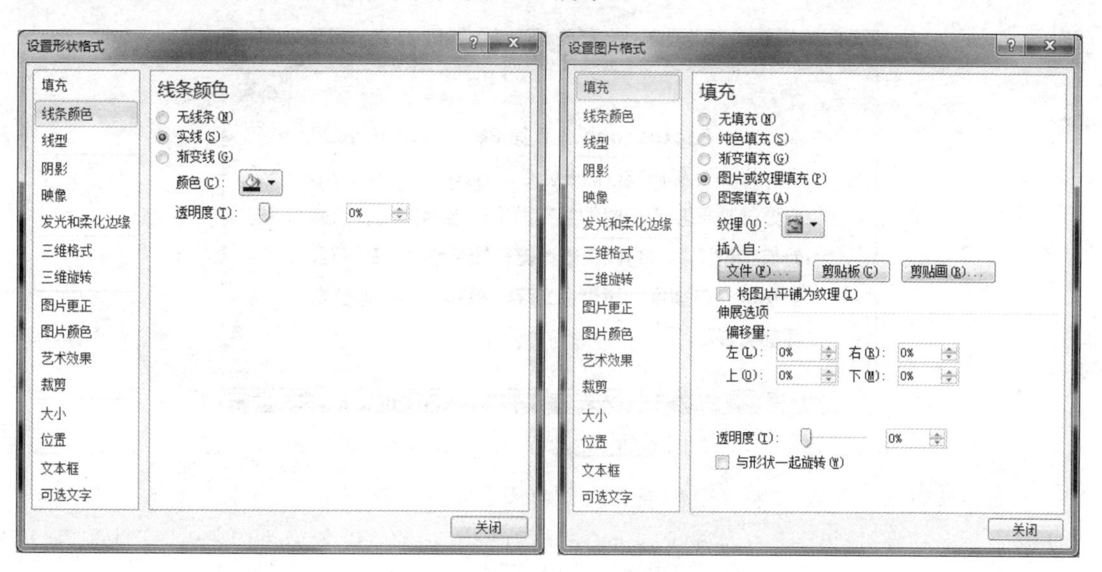

图 4-64　图形边框与填充设置对话框

4. 节页面设计

分节用于将演示文稿的主题版面分隔，内容各自统一，也称之为独立，每一个独立的主题都有一个强烈的中心思想。如果在模板中使用分节功能，不同的节可以应用不同的主题模板，这里的节是用于实现相关内容的统一。我们直接使用“节标题”版式幻灯片，制作效果如图4-65所示。

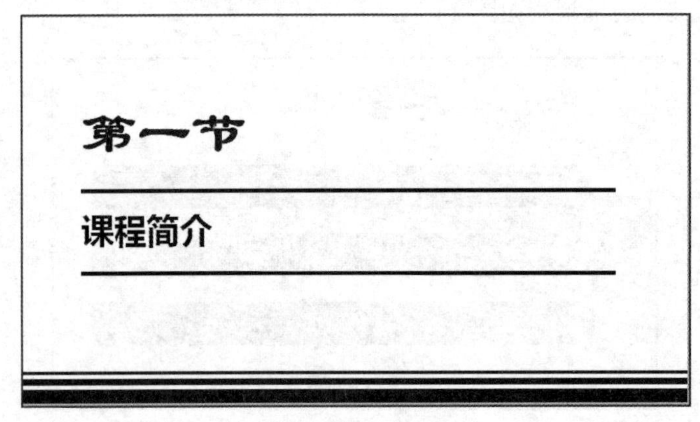

图4-65 第一节课程简介

节页面因为使用了“节标题”版式，所以我们只需要在两个文本框中输入相应的文字“第一节”（隶书，60磅，加粗）和“课程简介”（微软雅黑，36磅，加粗）。在第二个文本框中，使用Shift+-键在“课程简介”上下各绘制一条直线。

节页面背景，我们直接将首页中制作的三个矩形框复制到本页，选中三个矩形框进行“组合”并放置到页面底部，使用拖拽的方式将“组合”的矩形拉至与页面相同的宽度。

5. 课程简介页面设计

课程简介页面采用上中下层次布局，顶部用于内容导航，中间展示演示内容，底部为课程名称尾注“Photoshop图像处理”，如图4-66所示。

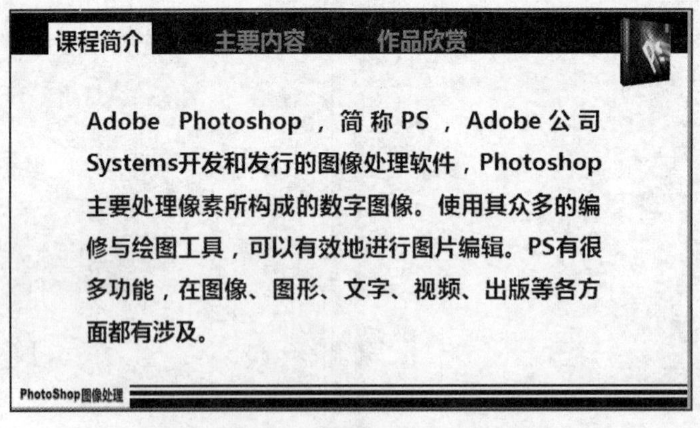

图4-66 “课程简介”页面

顶部导航包括三个文本框（课程简介、主要内容、作品欣赏）、一个矩形框和一张图片。“课程简介”文本框使用反白的方式显示，即将背景填充颜色设置为“白色”，字体颜色设置为“深蓝”，“主要内容”与“作品欣赏”文本框中的字体颜色设置为灰色，通过反白的方式提示观众当前演示文稿展示所在的目录位置。顶部框形框填充色彩设置为“深蓝”，右上角图片来自于素材，对素材进行背景删除处理，以便更加自然地融入到幻灯片页中。

中间内容部分使用一个横排文本框，并将字体设置为“微软雅黑，加粗，24 磅，深蓝，行间距 1.5 倍”。

底部尾注由两部分构成：课程名称和图片，均从首页复制过来并缩小，其中三个矩形必须组合成一个图形后才能进行高度和长度的调整，移动到合适的位置。

6. 主要内容页面设计

主要内容页依然采用上中下层次布局，顶部用于内容导航，中间展示演示内容，底部为课程名称尾注“Photoshop 图像处理”，如图 4-67 所示。

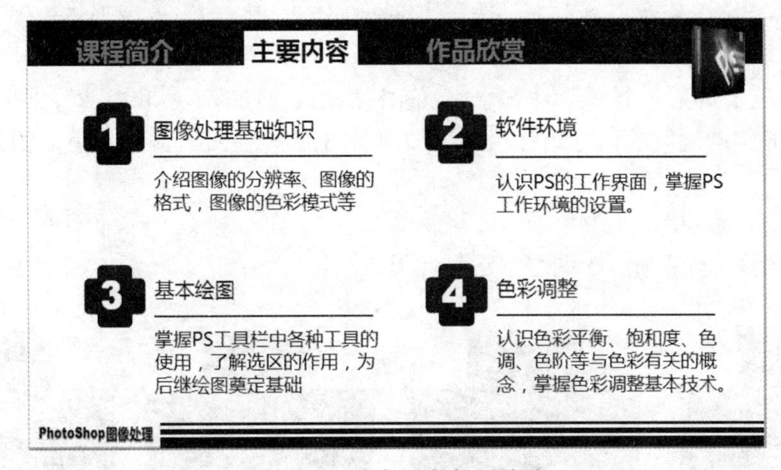

图 4-67　“主要内容”页面

顶部导航部分与底部尾注部分的设计与上一个页面的设计方法一样，我们也可以直接复制上一张幻灯片后进行修改，以此加快幻灯片的制作速度。下面重点介绍一下中间展示内容的设计过程，展示内容采用栏目式布局，共包括四个栏目，每个栏目由三个对象构成：“十字形”的形状、“数字序号 1，2，3，4”文本框和右侧的内容文本框。

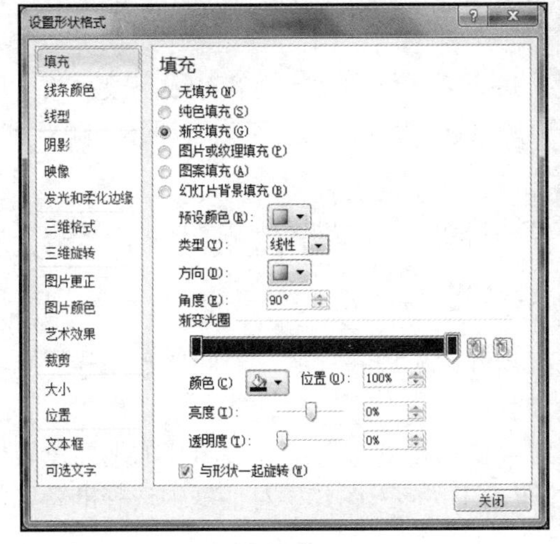

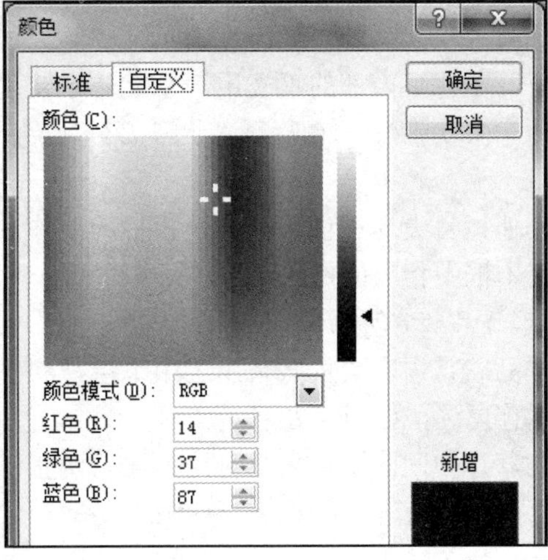

图 4-68　“十字形”渐变填充

“十字形”形状通过“插入”→“形状”→“基本形状”→“十字形”插入到幻灯片中，对“十字形”形状进行如下编辑：

（1）填充背景颜色。

使用“渐变填充”，渐变色设置为颜色 1（R：1，G：45，B：134）到颜色 2（R：14，G：37，B：87），如图 4-68 所示。

（2）“十字形”形状编辑。

1）通过“插入”→“形状”→“基本形状”→“十字形”插入图形，填充渐变色后效果如图 4-69（a）所示，8 个阳角均是 90 度直角，为了将这 8 个阳角修改成弧形，我们必须对每一个阳角进行编辑。

2）选择“十字形”图形并右击，选择“编辑顶点”，“十字形”图形将出现 12 个顶点可供编辑，如图 4-69（b）所示。

3）为了将左上角第一个顶点调平滑，我们必须在该顶点的下边和右边分别增加一个顶点，方法是按住 Ctrl 键的同时将鼠标指针指向添加顶点的位置并单击，添加顶点后的效果如图 4-69（c）所示。

4）按住 Ctrl 键，单击左上角顶点即可删除左上角顶点，实现顶点平滑度的调整，效果如图 4-69（d）所示。其余顶点的调整方法与此类似。

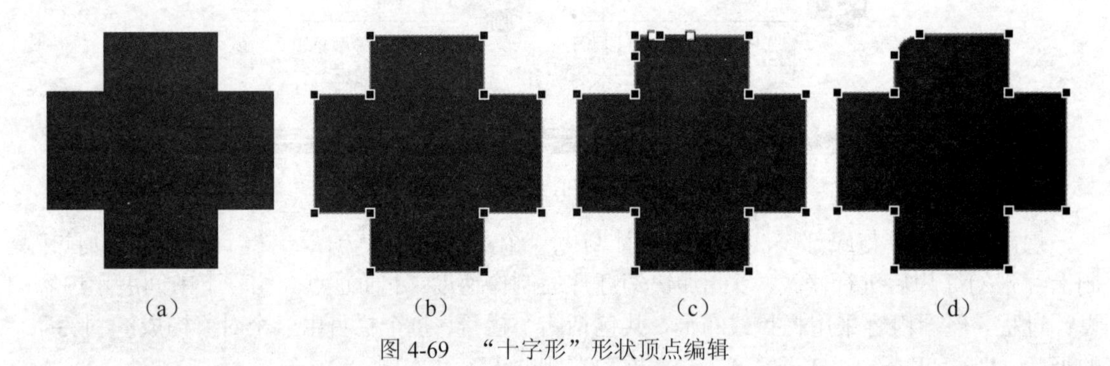

图 4-69 “十字形”形状顶点编辑

“十字形”形状中的数字由文本框构成，将文本框排列到“十字形”形状的上一层，文字颜色为白色。

每一个栏目内部的正文用一个文本框实现，每个文本框的文本内容分成三段：第一段为章标题（微软雅黑，20 磅，深蓝），第二段为一条直线，第三段为章节内容概述（微软雅黑，16 磅，黑色）。

其他栏目设计过程跟第一个栏目的制作过程相似，我们也可以通过复制的方法实现，并修改文本框中相应位置的文本。

7. 作品欣赏页面设计

作品欣赏内容页依然采用上中下层次布局，顶部用于内容导航，中间展示图片，底部为课程名称尾注，如图 4-70 所示。

幻灯片中间的图片采用对比方法，两张一组，横向排列布局，并给图片加上黑色边框。单击“插入”选项卡“图像”组中的“图片”按钮，在“插入图片”对话框中选择准备好的素材图片。

图 4-70　作品欣赏页面

8. 结束页面设计

结束页面的设计比较简单，使用了两组艺术汉字，其中“Thank You!”艺术汉字制作完成后另存为图片，并将图片插入两份，分别裁剪，第一幅图片保留上半部分，第二幅图片保留下半部分，两幅图片拉开一段距离，中间排列艺术汉字“谢谢欣赏”，如图 4-71 所示。

图 4-71　结束页面设计

4.3　PowerPoint 母版应用

- 了解母版的功能、结构与作用。
- 掌握母版中各类版式的作用。
- 掌握母版中页码与日期的使用。
- 理解母版中各类幻灯片版式的新建、删除、修改。
- 理解占位符的分类与作用。

在上一节中，我们制作了一个“Photoshop 课程简介”演示文稿，全面了解了演示文稿的制作过程，如图 4-72 所示。总体来看，演示文稿共有 15 个幻灯片页面，这些页面可以分成 5 类：首页、目录页、分节页、内容页和结束页。其中，分节页有 3 张幻灯片，内容页有 9 张幻灯片，这 12 张幻灯片的制作是通过复制后再修改的方法进行，保留其整体外观样式，而内容不同，制作过程不复杂。如果幻灯片的外观样式或字体颜色发生变化，那么我们的修改工作量就会随着幻灯片数量的增加而增加，甚至发生少量幻灯片没有统一修改的现象，破坏了演示文稿的统一性。在这一节中，通过母版的学习可以有效地解决这一问题。

图 4-72 “Photoshop 课程简介”演示文稿

主要完成以下几方面的工作：

（1）在母版中设置首页的背景及文本框的字体、字形、字号、颜色。

（2）在母版中设置目录页的背景及文本框的字体、字形、字号、颜色。

（3）在母版中设置分节页的背景及文本框的字体、字形、字号、颜色。

（4）在母版中设置内容页的背景及文本框的字体、字形、字号、颜色。

（5）在母版中设置空白页的背景及文本框的字体、字形、字号、颜色。

（6）在母版中设置结束页的整体效果。

（7）在母版中添加幻灯片编号与日期。

（8）删除母版中没有使用的幻灯片版式。

（9）在演示文稿中应用母版中的每一种版式。

4.3.1 首页母版设计

在母版中，我们将“标题幻灯片版式”（即母版中的第二张幻灯片）的页面布局设置为如图 4-73 所示，并插入“占位符-文本”占位符，在占位符中输入“点击此处插入主讲教师姓名”，设置字体类型为“黑体”，颜色为“深蓝”，字体大小为“24 磅”。关闭母版视图，回到幻灯片编辑视图，对第一张标题幻灯片应用“标题幻灯片版式”，效果如图 4-74 所示，学校名称、图片和教研室名称均不可选择，也不可编辑，原来主讲教师位置的文本框中显示“点击此处插入主讲教师姓名”，且该文本框中字体、字号、颜色自动使用母版中设置的参数，当我们用鼠标单击这个文本框后，文本框中原来的“点击此处插入主讲教师姓名”文本消失，输入的新文本将替代原占位符中的文本，但字体、字形、字号与原母版中设置的保持一致。这里，只介绍母版中文本占位符的使用，其他的占位符，使用方法基本相同，这里不再重复，读者可以自己去测试。

图 4-73　标题幻灯片的母版页

图 4-74　应用标题版式的幻灯片样式

4.3.2 目录页母版设计

目录页版式设计，我们选择母版中的第三张幻灯片（标题与内容版式），插入标题文本框，输入文本为“主要内容”，插入 SmartArt 图形，设置圆形背景图片，在每一个圆后面插入文本占位符，在每个文本占位符中输入相关文字：“单击此处添加节标题一”“单击此处添加节标题二”“单击此处添加节标题三”，设置占位符中的字体样式为黑体，字体大小为 24，字体颜色为白色，将圆的内部填充为三幅不同的图片，效果如图 4-75 所示。

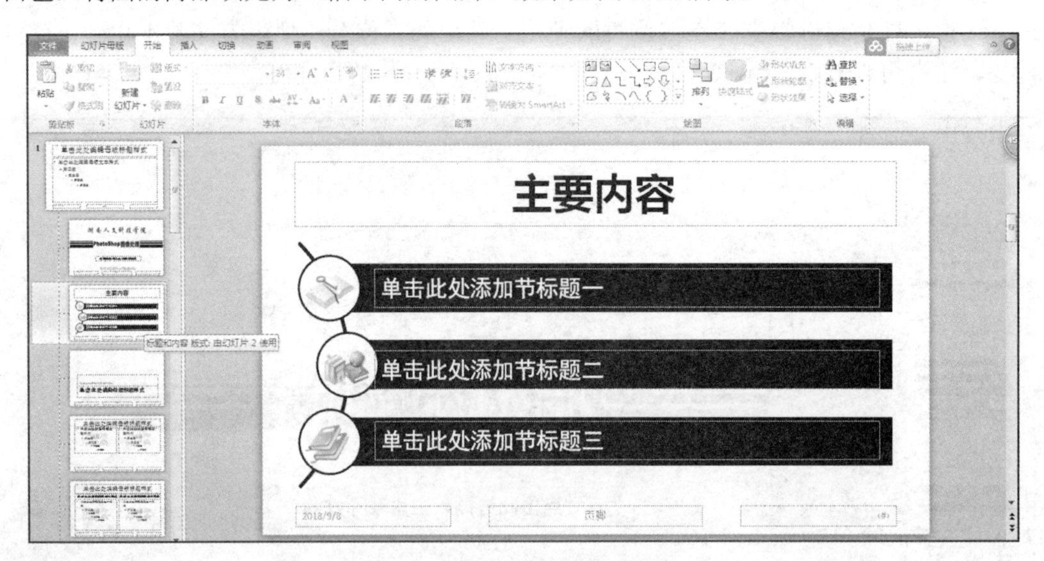

图 4-75　标题与内容版式设计

关闭母版视图，回到幻灯片普通视图，并将目录页应用“标题与内容”版式，效果如图 4-76 所示。该页面上，仅有三个文本框可以编辑，其他幻灯片对象均不可选择，也不可操作。我们制作的目录页版式只有三个分节目录，如果要增加一个分节目录，我们必须加到母版中，在母版页中添加分节图片与占位符，再次从母版视图回到普通视图，可以设计包含有四个分节的目录。

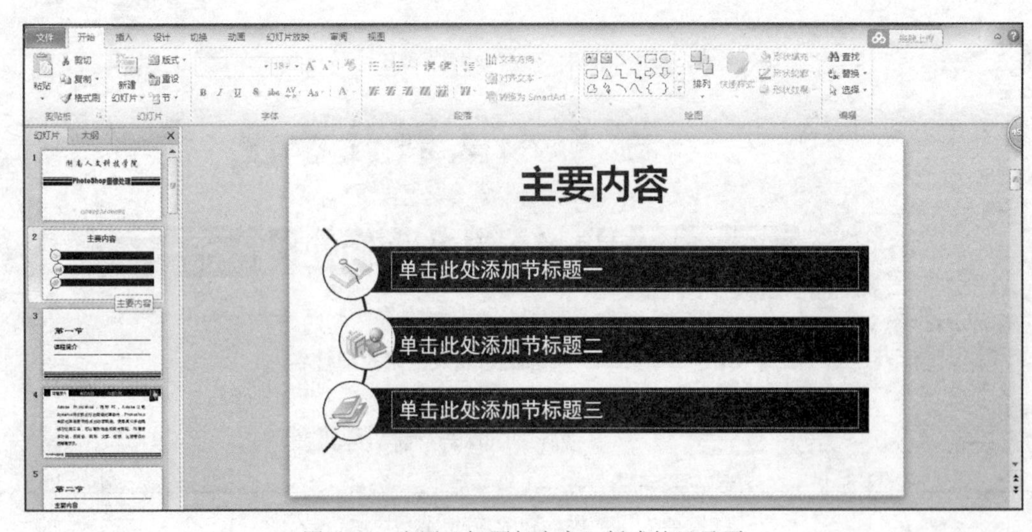

图 4-76　应用“标题与内容”版式的目录页

4.3.3　分节页母版设计

母版中第四页幻灯片是节标题版式，我们对这一张幻灯片进行编辑将影响到演示文稿中使用“节标题版式”的所有幻灯片。在这个版式中，将第一个文本框中的字体设置为“隶书，60 磅”，第二个文本框中的字体设置为“微软雅黑，36 磅”，并在第二个文本框上下各插入“形状-直线”，直线颜色为“黑色”，粗细为 4.5 磅，如图 4-77 所示。回到演示文稿的普通视图，这时演示文稿中第 3、5、8 页幻灯片自动应用“节标题母版中”的样式，包括字体、直线、颜色等，如图 4-78 所示。

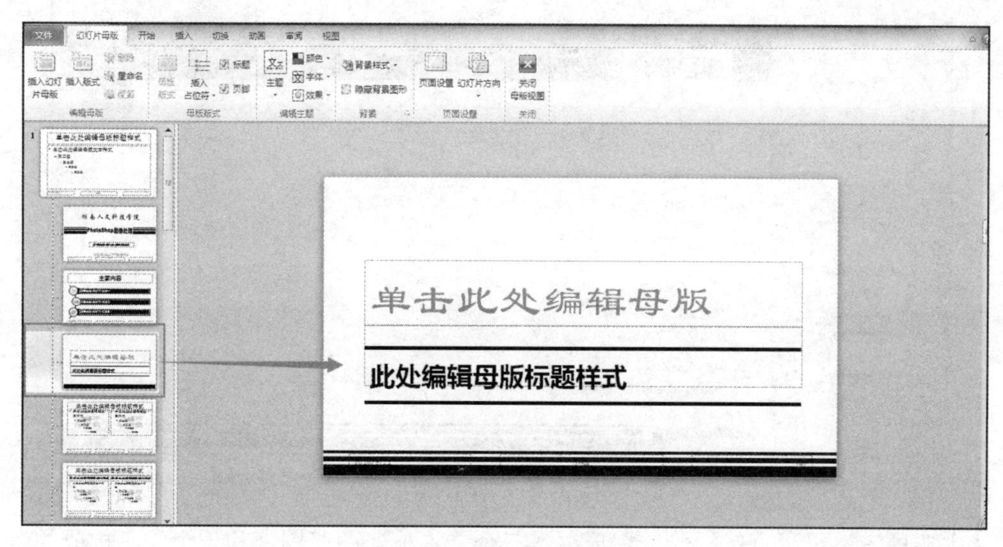

图 4-77　节标题版式设计

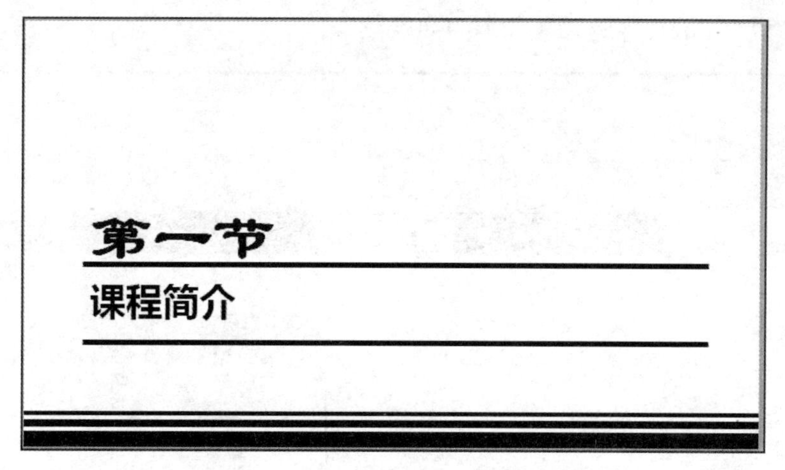

图 4-78　应用“节标题版式”的幻灯片

4.3.4　内容页母版设计

内容页版式，我们采用自定义版式，这里定义了三个自定义版式：“课程简介”“主要内容”“作品欣赏”。

“课程简介”母版页包括一个柜形框、三个文本框、两张图片和一个线条构成的组合。其中第一个文本框背景颜色为白色，文本颜色为深蓝，另两个文本框背景颜色设置为深蓝，文本颜色设置为灰色，这两个文本框的字体颜色、背景颜色区分度降低，以突出显示第一个文本框。两张图片分别是“PS 包装盒图标”和“Photoshop 图像处理”，线条组合体的制作方法前面已经介绍过，这里不再复述。最后，对创建的母版页重命名为“课程简介”，如图 4-79 所示。

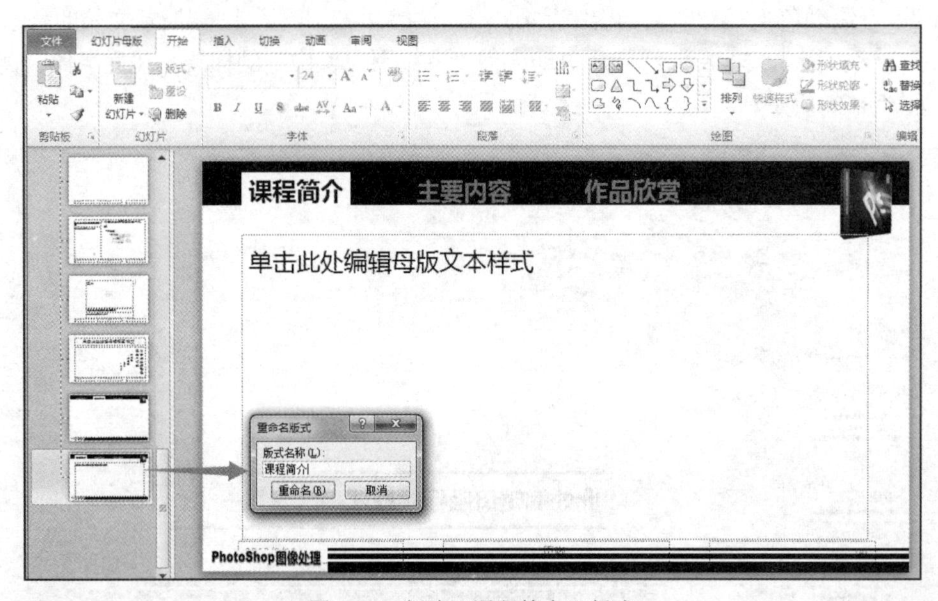

图 4-79　新建“课程简介”版式

“主要内容”母版页包括一个柜形框、三个文本框、两张图片和一个线条构成的组合。其中第二个文本框背景颜色为白色，文本颜色为深蓝，目的是醒目提示当前所处位置。创建的母版页重命名为“主要内容版式”，如图 4-80 所示。

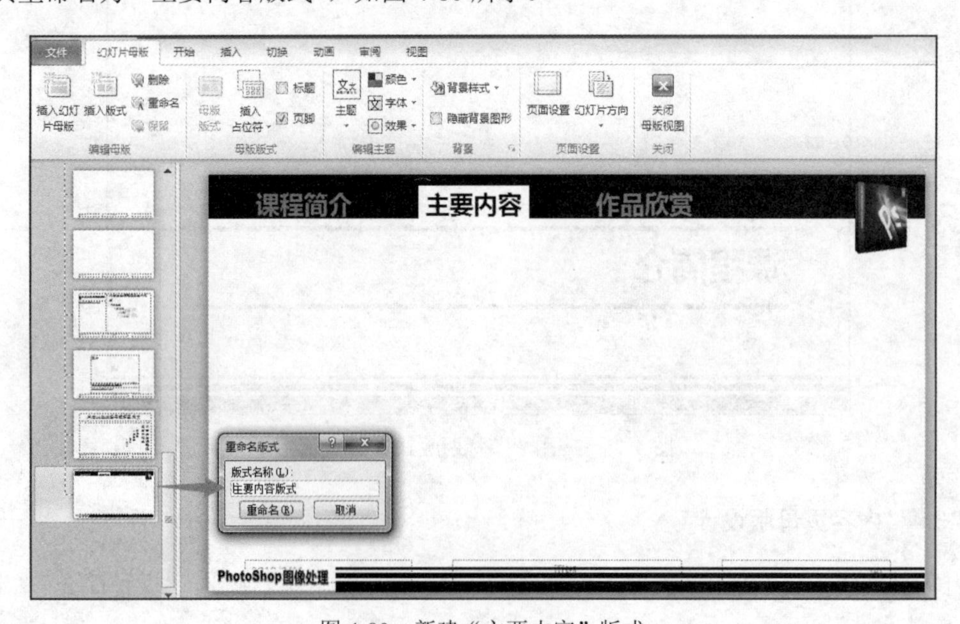

图 4-80　新建“主要内容”版式

“作品欣赏”母版页构成要素与上述两个母版页类似，只是第三个文本框背景颜色为白色，文本颜色为深蓝，母版页重命名为“作品欣赏”，如图 4-81 所示。

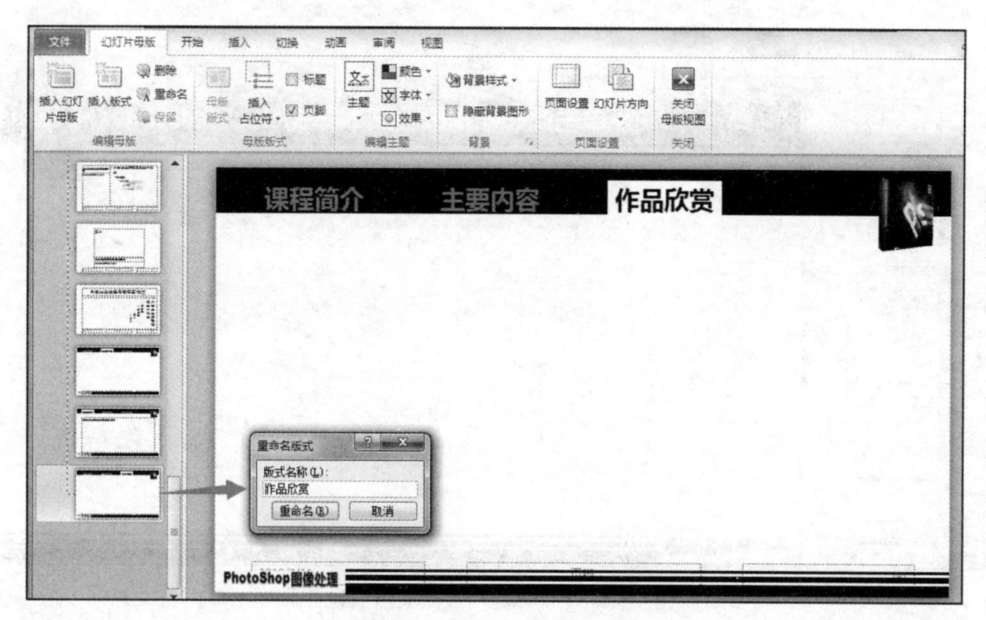

图 4-81　新建“作品欣赏”版式

这三个母版页均为自定义版式，在版式中没有添加任何占位符。因此，在演示文稿中如果使用了上述这三类版式，幻灯片中需要插入图、文、声、像等对象时，需要通过“插入”选项卡中的各类插入铵钮实现。

4.3.5　空白页母版设计

空白版式中，只在底部插入一个由线条构成的组合，不插入任何占位符。

4.3.6　结束页母版设计

结束页版式，我们选择“仅标题”版式，并对其进行修改，添加一个矩形框（填充为“深蓝”色）、一个文本框占位符、两张图片（PS 包装盒图标和 Photoshop 图像处理）和一个线条组合。文本占位符用于标题的输入，删除文本占位符中的其他设置字符，只保留“单击此处编辑母版文本样式”文字，去掉项目符号，将字体设置为微软雅黑、24 磅、居中，如图 4-82 所示。

4.3.7　在幻灯片中应用母版

通过对母版页的修改我们设计并修改了 8 个页面，在母版视图中将其他不需要的母版页选中并删除，回到演示文稿的普通视图下。在“开始”选项卡的“幻灯片”组中单击“版式”按钮，打开如图 4-83 所示的主题，可以看到当前演示文稿的 8 个版式。在创建新的幻灯片时，可以选择上述 8 个版式中的任何一种版式，也可以将现有幻灯片作为一种版式，对应版式上的图片、文本、色彩均使用母版中设计好的效果。通过这种方法，不仅可以快速制作具有统一风格的演示文稿，还可以有效减少文件占用空间的大小。

图 4-82 “仅标题”版式编辑与设计

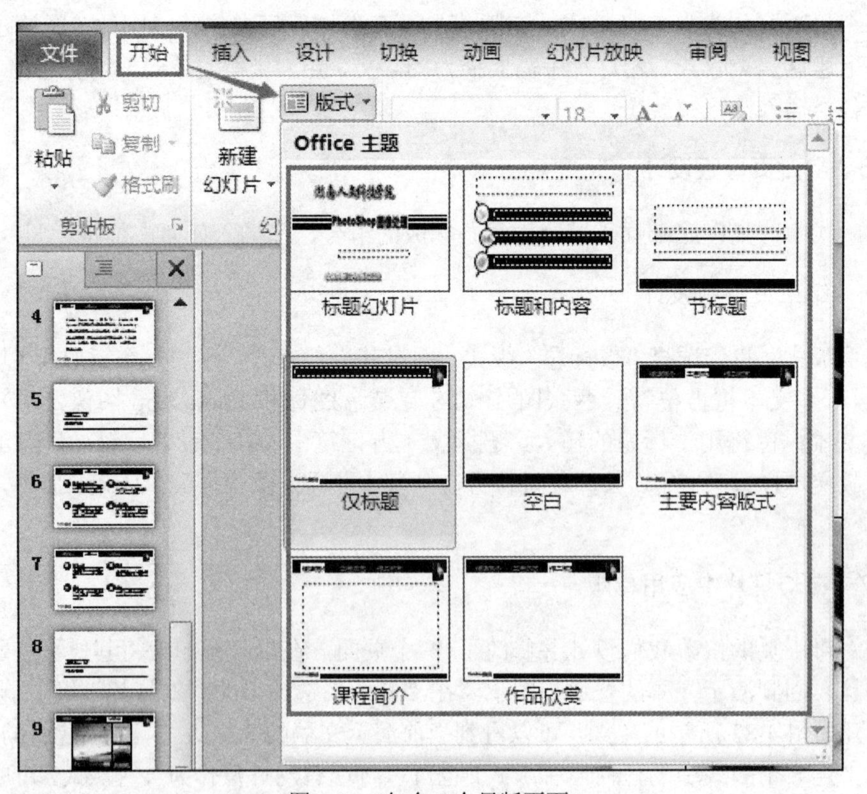

图 4-83 包含 8 个母版页面

4.4　PowerPoint 演示文稿的美化

- 了解幻灯片中对象的动画设置。
- 掌握进入、强调、退出、路径四类动画的应用。
- 掌握演示文稿中超级链接的使用。
- 理解演示文稿中幻灯片切换效果的使用。
- 了解并使用演示者视图。
- 了解演示文稿中幻灯片放映的设置。

在上一节中通过一个具体的案例认识和了解了演示文稿中母版的结构与功能，通过母版的设计，能有效提高演示文稿的制作速度，但制作出来的演示文稿是静态幻灯片。这一节就来一起学习演示文稿中幻灯片的修饰，让幻灯片以及幻灯片中的对象以动画的方式展示给观众，主要涉及以下四个方面的内容：

（1）幻灯片对象动画。

（2）幻灯片切换动画。

（3）超级链接。

（4）演示者视图与放映设置。

还是在上一个案例的基础上进行编辑和修饰，主要完成以下几方面的工作：

（1）幻灯片对象动画设置。

（2）超级链接应用。

（3）演示文稿分节及应用。

（4）幻灯片切换效果设置。

（5）演示者视图应用。

（6）幻灯片放映设置。

4.4.1　动画设置

在第一张“主讲教师”文本框后添加日期文本框，输入“2018 年 9 月”，为其中的“主讲教师”文本框和“日期”文本框分别指定动画效果，顺序为：单击幻灯片后，“主讲教师”文本框在 5 秒内自左上角飞入，同时日期文本框以相同的速度自右下角飞入，4 秒后两个文本框同时自动在 3 秒内沿原方向飞出，界面如图 4-84 和图 4-85 所示。

图 4-84 首页动画设置

进入动画设置：单击鼠标后将“主讲教师”文本框动画设置为“进入/飞入”，方向为“自上部”，动画持续时间设置为 5 秒，如图 4-85（a）所示。“日期”文本框动画与“主讲教师”动画同时飞入，因此，“日期”文本框的动画设置为“进入/飞入”，方向为“自右下部”，开始于“与上一动画同时”，持续时间也设置为 5 秒，如图 4-85（b）所示。

退出动画设置：“主讲教师”文本框退出动画设置为“退出/飞出”，方向为“到左上部”，开始为“上一动画之后”，持续时间为 3 秒，延迟时间为 4 秒，如图 4-85（c）所示。“日期”文本框的退出动画设置为“退出/飞出”，方向为“到右下部”，开始为“与上一动画同时”，持续时间为 3 秒，延迟时间为 4 秒，如图 4-85（d）所示。

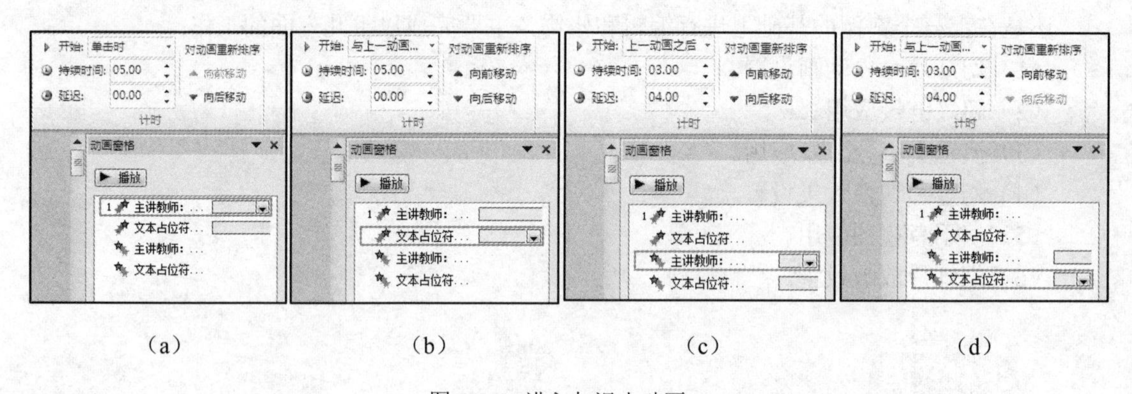

图 4-85 进入与退出动画

4.4.2 使用超级链接

在演示文稿中，介绍了三类超级链接的建立：链接到邮箱、链接到某个文本或某个网址、链接到某页幻灯片。

这里要注意，超级链接一般情况下有两种颜色状态：未访问链接颜色和已访问链接颜色，为了保证这两种颜色与背景的区分度，有时需要新建一种主题颜色，如本例中，我们新建的主题颜色：未访问链接颜色为白色，已访问链接颜色为黄色，以区别于深蓝色的背景。正常情况下，未访问的超级链接颜色为蓝色，已访问超级链接的颜色为紫色。

链接到某个电子邮箱：以第二页幻灯片中的“第一节　课程简介”为例，将其超级链接设置为链接到 jx942@126.com。操作步骤：选择“第一节　课程简介”文本并右击，在弹出的快捷菜单中选择“超链接”，设置链接到“电子邮件地址”，输入邮件地址 mailto:jx942@126.com，这里要注意加上前缀“mailto:”，当我们播放演示文稿时，打开这个超级链接，会启动 Outlook 邮件管理软件，配置好 Outlook 后可以进行电子邮件的收发，如图 4-86 所示。

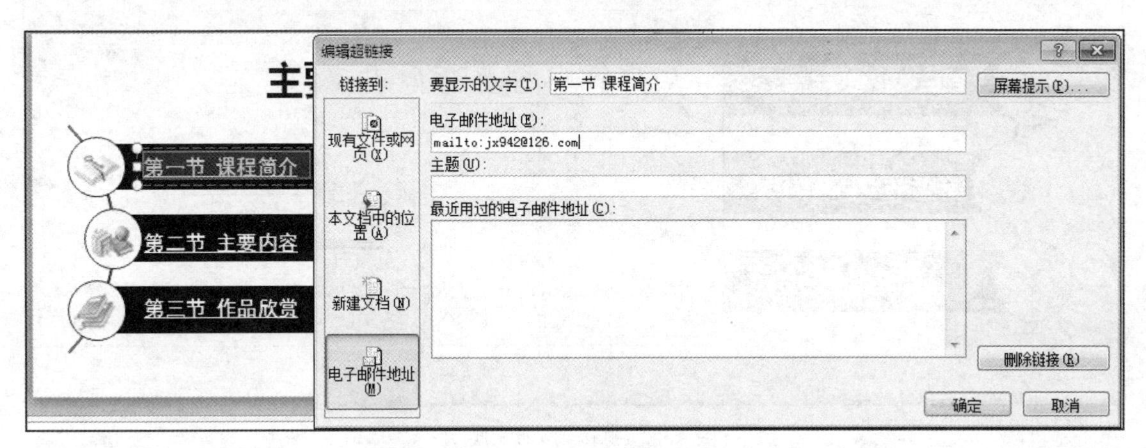

图 4-86　链接到电子邮箱

链接到某个文本或某个网址：以第二页幻灯片中的“第二节　主要内容”为例，将其超级链接设置为链接到 http://www.huhst.edu.cn。操作步骤：选择“第二节　主要内容”文本并右击，在弹出的快捷菜单中选择“超链接”，设置链接到“现有文件或网页”，输入网址 http://www.huhst.edu.cn，如果是链接到文件，必须是文件的绝对路径或相对路径（演示文稿复制到其他计算机上，可能会因为路径原因导致文件找不到，超级链接失效，因此链接到文件的超级链接尽量使用相对路径，并保证演示文稿与链接文件存放在一个目录下或者演示文稿所在目录的下一级目录中），如图 4-87 所示。

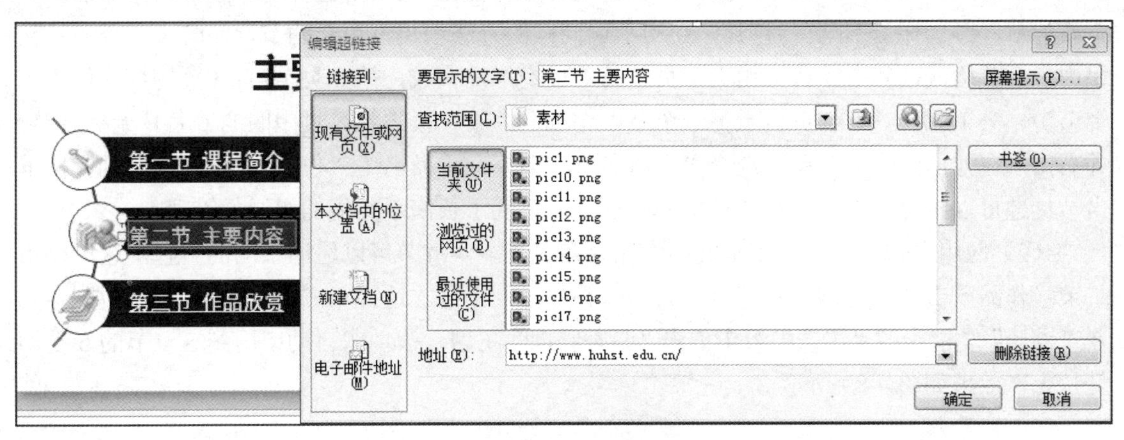

图 4-87　链接到某个网址

链接到幻灯片：以第二页幻灯片中的“第三节 作品欣赏”为例，将其超级链接设置为链接到“第 8 页”幻灯片。操作步骤：选择“第三节 作品欣赏”文本并右击，在弹出的快捷菜单中选择“超链接”，设置链接到“本文档中的位置”并选中第 8 页幻灯片，如图 4-88 所示。

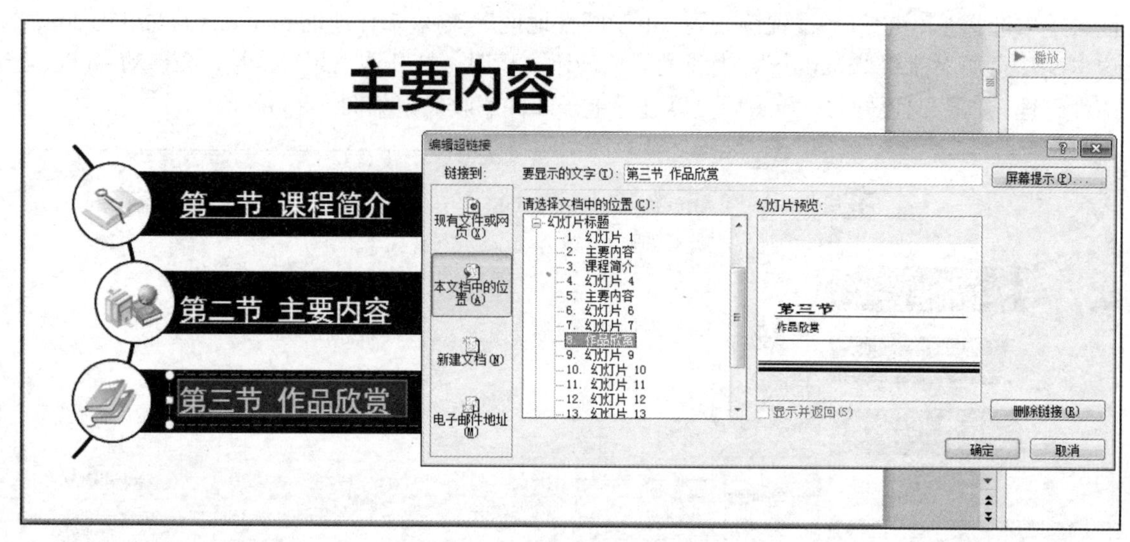

图 4-88 链接到某页幻灯片

4.4.3 演示文稿分节及应用

当演示文稿特别大时，为了快速找到某页幻灯片或者不同节幻灯片应用不同的主题风格，可以使用幻灯片的分节技术，这里以“作品欣赏”部分的 6 张幻灯片为一节，并应用“暗香扑面”主题修饰这 6 张幻灯片。

操作步骤如下：

（1）分节。选择第 8 页幻灯片并右击，在弹出的快捷菜单中选择“新建节”命令插入一个新的节，再选择第 14 页幻灯片，使用上述同样的方法创建一个新的节。此时，整个演示文稿由三个节构成，其中默认节由第 1 页至第 7 页幻灯片构成，第 8 页至第 13 页幻灯片位于一个节中，第 14 页与第 15 页位于另一个节中。再选中第 7 页与第 8 页中间的节名（无标题节）并右击，在弹出的快捷菜单中选择“重命名节”命令，重命名为“作品欣赏节”，通过鼠标单击节标题可以折叠与展开演示文稿中的幻灯片，有利于长演示文稿的组织与管理。

（2）应用主题。在一个演示文稿中如果有多个节，每节可以应用不同的主题。这里以第二节（作品欣赏节）为例，将其设置为“暗香扑面”主题。选择第二节标题“作品欣赏节”，在“设计”功能卡的“主题”组中单击“暗香扑面”主题，该主题自动应用到这一节的 6 页幻灯片上，效果如图 4-89 所示。

图 4-89　分节并应用不同主题

4.4.4　幻灯片切换效果设置

幻灯片切换是指前一张幻灯片消失、后一张幻灯片显示的动画效果。幻灯片切换有三类：细微型、华丽型、动态内容型，本演示文稿我们选择“华丽型-立方体”的切换方案，换片方式为“单击鼠标时”，将切换方案应用到所有幻灯片上，如图 4-90 所示。

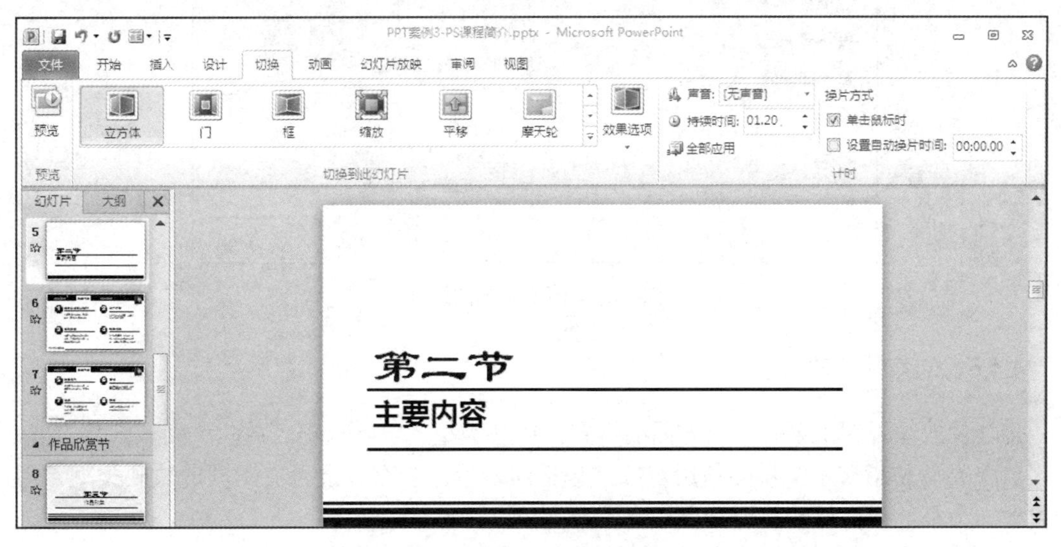

图 4-90　幻灯片切换效果设置

4.4.5 演示者视图

在日常工作汇报、个人展示中，PPT 展示是必不可少的一个环节。演讲者通常会在展示之前排练几次，以达到最好的临场水平。往往在现场演讲时，紧张的心理、现场的气氛等都会给演讲者带来非常大的压力，对水平发挥造成一定的影响。"演示者视图"可以在一台监视器（如笔记本电脑）上查看带演讲者备注的演示文稿，同时使观众可以在另一台监视器（如用来投影的大屏幕）上查看无备注的演示文稿，这种功能有助于演讲者发挥出最佳的演讲水平。演示者视图需要使用多台监视器（如图 4-91 所示），一台显示 PPT 幻灯片，另一台显示备注等信息。

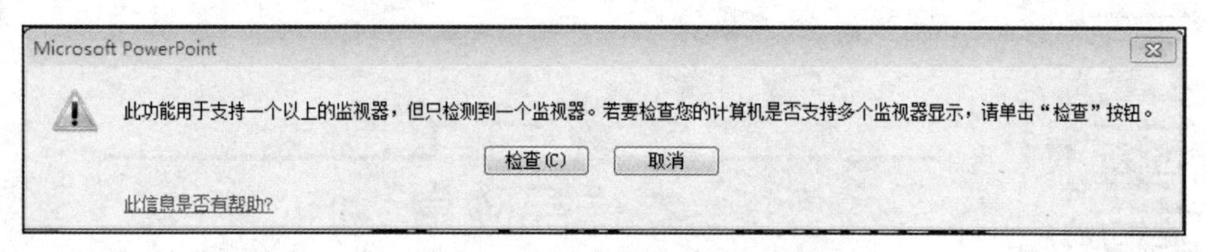

图 4-91 演示者视图要求多个监视器

在"幻灯片放映"选项卡的"设置"组中单击"设置幻灯片放映"按钮，打开如图 4-92 所示的对话框，可以设置"使用演示者视图"。

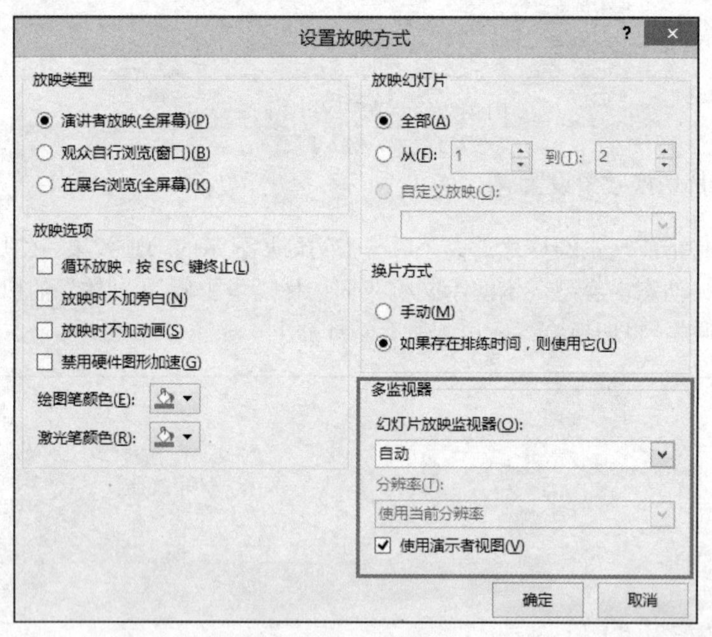

图 4-92 演示者视图设置

4.4.6 幻灯片放映设置

幻灯片放映设置主要有四个方面的设置：放映类型、放映选项、放映区间、换片方式。

放映类型是指演示文稿的使用对象，包括演讲者、观众、展台。不同的放映类型，展示的窗口大小不一样，放映的控制方式也不一样。

放映选项主要包括放映终止、放映旁白、放映动画、放映绘图的打开与关闭。

放映区间可以指定范围内的幻灯片播放。

换片方式可以使用手动单击的方式，也可以使用排练时间。手动单击换片自由度更大，需要切换幻灯片时，只要单击鼠标即可；排练计时方式换片需要在演示文稿制作过程中，对每一张幻灯片进行排练，记录每一张幻灯片的播放时长，以便实现幻灯片的自动切换。

4.5　演示文稿制作原则

幻灯片制作过程中，应尽量注意以下几个原则：

（1）整体性。幻灯片的整体效果的好坏取决于幻灯片制作的系统性，如幻灯片文字、图片的艺术效果处理与幻灯片色彩搭配。特别要注意幻灯片中文字的提炼处理，强调文字简练、突出重点。图 4-93（a）中幻灯片文字与图片的处理方法不好，版面零乱，图 4-93（b）幻灯片中对图片进行了虚化处理，背景颜色与前景字体区分度加大，提炼了文字，突出了重点，效果显著提升。

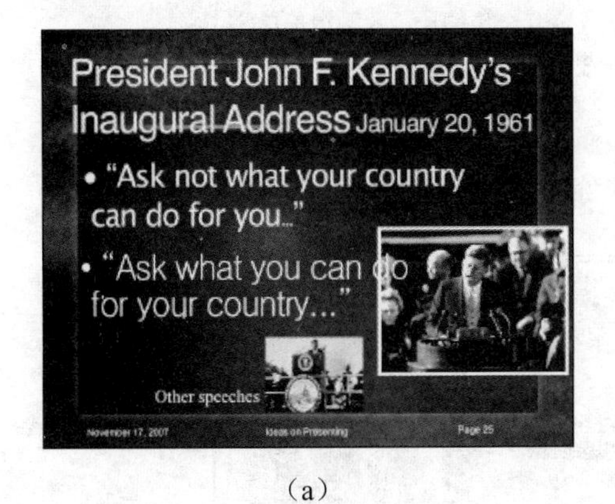

（a）

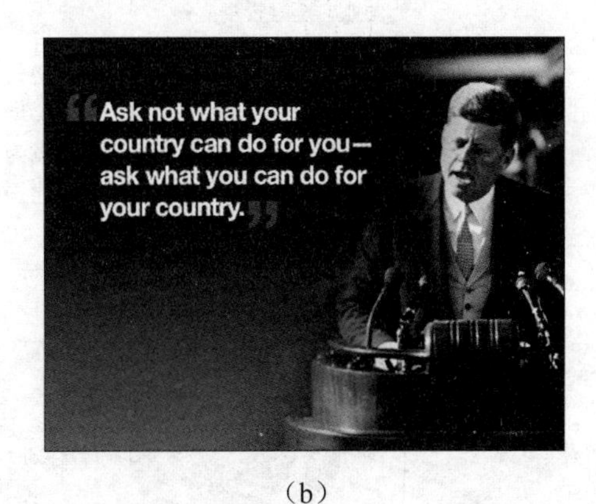

（b）

图 4-93　幻灯片整体感提升

（2）主题性。在幻灯片设计过程中，要注意突出主题，通过合理的布局有效地表现演讲内容。幻灯片内应注意构图的合理性，使幻灯片画面尽量做到均衡与对称。在可视性方面，还应当注意主题明确。利用多种对比方法来服务主题，如图 4-94 所示。例如黑白对比、互补色对比、色彩的深浅对比、文字的大小对比等。“用色不过三”，一张幻灯片上的色彩太多容易干扰主题。

图 4-94　前背景对比

（3）规范性。幻灯片的制作要规范，特别是在文字的处理上，力求使字数、字体、字号的搭配做到合理、美观。字体的选择，正文用字以庄重为宜，如宋体、黑体。根据演讲环境和人数选择合适的字体大小与行距，对于图表和图形，力求轮廓线粗，减少细节。适当的留白不但有助于阅读，而且还利于稳定视线，在标题、文、图和四周应留有适当的空白，便于主题的突出，使版面清爽，疏密相间。

（4）少而精。一张幻灯片上放置的信息应该少而精。当一张幻灯片出现时，受众直接和自然的反应是首先观看其上的内容，随后才听取演示者的讲解。如果幻灯片上信息太多，满篇文字，演示汇报就成了念幻灯片。减少幻灯片信息量的有效措施是浓缩，基本原则是：文不如字，字不如表，表不如图。如图 4-95 所示，将文字转化成图片。

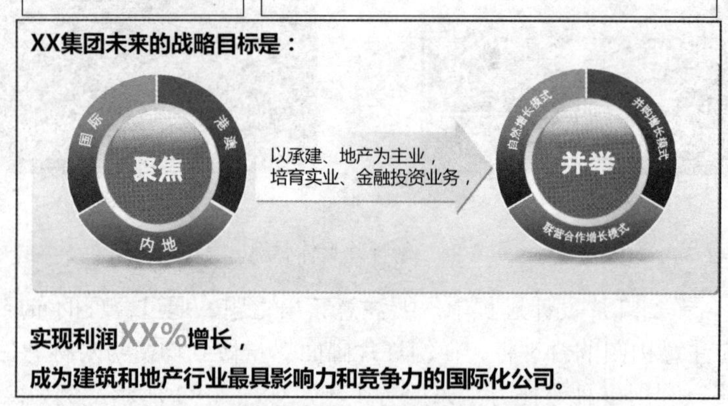

图 4-95　文字转化成图片

（5）易读性。易读性的含义是指要使坐在最后一排的受众都能看清楚屏幕上的信息。通常，计算机屏幕上很清楚的文字和很漂亮的图表，放映到演示屏幕上常常会产生信号的衰减或者颜色的失真，在制作演示文稿时一定要考虑到。

（6）简单性。幻灯片是为演示的主题服务的，而不是展示演示者艺术创作或多媒体技术水平的舞台。如果过度使用，则会囿于为设计而设计的局限之中，使阅读因装饰过度而受到阻碍。因此，应避免单纯追求计算机技术的时髦，将众多的图形、字体、重叠、旋转、渐变、虚化等效果不假思索地滥用，出现与内容风马牛不相及的设计，以致喧宾夺主，违背了教学演示文稿本身的特性。由视屏信息的这一定位出发，在简单性原则下，我们总结了设计中的“六忌”：一忌字体变化过多；二忌字号变化无层次；三忌色彩过艳过杂；四忌一页中文字字数过多；五忌动画效果过乱，左进右出，使人眼花缭乱；六忌插入与文稿无关联的插图，尤其是卡通图案的使用，如图 4-96 所示。

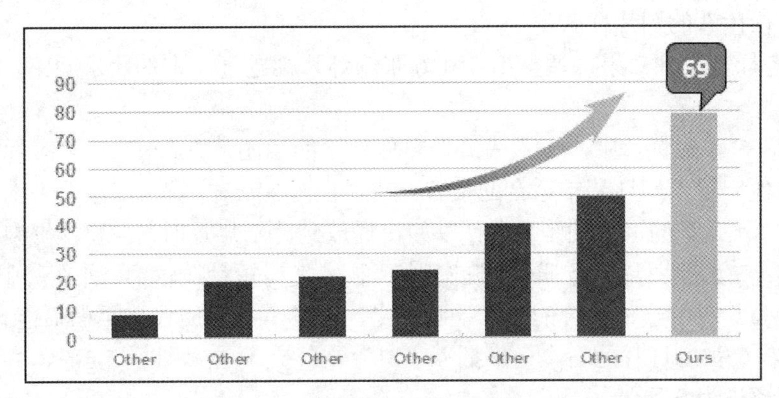

图 4-96　简单也是一种美

（7）醒目性。一般可以通过加强色彩的对比度来达到使视屏信息醒目的效果。例如，白底黑字的对比度强，其效果也好；而蓝底红字的对比度要弱一些，效果也要差一些。

（8）完整性。完整性是指一个完整的概念放在一张幻灯片上，不到万不得已不要跨越几张幻灯片，这是因为，当幻灯片由一张切换到另一张时，会导致受众原先的思绪被打断。

（9）一致性。一致性要求演示文稿所有幻灯片上的背景、标题大小、颜色、幻灯片布局等尽量保持一致。

（10）首尾性。首尾性是指标题页幻灯片和结束页幻灯片的前后对应。

应用案例一　旅游展示

李玲是学校旅游社团组织成员，正在参加与组织暑期到台湾日月潭的夏令营活动，现在需要制作一份关于日月潭的演示文稿。根据以下要求，并参考“参考图片.docx”文件中的样例效果完成演示文稿的制作：

（1）新建一个空白演示文稿，命名为 PPT.pptx（“.pptx”为扩展名），并保存在 01 文件夹中，此后的操作均基于此文件，否则不得分。

（2）演示文稿包含 8 张幻灯片，第 1 张版式为“标题幻灯片”，第 2、第 3、第 5 和第 6 张为“标题和内容版式”，第 4 张为“两栏内容”版式，第 7 张为“仅标题”版式，第 8 张为“空白”版式；每张幻灯片中的文字内容可以从“01”文件夹下的“PPT_素材.docx”文件中找到，并参考样例效果将其置于适当的位置；对所有幻灯片应用名称为“流畅”的内置主题；将所有文字的字体统一设置为“幼圆”。

（3）在第 1 张幻灯片中，参考样例将 01 文件夹下的“图片 1.png”插入到合适的位置，并应用恰当的图片效果。

（4）将第 2 张幻灯片中标题下的文字转换为 SmartArt 图形，布局为“垂直曲型列表”，并应用“白色轮廓”的样式，字体为“幼圆”。

（5）将第 3 张幻灯片中标题下的文字转换为表格，表格的内容参考样例文件，取消表格的标题行和镶边行样式，并应用镶边列样式；表格单元格中的文本水平和垂直方向都居中对齐，中文设为“幼圆”字体，英文设为 Arial 字体。

（6）在第 4 张幻灯片的右侧，插入“01”文件夹下名为“图片 2.png”的图片，并应用“圆形对角，白色”的图片样式。

（7）参考样例文件效果，调整第 5 和 6 张幻灯片标题下文本的段落间距，并添加或取消相应的项目符号。

（8）在第 5 张幻灯片中，插入“01”文件夹下的“图片 3.png”和“图片 4.png”，参考样例文件，将他们置于幻灯片中适合的位置；将“图片 4.png”置于底层，并对“图片 3.png”（游艇）应用“飞入”的进入动画效果，以便在播放到此幻灯片时，游艇能够自动从左下方进入幻灯片页面；在游艇图片上方插入“椭圆形标注”，使用短划线轮廓，并在其中输入文本“开船啰！”，然后为其应用一种适合的进入动画效果，并使其在游艇飞入页面后能自动出现。

（9）在第 6 张幻灯片的右上角，插入“01”文件夹下的“图片 5.gif”，并将其到幻灯片上侧边缘的距离设为 0 厘米。

（10）在第 7 张幻灯片中，插入“01”文件夹下的“图片 6.png”“图片 7.png”和“图片 8.png”，参考样例文件，为其添加适当的图片效果并进行排列，将他们顶端对齐，图片之间的水平间距相等，左右两张图片到幻灯片两侧边缘的距离相等；在幻灯片右上角插入“01”文件夹下的“图片 9.gif”，并将其顺时针旋转 300 度。

（11）在第 8 张幻灯片中，将“01”文件夹下的“图片 10.png”设为幻灯片背景，并将幻灯片中的文本应用一种艺术样式，文本居中对齐，字体为“幼圆”；为文本框添加“白色”填充色和“透明”效果。

（12）为演示文稿第 2～8 张幻灯片添加“涟漪”的切换效果，首张幻灯片无切换效果；为所有幻灯片设置自动换片，换片时间为 5 秒；为除首张幻灯片之外的所有幻灯片添加编号，编号从“1”开始。

操作解析：

（1）的操作要点：在 01 文件夹下新建一个演示文稿并命名为 PPT.pptx（注意查看本机的文件扩展名是否被隐藏，从而决定是否加后缀名“.pptx”）。

（2）的操作要点：打开新建的 PPT.pptx 文件，在“开始”选项卡的“幻灯片”组中单击“新建幻灯片”下拉按钮，在下拉列表中选择“标题幻灯片”。用同样的方法新建第 2、第 3、第 5 和第 6 张为“标题和内容”版式，第 4 张为“两栏内容”版式，第 7 张为“仅标题”版式，第 8 张为“空白”版式；参考 01 文件夹下的“参考图片.docx”，将“PPT_素材.docx”文件中的内容拷贝到 PPT.pptx 中。在“设计”选项卡的“主题”组中选择“流畅”主题。在大纲模式下选中所有文字，在“开始”选项卡的“字体”组中将字体设置为“幼圆”。

（3）的操作要点：选中第 1 张幻灯片，在“插入”选项卡的“图像”组中单击“图片”按钮，打开“插入图片”对话框，选择“图片 1.png”，单击“插入”按钮。拖拽图片边缘，调整其大小，并参考样例将图片放置在适当的位置。选择图片，并在“图片工具/格式”选项卡的“图片样式”组中单击“图片效果”下拉按钮，在下拉列表中选择“柔化边缘”-“50 磅”。

（4）的操作要点：选中第 2 张幻灯片标题下的文字，在“开始”选项卡的“段落”组中单击“转换为 SmartArt 图形”下拉按钮，在下拉列表中选择“其他 SmartArt 图形”，打开“选择 SmartArt 图形”对话框，选择“列表”中的“垂直曲线型列表”，单击“确定”按钮。选中图形，在“SmartArt 工具/设计”选项卡的“SmartArt 样式”组中选择“白色轮廓”样式；选中图形文字，在“开始”选项卡“字体”组中设置字体为“幼圆”。

（5）的操作要点：

1）在第 3 张幻灯片中单击“插入表格”按钮，打开“插入表格”对话框，“行数”与“列数”均为 4，单击“确定”按钮。

2）选中表格，在“表格工具/设计”选项卡的“表格样式选项”组中取消对“标题行”和“镶边行”复选项的勾选，并勾选“镶边列”复选项；根据“参考样例.docx”填充表格内容。

3）在“表格工具/布局”选项卡的“对齐方式”组中单击“居中”和“垂直居中”两个按钮；在“开始”选项卡的“字体”组中单击右下角的启动器，打开“字体”对话框，在“字体”选项卡中将“西文字体”设置为 Arial 字体，“中文字体”设为“幼圆”，单击“确定”按钮。调整表格大小和位置。

（6）的操作要点：

1）选中第 4 张幻灯片，在右侧单击“插入来自文件的图片”按钮，打开“插入图片”对话框，选中 01 文件夹中的“图片 2.png”，单击“确定”按钮。

2）选中图片，在“图片工具/格式”选项卡的“图片样式”组中选中“圆形对角，白色”图片样式。

（7）的操作要点：选中第 5 张幻灯片中“搭乘游艇……”行文字，在“开始”选项卡的“段落”组中单击“项目符号”下拉按钮，在下拉列表中选择“无”；单击“段落”组中右下角的启动器，打开“段落”对话框，在“缩进和间距”选项卡的“间距”组中适当设置“段后”间距值。同理，设置第 6 张幻灯片。

（8）的操作要点：

1）选中第 5 张幻灯片，在“插入”选项卡的“图像”组中单击“图片”按钮，打开“插入图片”对话框，选中 01 文件夹中的“图片 3.png”和“图片 4.png”，单击“插入”按钮。

2）选中“图片 4.png”，拖动到幻灯片的底部并右击，选择“置于底层”，将“图片 3.png”拖动到适当的位置。选中游艇图片，在“动画”选项卡的“动画”组中选择“飞入”，在“效果选项”中选择“自左下部”。

3）在“插入”选项卡的“插图”组中单击“形状”下拉按钮，在下拉列表中选择“标注”中的“椭圆形标注”，在游艇上方画出一个形状。选择形状，在“绘图工具/格式”选项卡的“形状样式”组中单击“形状填充”下拉按钮，在下拉列表中选择“无填充颜色”；单击“形状轮廓”下拉按钮，在下拉列表中选择“虚线”中的“短划线”；在形状上右击并选择“编辑文字”，即可在形状中输入文字“开船喽!”。选中形状，在“动画”选项卡的“动画”组中选择一种动画方式；在“计时”选项卡的“开始”中选择“上一动画之后”。

（9）的操作要点：选择第 6 张幻灯片，在“插入”选项卡的“图像”组中单击“图片”按钮，打开“插入图片”对话框，在 01 文件夹中选择“图片 5.gif”，单击“插入”按钮；选中图片并右击，选择“大小和位置”，打开“设置图片格式”对话框，选择“位置”，将“垂直”设置为 0 厘米，单击“关闭”按钮。

（10）的操作要点：

1）选中第 7 张幻灯片，在“插入”选项卡的“图像”组中单击“图片”按钮，打开“插入图片”对话框，选择 01 文件夹下的“图片 6.png”“图片 7.png”“图片 8.png”，单击“插入”按钮，将 3 张图片按照参考文件样例排列；选中 3 张图片，在“图片工具/格式”选项卡的“图片样式”组中单击“图片效果”下拉按钮，在下拉菜单中选择“映像”中的“紧密映像，接触”；

选中 3 张图片，在“排列”组中单击“对齐”下拉按钮，在下拉菜单中选择“横向分布”，然后选择“顶端对齐”；选中 3 张图片，在“排列”组中单击“组合”下拉按钮，选择“组合”可将 3 张图片进行组合，然后在“对齐”选项中设置“左右居中”。

2）在“插入”选项卡的“图像”组中单击“图片”按钮，打开“插入图片”对话框，选择 01 文件夹下的“图片 9.gif”，单击“插入”按钮；选中图片，将其拖动至幻灯片右上角，在“图片工具/格式”选项卡的“排列”组中单击“旋转”下拉按钮，在下拉菜单中选择“其他旋转选项”，打开“设置图片格式”对话框，在“大小”组中将“旋转”值设置为 300，单击“关闭”按钮。

（11）的操作要点：选中第 8 张幻灯片并右击，选择“设置背景格式”打开“设置背景格式”对话框，选择“填充”中的“图片或纹理填充”，选择“插入自”，单击“文件”按钮，打开“插入图片”对话框。选择 01 文件夹下的“图片 10.png”，单击“插入”按钮；在“插入”选项卡的“文本”组中单击“艺术字”下拉按钮，在下拉菜单中选择一种艺术字样式；选中艺术字，在“开始”选项卡的“段落”组中单击“居中”按钮；在“字体”组中将字体设置为“幼圆”；选中艺术字文本框并右击，选择“设置形状格式”打开“设置形状格式”对话框，选择“填充”中的“纯色填充”，颜色为“白色”，透明度 100%。

（12）的操作要点：选中第 2～8 张幻灯片，在“切换”选项卡的“切换到此幻灯片”组中选择“涟漪”效果；选中第 1 张幻灯片，在“切换到此幻灯片”组中选择“无”效果；在“切换”组中勾选“设置自动换片时间”并设置时间为 5 秒，取消“单击鼠标时”复选框的勾选状态；在“视图”选项卡的“母版视图”组中单击“幻灯片母版”按钮，在“页面设置”组中单击“页面设置”按钮打开“页面设置”对话框，将“幻灯片编号起始值”设置为 0，单击“确定”按钮关闭母版视图。在“插入”选项卡的“文本”组中单击“幻灯片编号”按钮打开“页眉和页脚”对话框，勾选“幻灯片编号”和“标题幻灯片中不显示”复选框，单击“全部应用”按钮。

应用案例二　教学课件

小李是历史老师，需要制作一份介绍第二次世界大战的演示文稿。参考 02 文件夹中的“参考图片.docx”文件示例效果，帮助他完成演示课件的制作。

（1）依据 02 文件夹下的“文本内容.docx”文件中的文字创建共包含 14 张幻灯片的演示文稿，将其保存为 PPT.pptx（“.pptx”为扩展名），后续操作均基于此文件，否则不得分。

（2）为演示文稿应用 02 文件夹中的自定义主题“历史主题.thmx”，并按照如下要求修改幻灯片版式：

幻灯片编号	幻灯片板式
幻灯片 1	标题幻灯片
幻灯片 2～5	标题和文本
幻灯片 6～9	标题和图片
幻灯片 10～14	标题和文本

（3）除标题幻灯片外，将其他幻灯片的标题文本字体全部设置为“微软雅黑”“加粗”；标题以外的内容文本字体全部设置为“幼圆”。

（4）设置标题幻灯片中的标题文本字体为“方正姚体”，字号为 60，并应用“靛蓝，强调文字颜色 2，深色 50%”的文本轮廓；在副标题占位符中输入“过程和影响”文本，适当调整其字体、字号和对齐方式。

（5）在第 2 张幻灯片中，插入 02 文件夹下的“图片 1.png”，将其置于项目列表下方，并应用恰当的图片样式。

（6）在第 5 张幻灯片中，插入布局为“垂直框列表”的 SmartArt 图形，图形中的文字参考“文本内容.docx”文件；更改 SmartArt 图形的颜色为“彩色轮廓-强调文字颜色 6”；为 SmartArt 图形添加“淡出”的动画效果，并设置为“在单击鼠标时逐个播放”，再将包含战场名称的 6 个形状的动画持续时间修改为 1 秒。

（7）在第 6～9 张幻灯片的图片占位符中分别插入 02 文件夹中的“图片 2.png”“图片 3.png”“图片 4.png”和“图片 5.png”，并应用恰当的图片样式；设置第 6 张幻灯片中的图片在应用黑白模式显示时以“黑中带灰”的形式呈现。

（8）适当调整第 10～14 张幻灯片中的文本字号；在第 11 张幻灯片文本的下方插入 3 个同样大小的“圆角矩形”形状，并将其设置为“顶端对齐”及“横向均匀分布”；在 3 个形状中分别输入文本“成立联合国”“民族独立”和“两极阵营”，适当修改字体和颜色；然后为这 3 个形状插入超链接，分别链接到之后标题为“成立联合国”“民族独立”和“两极阵营”的 3 张幻灯片；为这 3 个圆角矩形形状添加“劈裂”进入动画效果，并设置单击鼠标后从左到右逐个出现，每两个形状之间的动画延迟时间为 0.5 秒。

（9）在第 12～14 张幻灯片中分别插入名为“第一张”的动作按钮，设置动作按钮的高度和宽度均为 2 厘米，距离幻灯片左上角水平 1.5 厘米、垂直 15 厘米，并设置当鼠标移过该动作按钮时可以链接到第 11 张幻灯片；隐藏第 12～14 张幻灯片。

（10）除标题幻灯片外，为其余所有幻灯片添加幻灯片编号，并且编号值从 1 开始显示。

（11）为演示文稿中的全部幻灯片应用一种合适的切换效果，并将自动换片时间设置为 20 秒。

操作解析：

（1）的操作要点：

步骤 1：单击“开始”菜单，选择“所有程序”→Microsoft Office→Microsoft PowerPoint 2010 命令新建一个演示文稿，然后单击“保存”按钮，保存在 02 文件夹中，并将文件名修改为 PPT.pptx。完成演示文稿的创建。

步骤 2：单击“开始”选项卡“幻灯片”组中的“新建幻灯片”按钮，使演示文稿一共有 14 张幻灯片。将“文本内容.docx”中的“三号”字体按照 Word 文档的顺序依次复制到演示文稿中每个幻灯片的标题中，再将“三号”字体下面的内容复制到相应标题的幻灯片内容占位符中。

（2）的操作要点：

步骤 1：单击“设计”选项卡”主题”组中的“其他”下拉按钮，然后单击“浏览主题”命令，打开“选择主题或主题文档”对话框。进入 02 文件夹中选中“历史主题.thmx”，单击“应用”按钮。

步骤 2：选中第一张幻灯片，然后单击“开始”选项卡“幻灯片”组中的“版式”下拉按钮，在下拉列表中选择“标题幻灯片”；再选中第 2 张幻灯片，然后按住 Shift 键并选中第 5 张幻灯片（这就同时选中了第 2～5 张幻灯片），将版式修改为“标题和文本”（注意非“标题和内容”）；再将第 6～9 张幻灯片版式设置为“标题和图片”；将第 10～14 张幻灯片版式设置为“标题和文本”。

（3）的操作要点：

步骤 1：将左侧显示模式设置为“大纲”模式，在左侧文字上右击并选择“展开”菜单中的“全部展开”命令。

步骤 2：将光标继续定位在左侧，然后按 Ctrl+A 组合键全部选中，在“开始”选项卡中的“字体”组中将字体设置为“幼圆”，并取消对“加粗”的选择。

步骤 3：在左侧文字上右击并选择“折叠”菜单中的“全部折叠”命令。按 Ctrl+A 组合键全部选中，在“开始”选项卡的“字体”组中将字体设置为“微软雅黑”，选中”加粗”；这时就统一设置好了所有幻灯片的标题字体为“微软雅黑”“加粗”，标题以外的内容文本字体全部设置为“幼圆”。

（4）的操作要点：

步骤 1：在左侧单击“幻灯片”列，然后选中第 1 张幻灯片，选择标题“第二次世界大战”，设置字体为“方正姚体”，字号为 60；选择“绘图工具/格式”选项卡，单击“艺术字样式”中的“文本轮廓”下拉按钮，在下拉列表中选择“靛蓝，强调文字颜色 2，深色 50%”。

步骤 2：在副标题占位符中输入“过程和影响”，将字体修改为“黑体”、字号修改为 40，对齐方式修改为“右对齐”。

（5）的操作要点：选中第 2 张幻灯片，单击“插入”选项卡“图像”组中的“图片”按钮，在“插入图片”对话框中选择 02 文件夹中的“图片 1.png”，将图片移动到项目列表的下方，并将图片应用为“裁剪对角线，白色”样式。

（6）的操作要点：

步骤 1：根据“文本内容.docx”中的文字将第 5 张幻灯片中的内容分为两级，然后选中占位符中的所有文本内容，单击“开始”选项卡“段落”组中的“转换为 SmartArt”下拉按钮，在下拉列表中选择“列表”中的“垂直框列表”。

步骤 2：单击“SmartArt 工具/设计”选项卡“SmartArt 样式”组中的“更改颜色”下拉按钮，在下拉列表中选择“彩色轮廓-强调文字颜色 6”。

步骤 3：选中 SmartArt 图形，单击“动画”选项卡“动画”组中的“淡出”动画；单击“效果选项”下拉按钮，在下拉列表中选择“逐个”命令，再按住 Ctrl 键并选中第 1、3、5、7、9、11 个动画，将“计时”选项中的“持续时间”设置为 1 秒（提示：显示窗口小时，动画可能会叠加，可以通过拉大窗口或者动画窗格来进行选择）。

（7）的操作要点：

步骤 1：选中第 6 张幻灯片，单击占位符中的“插入来自文件的图片”按钮，进入 02 文件夹中选择“图片 2.png”，单击“插入”按钮；同样的方式在第 7～9 张幻灯片中分别插入“图片 3.png”“图片 4.png”“图片 5.png”，并将每张图片应用一种样式（例如“简单框架，白色”）。

步骤 2：单击“视图”选项卡“颜色/灰度”组中的“黑白模式”命令，然后选择第 6 张幻灯片中的图片，单击“黑白模式”选项卡“更改所选对象”组中的“黑中带灰”按钮，然后单击“返回颜色视图”按钮。

（8）的操作要点：

步骤1：选中第10张幻灯片中文本所在的占位符，修改字号（例如24磅），双击“开始”选项卡“剪贴板”中的格式刷，然后将第11～14张幻灯片的格式全部刷成一样的格式。

步骤2：选中第11张幻灯片，单击“插入”选项卡“插图”组中的“形状”下拉按钮，在下拉列表中选择“圆角矩形”，调整高度为“3厘米”，宽度为“4厘米”，然后按Ctrl+D组合键快速复制3个相同的圆角矩形。

步骤3：选中其中一个将其拖至左侧，然后按住Ctrl键选中三个圆角矩形。单击“绘图工具/格式”选项卡“排列”组中的“对齐”下拉按钮，在下拉列表中分别选择“顶端对齐”和“横向分布”按钮，使三个圆角矩形顶端对齐和横向均匀分布。

步骤4：分别在3个形状中输入“成立联合国”“民族独立”“两极阵营”，修改字体（例如华文琥珀）和颜色（例如红色）。

步骤5：单击第1个圆角矩形，然后单击“插入”选项卡“链接”组中的“超链接”按钮，选择“本文档中的位置”中的第12张幻灯片“成立联合国”，单击“确定”按钮。采用同样的方式将后面两个圆角矩形链接到第13张和第14张幻灯片。

步骤6：按住Shift键依次选中3个圆角矩形，然后单击“动画”选项卡“动画”组中的“劈裂”动画；单击“效果选项”下拉按钮，在下拉列表中选择“按段落”命令。

步骤7：选中第1个圆角矩形的动画“2”、第2个圆角矩形的动画“3”、第3个圆角矩形的动画“4”，然后单击“计时”选项卡“开始”组合框中的“上一动画之后”。再选择第1～3个圆角矩形的动画“1”，将“计时”选项中的“延迟”设置为0.5，完成动画设置。

（9）的操作要点：

步骤1：选中第12张幻灯片，单击“插入”选项卡“插图”组中的“形状”下拉按钮，在下拉列表中选择“动作”组中的“第一张”形状。

步骤2：在弹出的“动作设置”对话框中，选择“鼠标移过”选项卡，选中“超链接到”单选按钮，在其后的组合框中选择“幻灯片”。

步骤3：在弹出的“超链接到幻灯片”对话框中选择第11张幻灯片标题“11. 第二次世界大战的影响”，单击“确定”按钮。再次单击“确定”按钮，完成超链接设置。

步骤4：单击“绘图工具/格式”选项卡“大小”组中的对话框启动器按钮，在弹出的“设置形状格式”对话框中，单击“大小”选项，设置高度为“2厘米”，宽度为“2厘米”，再单击“位置”选项，设置水平为“1.5厘米”，垂直为“15厘米”，单击“关闭”按钮，完成大小和位置设置。

步骤5：按Ctrl+C组合键复制图形，再分别选择第13张和第14张幻灯片，将图形复制到第13张和第14张幻灯片中。

步骤6：选中第12张幻灯片，然后按住Shift键选择第14张幻灯片，将第12～14张幻灯片都选中，然后在选中的幻灯片上右击，在弹出的快捷菜单中选择“隐藏幻灯片”命令。

（10）的操作要点：

步骤1：单击“插入”选项卡“文本”组中的“幻灯片编号”按钮，弹出“页眉页脚”对话框，勾选“幻灯片编号”和“标题幻灯片中不显示”两个复选框，单击“全部应用”按钮。

步骤2：单击“设计”选项卡“页面设置”组中的“页面设置”按钮，打开“页面设置”

对话框，将“幻灯片编号起始值”修改为 0，让幻灯片除了标题幻灯片外从 1 开始编号。

（11）的操作要点：

步骤 1：在“幻灯片”视图中按 Ctrl+A 组合键选中所有的幻灯片，然后单击“切换”选项卡“切换到此幻灯片”组中的“推进”切换效果。

步骤 2：将“切换”选项卡“计时”组中的“设置自动换片时间”设置为 00:20:00，单击“全部应用”按钮，完成幻灯片切换设置。

步骤 3：保存并关闭 PPT 文档。

应用案例三　内容展示

在某动物保护组织工作的张宇要制作一份介绍世界动物日的 PowerPoint 演示文稿，按照下列要求完成演示文稿的制作：

（1）在 03 文件夹下新建一个空白演示文稿，并命名为 PPT.pptx(“.pptx”为文件扩展名)，之后所有的操作均基于此文件，否则不得分。

（2）将幻灯片大小设置为“全屏显示（16:9）”，然后按照如下要求修改幻灯片母版：

①将幻灯片母版名称修改为“世界动物日”；母版标题应用“填充-白色，轮廓-强调文字颜色 1”的艺术字样式，文本轮廓颜色为“蓝色，强调文字颜色 1”，字体为“微软雅黑”，并应用加粗效果；母版各级文本样式设置为“方正姚体”，文字颜色为“蓝色，强调文字颜色 1”。

②使用“图片 1.png”作为标题幻灯片版式的背景。

③新建名为“世界动物日 1”的自定义版式，在该版式中插入“图片 2.png”，并对齐幻灯片左侧边缘；调整标题占位符的宽度为 17.6 厘米，将其置于图片右侧；在标题占位符下方插入内容占位符，宽度为 17.6 厘米，高度为 9.5 厘米，并与标题占位符左对齐。

④依据“世界动物日 1”版式创建名为“世界动物日 2”的新版式，在“世界动物日 2”版式中将内容占位符的宽度调整为 10 厘米（保持与标题占位符左对齐）；在内容占位符右侧插入宽度为 7.2 厘米、高度为 9.5 厘米的图片占位符，并与左侧的内容占位符顶端对齐，与上方的标题占位符右对齐。

（3）演示文稿共包含 7 张幻灯片，所涉及的文字内容保存在“文字素材.docx”文档中，具体所对应的幻灯片可参见“完成效果.docx”文档所示样例。其中第 1 张幻灯片的版式为“标题幻灯片”，第 2 张幻灯片、第 4～7 张幻灯片的版式为“世界动物日 1”，第 3 张幻灯片的版式为“世界动物日 2”；所有幻灯片中的文字字体保持与母版中的设置一致。

（4）将第 2 张幻灯片中的项目符号列表转换为 SmartArt 图形，布局为“垂直曲形列表”，图形中的字体为“方正姚体”；为 SmartArt 图形中包含文字内容的 5 个形状分别建立超链接，链接到后面对应内容的幻灯片。

（5）在第 3 张幻灯片右侧的图片占位符中插入“图片 3.jpg”；对左侧的文字内容和右侧的图片添加“淡出”进入动画效果，并设置在放映时左侧文字内容首先自动出现，在该动画播放完毕且延迟 1 秒钟后，右侧图片再自动出现。

（6）将第 4 张幻灯片中的文字转换为 8 行 2 列的表格，适当调整表格的行高、列宽以及表格样式；设置文字字体为“方正姚体”，字体颜色为“白色，背景 1”；并应用图片“表格背景.jpg”作为表格的背景。

（7）在第 7 张幻灯片的内容占位符中插入视频“动物相册.wmv”，并使用“图片 1.png”作为视频剪辑的预览图像。

（8）在第 1 张幻灯片中插入“背景音乐.mid”文件作为第 1～6 张幻灯片的背景音乐（即第 6 张幻灯片放映结束后背景音乐停止），放映时隐藏图标。

（9）为演示文稿中的所有幻灯片应用一种恰当的切换效果，并设置第 1～6 张幻灯片的自动换片时间为 10 秒，第 7 张幻灯片的自动换片时间为 50 秒。

（10）为演示文稿插入幻灯片编号，编号从 1 开始，标题幻灯片中不显示编号。

（11）将演示文稿中的所有文本“法兰西斯”替换为“方济各”，并在第 1 张幻灯片中添加批注，内容为“圣方济各又称圣法兰西斯”。

（12）删除“标题幻灯片”“世界动物日 1”和“世界动物日 2”之外的其他幻灯片版式。

操作解析：

（1）的操作要点：启动 PowerPoint 软件，单击“文件”选项卡中的“另存为”命令，打开“保存”对话框，在“保存位置”中找到 03 文件夹，在“文件名”文本框中输入 PPT，单击“保存”按钮。

（2）的操作要点：单击“设计”选项卡“页面设置”组中的“页面设置”按钮，打开“页面设置”对话框。在“幻灯片大小”下拉列表中选择“全屏显示（16:9）”，单击“确定”按钮。

①**步骤 1**：单击“视图”选项卡“母版视图”组中的“幻灯片母版”按钮，打开幻灯片母版视图，在“编辑母版”组中单击“重命名”按钮，打开“重命名版式”对话框。在“版式名称”文本框中输入“世界动物日”，单击“重命名”按钮。

步骤 2：选中母版标题框，单击“绘图工具/格式”选项卡“艺术字样式”组中的“快速样式”向下箭头，在其列表中选择“填充-白色，轮廓-强调文字颜色 1”样式。

步骤 3：选中标题文本框，在“艺术字样式”组中单击“文本轮廓”向下箭头，在其列表中选择文本轮廓颜色为“蓝色，强调文字颜色 1”。

步骤 4：设置“开始”选项卡“字体”组中的字体为“微软雅黑”，单击“加粗”复选项。

步骤 5：选中母版中的内容框，设置“开始”选项卡“字体”组的字体为“方正姚体”，设置文字颜色为“蓝色，强调文字颜色 1”。

②**步骤 1**：选择标题幻灯片版式母版，单击“幻灯片母版”选项卡中的“背景”启动器，打开“设置背景格式”对话框。

步骤 2：在“填充”选项中选择“图片或纹理填充”，单击“文件”按钮，打开“插入图片”对话框。

步骤 3：找到 03 文件夹下的“图片 1.png”，单击“插入”按钮后再单击“关闭”按钮。

③**步骤 1**：在标题幻灯片上右击，在弹出的快捷菜单中单击“插入版式”按钮。

步骤 2：在新插入的版式上右击，然后在弹出的快捷菜单中选择“重命名版式”命令，打开“重命名版式”对话框。在“版式名称”文本框中输入“世界动物日 1”，单击“重命名”按钮。

步骤 3：单击“插入”选项卡“图像”组中的“图片”按钮，打开“插入图片”对话框。找到并选中 03 文件夹下的“图片 2.png”，单击“插入”按钮。

步骤 4：在图片上右击，在弹出的快捷菜单中选择“大小和位置”命令，打开“设置图片格式”对话框。单击选中“位置”，设置位置中的“水平”为“0 厘米”，单击“关闭”按钮。

步骤 5：选中标题占位符并右击，在弹出的快捷菜单中选择“设置形状格式”命令，打开“设置形状格式”对话框。

步骤 6：单击选中“大小”，调整其宽度为“17.6 厘米”，单击“关闭”按钮。拖动标题占位符到图片的右侧。

步骤 7：单击“母版版式”组中的“插入占位符”向下箭头，在其列表中选择“内容”，拖动鼠标在标题占位符的下面画一个内容占位符。

步骤 8：在内容占位符上右击，在弹出的快捷菜单中选择“大小和位置”命令，打开“设置形状格式”对话框。单击选中“大小”，设置宽度为“17.6 厘米”，高度为“9.5 厘米”，单击“关闭”按钮。

步骤 9：同时选中“标题占位符”和“内容占位符”，单击“绘图工具/格式”选项卡“排列”组中的“对齐”下拉按钮，在其列表中选择“左对齐”。

④**步骤 1**：在“世界动物日 1”版式上右击，在弹出的快捷菜单中选择“复制版式”，则在其下面出现一个相同的版式。

步骤 2：选中新创建的版式，单击“编辑版式”组中的“重命名”按钮，弹出“重命名版式”对话框。在“版式名称”文本框中输入“世界动物日 2”，单击“重命名”按钮。

步骤 3：在内容版式占位符上右击，在弹出的快捷菜单中选择“设置形状格式”，打开“设置形状格式”对话框。在左侧分类中选择“大小”，宽度调整为“10 厘米”，单击“关闭”按钮。

步骤 4：单击“母版版式”组中“插入占位符”的向下箭头，在其列表中选择“图片”，在内容占位符右侧按住左键并拖动鼠标画出一个图片占位符。

步骤 5：在图片占位符上右击，在弹出的快捷菜单中选择“大小和位置”命令，打开“设置形状格式”对话框。设置宽度为“7.2 厘米”，高度为“9.5 厘米”，单击“关闭”按钮。

步骤 6：同时选中“内容占位符”和“图片占位符”，单击“绘图工具/格式”选项卡“排列”组中的“对齐”下拉按钮，在其列表中选择“顶端对齐”。

步骤 7：同时选中“图片占位符”和“标题占位符”，单击“绘图工具/格式”选项卡“排列”组中的“对齐”下拉按钮，在其列表中选择“右对齐”，单击“幻灯片母版”选项卡的“关闭母版视图”按钮。

（3）的操作要点：

步骤 1：打开 03 文件夹下的“文字素材.docx”文档和“完成效果.docx”文档。

步骤 2：全选并复制“文字素材.docx”文档中的内容。

步骤 3：单击 PPT 演示文稿左侧的“大纲”选项卡，按 Ctrl+V 组合键将“文字素材.docx”文档中的内容复制到 PPT 中。

步骤 4：根据“完成效果.docx”文档将幻灯片内容分成 7 张。方法：将光标定位在“内容一览”文字的前面，然后按 Enter 键；将光标定位在“节目起源”文字的前面，然后按 Enter 键；将光标定位在“圣法兰西斯生平”文字的前面，然后按 Enter 键；将光标定位在“设立宗旨”文字的前面，然后按 Enter 键；将光标定位在“纪念活动”文字的前面，然后按 Enter 键；将光标定位在“动物是我们最好的朋友”文字的前面，然后按 Enter 键。

步骤 5：根据“完成效果.docx”文档调整各幻灯片中的标题和文本内容。

步骤 6：单击返回到幻灯片视图，在左侧选中第 1 张幻灯片，在幻灯片上右击，在弹出的快捷菜单中选中“版式”中的“标题幻灯片”。

步骤 7：在左侧选中第 2、4～7 张幻灯片，在幻灯片上右击，在弹出的快捷菜单中选中“版式”中的“世界动物日 1”。

步骤 8：在左侧选中第 3 张幻灯片，在幻灯片上右击，在弹出的快捷菜单中选中“版式”中的“世界动物日 2”。

（4）的操作要点：

步骤 1：将第 2 张幻灯片中的内容“节日起源……动物是我们最好的朋友”剪贴到内容占位符中。

步骤 2：选中内容占位符中的内容并右击，在弹出的快捷菜单中选择“转换为 SmartArt”中的“其他 SmartArt 图形”命令，打开“选择 SmartArt 图形”对话框。

步骤 3：选中左侧的“列表”，然后选中右侧的“垂直曲形列表”，单击“确定”按钮。

步骤 4：选中 SmartArt 图形，设置“开始”选项卡“字体”组中的“字体”为“方正姚体”。

步骤 5：选中“SmartArt 图形”中的包含“节日起源”文本框并右击，在弹出的快捷菜单中选择“超链接”，打开“插入超链接”对话框。选中“本文档中的位置”，选择“3.节日起源”幻灯片，单击“确定”按钮。采用同样的方法为其他文本框建立超链接。

（5）的操作要点：

步骤 1：单击第 3 张幻灯片右侧图片占位符中的图片，打开“插入图片”对话框。找到并选中 03 文件夹下的“图片 3.jpg”，单击“插入”按钮。

步骤 2：选中左侧的内容文本框，单击“动画”选项卡“高级动画”组中的“添加动画”下拉按钮，在其列表中选择“进入”中的“淡出”。

步骤 3：选中右侧的图片占位符，单击“动画”选项卡“高级动画”组中的“添加动画”下拉按钮，在其列表中选择“进入”中的“淡出”。

步骤 4：在“计时”分组的“开始”下拉列表框中选择“上一动画之后”，在“延迟”文本框中设置为 1 秒。

（6）的操作要点：

步骤 1：在“文字素材.docx”中选中“中文名……的创始人”这 8 行内容，然后单击“插入”选项卡“表格”组中的“表格”下拉按钮，在下拉菜单中选择“文本转换成表格”命令，弹出“将文字转换成表格”对话框。选中“文字分隔位置”中的“制表符”，然后单击“确定”按钮。

步骤 2：选中新生成的表格，然后按 Ctrl+C 组合键复制表格，返回 PPT 文档，选中第 4 张幻灯片的内容占位符中的内容并删除，然后按 Ctrl+V 组合键将表格粘贴进来，适当调整表格单元格的高度和宽度。选中“设计”选项卡“表格样式”中的“无样式，网格型”。

步骤 3：选中表格，然后设置“开始”选项卡“字体”组中的字体为“方正姚体”，字体颜色为“白色，背景 1”。

步骤 4：选中表格，单击“表格工具/设计”选项卡“表格样式”组中的“底纹”下拉按钮，在下拉列表中选择“表格背景”中的“图片”，打开“插入图片”对话框。找到并选中 03 文件夹下的“表格背景.jpg”，单击“插入”按钮，完成表格背景图片的设置。

（7）的操作要点：

步骤 1：单击第 7 张幻灯片内容占位符中的“插入媒体剪辑”按钮，打开“插入视频文件”对话框。找到并选中 03 文件夹中的“动物相册.wmv”，单击“插入”按钮。

步骤 2：单击“视频工具/格式”选项卡“调整”组中的“标牌框架”下拉按钮，在下拉列表中选择“文件中的图像”命令，打开“插入图片”对话框。找到并选中 03 文件夹下的“图片 1.png”，单击“插入”按钮。

（8）的操作要点：

步骤 1：选中第 1 张幻灯片，单击“插入”选项卡“媒体”组中的“音频”下拉按钮，在其中选择“文件中的音频”命令，打开“插入音频”对话框。找到并选中 03 文件夹下的“背景音乐.mid”文件，单击“插入”按钮。

步骤 2：单击“音频工具/播放”选项卡“音频选项”组中的“开始”下拉按钮，在下拉列表中选择“跨幻灯片播放”，选中“循环播放，知道停止”和“放映时隐藏”复选框。

步骤 3：在选中音频图标的情况下，单击“动画”选项卡“动画”组中的对话框启动器按钮，打开“播放音频”对话框。在“开始播放”中选中“从头开始”按钮，在“停止播放”中选中“在”按钮，并将后面的数字改成“6”，单击“确定”按钮。

（9）的操作要点：

步骤 1：选中“切换”选项卡“切换到此幻灯片”组中的一种切换方案（例如推进），单击“计时”组中的“全部应用”按钮。

步骤 2：选中第 1～6 张幻灯片，在“切换”选项卡“计时”组中勾选“设置自动换片时间”复选框，设置其时长为 10 秒（00:10.00）。

步骤 3：选中第 7 张幻灯片，在“切换”选项卡“计时”组中勾选“设置自动换片时间”复选框，设置其时长为 50 秒（00:50.00）。

（10）的操作要点：单击“插入”选项卡“文本”组中的“幻灯片编号”按钮，打开“页眉和面脚”对话框，在“幻灯片”选项卡选中“幻灯片编号”“标题幻灯片不显示”复制框，单击“全部应用”按钮。

（11）的操作要点：

步骤 1：单击“开始”选项卡“编辑”组中的“替换”按钮，打开“替换”对话框。在“查找内容”文本框中输入“法兰西斯”，在“替换为”文本框中输入“方济各”，单击“全部替换”按钮，单击“关闭”按钮。

步骤 2：选中第 1 张幻灯片，单击“审阅”选项卡“批注”组中的“新建批注”按钮，在“批注”文本框中输入“圣方济各又称圣法兰西斯”。

（12）的操作要点：单击“视图”选项卡“母版视图”组中的“幻灯片母版”按钮，打开“幻灯片母版”视图，在左侧的列表中选中除“标题幻灯片”“世界动物日 1”和“世界动物日 2”之外的其他幻灯片版式，单击“编辑母版”组中的“删除”按钮，再单击“关闭母版视图”按钮，保存并关闭 PPT 文档。

应用案例四　员工培训

某单位人力资源部职员刘一鸣需要制作一份供新员工培训时使用的 PowerPoint 演示文稿。

按照下列要求，并参考“完成效果.docx”文件中样例的效果完成演示文稿的制作。

（1）在 04 文件夹下，将“PPT_素材.pptx”文件另存为 PPT.pptx（“.pptx”为扩展名），后续操作均基于此文件，否则不得分。

（2）为演示文稿应用 04 文件夹下的主题“员工培训主题.thmx”，然后再应用“暗香扑面”的主题字体。

（3）在幻灯片 2 中插入“04”文件夹下的图片“欢迎图片.jpg”，并应用“棱台形椭圆，黑色”的图片样式，参考“完成效果.docx”文件中的样例效果将图片和文本置于适合的位置。

（4）将幻灯片 3 中的项目符号列表转换为 SmartArt 图形，布局为“降序基本块列表”，为每个形状添加超链接，链接到相应的幻灯片 4、5、6、7、8、9、11。

（5）在幻灯片 5 中，参考样例效果将项目符号列表转换为 SmartArt 图形，布局为“组织结构图”，将文本“监事会”和“总经理”的级别调整为“助理”；在采购部下方添加“北区”和“南区”两个形状，分支布局为“标准”；为 SmartArt 图形添加“淡出”的进入动画效果，效果选项为“一次级别”。

（6）在幻灯片 9 中，使用 04 文件夹下的“学习曲线.xlsx”文档中的数据，参考样例效果创建图表，不显示图表标题和图例，垂直轴的主要刻度单位为 1，不显示垂直轴；在图表数据系列的右上方插入正五角星形状，并应用“强烈效果-橙色，强调颜色 3”的形状样式（注意，正五角星形状为图表的一部分，无法拖曳到图表区以外）。

（7）在幻灯片 9 中，为图表添加“擦除”的进入动画效果，方向为“自左侧”，序列为“按系列”，并删除图表背景部分的动画。

（8）在幻灯片 10 中，参考样例效果适当调整各形状的位置与大小，将“了解”“开始熟悉”和“达到精通”三个文本框的形状更改为“对角圆角矩形”，但不要改变这些形状原先的样式与效果；为三个对角圆角矩形添加“淡出”的进入动画，持续时间都为 0.5 秒，“了解”形状首先自动出现，“开始熟悉”和“达到精通”两个形状在前一个形状的动画完成之后依次自动出现。为弧形箭头形状添加“擦除”的进入动画效果，方向为“自底部”，持续时间为 1.5 秒，要求和“了解”形状的动画同时开始，和“达到精通”形状的动画同时结束。

（9）将幻灯片 11 的版式修改为“图片与标题”，在右侧的图片占位符中插入图片“员工照片.jpg”，并应用一种恰当的图片样式；为幻灯片左侧下方的文本占位符和右侧的图片添加“淡出”的进入动画效果，要求两部分动画同时出现并同时结束。

（10）在幻灯片 13 中，将文本设置为在文本框内水平和垂直都居中对齐，将文本框设置为在幻灯片中水平和垂直都居中；为文本添加一种适当的艺术字效果，设置“陀螺旋”的强调动画效果，并重复到下一次单击为止。

（11）为演示文稿添加幻灯片编号，且标题幻灯片中不显示；为除了首张幻灯片之外的其他幻灯片设置一种恰当的切换效果。

（12）插入图片“公司 logo.jpg”于所有幻灯片的右下角，并适当调整其大小。

操作解析：

（1）的操作要点：在 04 文件夹中打开“PPT_素材.pptx”文件，然后单击“文件”选项卡中的“另存为”按钮，将“文件名”文本框中的“PPT_素材”修改成 PPT，然后单击“确定”按钮。注意不能删除文件后缀“.xlsx”。

（2）的操作要点：

步骤 1：单击“设计”选项卡“主题”组中的“其他”下拉按钮，在下拉列表中选择“浏览主题”命令。在打开的对话框中找到 04 文件夹下的“员工培训主题.thmx”，然后单击“应用”按钮。

步骤 2：单击“设计”选项卡“主题”组中的“字体”下拉按钮，在下拉列表中单击“暗香扑面”主题字体。

（3）的操作要点：

步骤 1：选中第 2 张幻灯片，然后单击“插入”选项卡“图像”组中的“图片”按钮。

步骤 2：在打开的“插入图片”对话框中，找到 04 文件夹下的“欢迎图片.jpg”，单击“插入”按钮。

步骤 3：选中插入的图片，单击“格式”选项卡“图片样式”组中的“其他”按钮，在下拉列表中选中“棱台形椭圆，黑色”图片样式。

步骤 4：根据“完成效果.docx”文件中的样例效果移动图片到合适的位置。

（4）的操作要点：

步骤 1：选中第 3 张幻灯片，选中要转换的内容文本。

步骤 2：单击“开始”选项卡“段落”组中的“转换为 SmartArt”按钮，在下拉列表中选择“其他 SmartArt 图形”。

步骤 3：在打开的“选择 SmartArt 图形”对话框中，单击“列表”，找到并选中“降序基本块列表”布局，单击“确定”按钮。

步骤 4：选中第一个形状，单击“插入”选项卡“链接”组中的“超链接”按钮。

步骤 5：选中“本文档中的位置”，选中“4.公司历史/公司展望”，单击“确定”按钮。

步骤 6：采用同样的方法设置其他形状的超链接。

（5）的操作要点：

①**步骤 1**：选中第 5 张幻灯片，选中要转换的内容文本。

步骤 2：单击“开始”选项卡“段落”组中的“转换为 SmartArt”按钮，在下拉列表中选择“其他 SmartArt 图形”。

步骤 3：在打开的“选择 SmartArt 图形”对话框中，单击“层次结构”，找到并选中“组织结构图”布局，单击“确定”按钮。

步骤 4：选中“总经理”形状，单击“设计”选项卡“创建图形”组中的“降级”按钮，选中“监事会”形状，单击“降级”按钮。

步骤 5：选中“董事会”，单击“设计”选项卡“创建图形”组中的“添加形状”下拉按钮，在下拉列表中选择“添加助理”命令，将“监事会”文本剪贴到“助理”形状中，删除原监事会形状；同理设置“总经理”形状为助理。

②**步骤 1**：选中“采购部”形状，单击“添加形状”中的“在下方添加形状”，再次选中“采购部”形状，单击“添加形状”中的“在下方添加形状”。

步骤 2：选中“采购部”，单击“设计”选项卡“创建图形”组中的“组织结构图布局”下拉按钮，在下拉列表中选择“标准”命令。

步骤 3：分别在两个形状中添加“北区”和“南区”内容。

③**步骤 1**：选中 SmartArt 图形，单击“动画”选项卡“动画”组中的“淡出”。

步骤 2：单击“效果选项”下拉按钮，在下拉列表中选择“一次级别”命令。

（6）的操作要点：

①**步骤 1**：选中第 9 张幻灯片，单击“插入图表”按钮。

步骤 2：选中“折线图”，单击“确定”按钮，这时会打开一个工作表。

步骤 3：打开 04 文件夹下的“学习曲线.xlsx”，选中 Sheet1 中的内容并复制，粘贴到上一步打开的工作表中，将选中范围设置为 A1:B5，关闭打开的工作表。

步骤 4：选中插入的图表，单击“布局”选项卡“标签”组中的“图表标题”下拉按钮，在下拉列表中选择“无”。

步骤 5：选中“图例”下拉按钮中的“无”。

步骤 6：在纵坐标轴上右击，在弹出的快捷菜单中选择“设置坐标轴格式”命令，选中“主要刻度单位”后面的“固定”单选按钮，并在输入框中输入“1”，单击“关闭”按钮。

步骤 7：选中“坐标轴”组中“坐标轴”下拉按钮中“主要纵坐标轴”级联菜单中的“无”。

②**步骤 1**：单击“插入”选项卡“插图”组中“形状”下拉按钮中“星与旗帜”中的“五角星形状”。

步骤 2：在图表数据序列的右上方绘制一个五角星。单击“形状样式”组中的“其他”按钮，选中“强烈效果-橙色，强调颜色 3”的形状样式。

（7）的操作要点：

步骤 1：选中图标，单击“动画”选项卡“动画”组中的“擦除”动画效果。

步骤 2：在“效果选项”的“方向”中选中“自左侧”，在“效果选项”的“序列”中选中“按序列”。

步骤 3：删除编号为 1 的动画。

（8）的操作要点：

①**步骤 1**：选中 3 个文本框，在“格式”选项卡“大小”组中修改宽度和高度，往下移动 3 个文本框。

步骤 2：单击“格式”选项卡“插入形状”组中的“编辑形状”下拉按钮，在“更改形状”的“矩形”中选中“对角圆角矩形”形状。

步骤 3：缩放箭头文本框以调整到合适大小。

②选中弧形箭头，选中“动画”中的“擦除”效果，在效果选项中选中“自底部”。将“计时”中的“持续时间”设置为“1.5 秒”。

③**步骤 1**：选中 3 个文本框，单击“动画”选项卡“动画”组中的“淡出”动画。

步骤 2：设置“计时”组中的“持续时间”为“0.5 秒”，设置“开始”为“与上一动画同时”。

步骤 3：选中“开始熟悉”文本框，设置“延迟”为“0.5 秒”，同理设置“达到精通”文本框“延迟”为“1 秒”。

（9）的操作要点：

步骤 1：选中第 11 张幻灯片，单击“开始”选项卡“幻灯片”组中的“幻灯片版式”下拉按钮，选中下拉列表中的“图片与标题”版式。

步骤 2：单击右侧占位符中的图片按钮，找到 04 文件夹下的图片“员工照片.jpg”，单击“插入”按钮。选中“格式”选项卡“图片样式”组中“快速样式”中的一种样式。

步骤 3：选中左侧文本占位符和图片占位符，单击“动画”选项卡“动画”组中“动画样式”中的“淡出”动画效果。

（10）的操作要点：

①**步骤 1**：选中第 13 张幻灯片中的文本框占位符，单击“开始”选项卡“段落”组中的“居中对齐”按钮和“对齐文本”下拉按钮中的“中部对齐”命令。

步骤 2：单击“格式”选项卡“排列”组中“对齐”下拉按钮中的“左右居中”和“上下居中”命令。

步骤 3：单击“格式”选项卡“艺术字样式”组中的“其他”按钮，选中一种适当的样式（例如强调文字颜色 3，轮廓-文本）。

②**步骤 1**：单击“动画”选项卡“动画”组中“强调”中的“陀螺旋”动画效果。

步骤 2：单击“动画”组中的对话框启动器，在打开的“陀螺旋”对话框中单击“计时”选项卡，设置“重复”为“直到下一次单击”，单击“确定”按钮。

（11）的操作要点：

①**步骤 1**：单击“插入”选项卡“文本”组中的“页眉和页脚”按钮。

步骤 2：选中“幻灯片编号”和“标题幻灯片中不显示”两个复选框，单击“确定”按钮。

②选中第 2～13 张幻灯片，然后选择“切换”选项卡“切换到此幻灯片”组中的一种切换方式（例如随机线条）。

（12）的操作要点：

步骤 1：单击“视图”选项卡“母版视图”组中的“幻灯片母版”按钮。

步骤 2：选中第一个母版，单击“插入”选项卡“图像”组中的“图片”按钮。

步骤 3：找到并选中 04 文件夹下的图片“公司 logo.jpg”，单击“插入”按钮。

步骤 4：拖动图片四角的圆圈改变图片的大小，并移动到模板的右下角位置。

步骤 5：复制图片到“标题幻灯片母版”“节标题母版”和“图片与标题母版”中，单击“关闭母版视图”按钮，保存并关闭 PPT 演示文稿。

参考文献

[1] 雷运发．Office 高级应用实践教程（Windows 7+Office 2010 版）[M]．北京：中国水利水电出版社，2015．

[2] 新思路教育科技研究中心．全国计算机等级考试二级教程 MS Office 高级应用[M]．北京：电子科技大学出版社，2016．

[3] 羊四清．大学计算机基础实验教程（Windows 7+Office 2010 版）[M]．北京：中国水利水电出版社，2013．

[4] 宋绍成，王冬梅．大学计算机基础[M]．2 版．北京：高等教育出版社，2015．

[5] 李毓丽，李舟明．Office 2010 办公软件实训教程[M]．北京：清华大学出版社，2015．